実践 デリバティブ
Excelでデータ分析

藤崎達哉 著
Tatsuya Fujisaki

Derivative Pricing

まえがき

本書は、すでに基本的なデリバティブの知識がある読者を対象とした、中級レベルのデリバティブ・プライシングの解説が目的である。したがって、数学理論に基づいたデリバティブ・プライシングではなく、基本的な考え方の解説が中心となる。

おそらく、デリバティブ取引に携わる実務家が悩む問題の 1 つが、洗練された数理ファイナンス理論と具体的なプライシング・モデル実装のギャップではないかと思われる。数理ファイナンスでは、ブラウン運動に関する確率理論（伊藤の確率積分）やシュレーディンガー（Schrödinger）の波動方程式の解法（ファインマン・カッツの公式）、そしてマルコフ過程に関するキャメロン・マーチン・丸山・ギルサノフ（Cameron, Martin, Maruyama, Girsanov）の定理をコアとした、高度な数学が援用される。そして 1970 年代後半から 1980 年代前半に、ハリソン・クレプス・プリスカ（Harrison, Kreps, Pliska）によって、資産価格に関する 2 つの定理が確立され、数理ファイナンスのパラダイムが完成した。本書の内容も、数理ファイナンスの専門家からすると、わずか 10 ページ程度で完結する些細で単純な内容かもしれない。

しかしながら、デリバティブ業務に携わる実務家が、抽象的な数理ファンナンスの成果を、システム実装したり、具体的なプライシングに落とし込むには、それなりの「腕力」が要求されるし、それを可能にする計算アプリケーションやシステムが必要となる。本書は、そのような実務家の助けになればと考えている。

ソロス（J. Soros）が師と仰ぐ、科学哲学者ポパー（K. Popper）は知的自伝において、正確性や確実性を科学や哲学の理念とするのは誤っていると述べている。なぜなら、それらは永久に達成できない理念であり、解決すべき問題は、状況に依存すると述べている。問題状況に依存した正確性・確実性とは、例えば、我々の日常生活においては1円以下を云々するのは無意味だけれど、1兆円を超えるポートフォリオでは大問題となるということである。このように正確性や確実性は、解決すべき問題状況に依存しているのである。ポパーは、同時に明晰性は知的価値の増大に役に立つとも述べ、問題分析（アナリシス）ではなく、問題透析（ダイヤリシス）が重要だと論じた。透析とは、夾雑物の混じった問題の中から、解決すべき問題をふるいにかける作業である。本書もポパーにならって、解決すべき問題の分析ではなく、透析に役に立てばと考えている。

本書の下敷きは、筆者が2005年に出版した『Excelで学ぶ デリバティブとブラック・ショールズ』（オーム社）である。その後、金融市場の変化に対応して改訂を企画していたが、サブプライム問題に端を発した2007年8月9日のパリバ・ショック以降、デリバティブ市場の変化が激しく、その状況を上手く整理できずにいた。昨年（2018年）あたりから、OTCデリバティブ市場の方向性がおぼろげながらも把握できるようになったので、本書を上梓することにした。

2019年8月

藤　崎　達　哉

謝　辞

本書の出版にあたっては、多くの人たちの協力をいただいた。この場を借りて御礼を申し上げたい。Excel シートは、すべて筆者がゼロから作成したものである。読者の再利用を考慮して、マクロやソルバーなどの機能は利用せず、シート間のデータ・リンクも最低限に抑えた。ただし、学習にあたって注意していただきたいのは、実務適用にはさらに細かい調整が必要となる点である。

目　次

第1章

OTC デリバティブ市場とレポ市場

「無理に強いられた学習というものは、何ひとつ魂のなかに残りはしない。」（プラトン）

金利・債券そして外国為替取引のみならず、商品やエネルギーなども含めて、市場で取引される金融商品は、取引所（Exchange）取引と OTC（Over the Counter）取引に分類される。取引所取引には、物理的な取引所が存在して、標準化された金融商品が、金融機関を中心にした取引所会員を通じて売買される。他方、OTC 取引は、店頭取引あるいは相対（あいたい）取引とも呼ばれ、取引の当事者同士で売買・貸借される。

現時点（2019 年）で、デリバティブ市場の残高の大半は、OTC デリバティブ取引である。ただし、2007 年 8 月 9 日のパリバ・ショックに始まる国際金融危機によって、OTC デリバティブ市場にはさまざまな規制が課されることとなった。また、2009 年 9 月の G20 ピッツバーグ・サミットでは、OTC デリバティブ取引を支えるインフラストラクチャーの大変革の合意がなされた。この合意以後、OTC デリバティブ市場では規制強化とインフラストラクチャー変革が進展し、市場の姿は大きく変わりつつある。

本章では、さらにレポ取引を解説する。レポ取引は、証券（商品）の買い戻し条件付売却（Repurchase Agreements）の略語であり、我が国では現先取引と呼ぶこともある。レポ取引は、証券を買った時点で売却価格も決定してしまうので、一見無駄な取引のように思える。しかしながら、証券や商品を自由に売買するには、なくてはならない取引である。理論的に考えると、レポ取引は、フォワード価格決定の基礎となる。すなわち、現物証券取引とデリバティブ取引を繋ぐきわめて重要な金融取引である。デリバティブ理論を理解するのは、まずレポ取引の仕組みを理解しなければならない。レポ取引はまた、近年シャドーバンクと呼ばれる、銀行以外の金融機関にとって重要な金融取引でもある。ただ、レポ取引の常軌を逸脱した利用は多くの金融機関の崩壊を招いたことも事実である。

1-1）デリバティブ（金融派生商品）とデリバティブ市場

まずはじめに、デリバティブ取引の概要を解説する。現代の金融市場では、フォワード取引（Forward）とオプション取引（Option）およびこれらを複合した金融取引を、金融デリバティブ取引（金融派生取引、Financial Derivative Products）と呼ぶ。

フォワード取引とは、例えば、1 年先の為替レートのように、まだ実現していない将来価格を、現時点で確定する取引である。そして、オプション取引とは、あらかじめ取り決めた条件、例えば日経平均が 25,000 円以上になった場合は、その超過分を支払うといった取引である（この取引は行使価格 25,000 円のコール・オプションと呼ばれる)。

オプション取引は、フォワード取引とは異なり、現時点での取り決めが将来実現した場合だけ、買い手が売り手に請求できる権利であり、買い手は権利を放棄することもできる。つまり買い手には取引を執行する義務はない。このような金融取引を、条件付請求権（Contingent Claim）と呼ぶ。

いずれの取引にも共通することは、将来における資産・負債価値の不確実性を回避し、現時点でその価値を確定するための金融取引であるという点である。現実の金融市場では、一見すると、実にさまざまなデリバティブが取引されているように見えるけれども、概念的に見れば、フォワード取引とオプション取引が金融デリバティブ取引の 2 つの支柱となっているのである。

例えば、先物取引（Futures）やスワップ取引（Swaps）は、フォワード取引から発展した取引とみなすことができるし、仕組債（Structured Note）と呼ばれる複雑な金融商品は、スワップやオプションが内包された債券である。したがって、デリバティブ取引を理解するためには、まずこの 2 つの取引に習熟するのが肝腎である。

次に、デリバティブの対象資産を見てみよう。デリバティブが派生の対象とする資産（Underlying Asset）は、必ずしも債券（Bond)、株式（Equity)、外国通貨（Foreign Currency）のような金融資産である必要はない。エネルギー（Energy）や貴金属（Precious Metal）を対象としたデリバティブはもとより、天候（Weather）のような自然現象を対象としたデリバティブも存在している。

デリバティブはまた、デリバティブ自身を取引の対象とすることもできる。いわばデリバティブのデリバティブである。その実例の1つは、先物取引を対象としたオプション取引である。先物取引は、先渡取引を標準化して取引所（Exchange）に上場した商品（Listed Products）であるが、この先物を対象としたオプションが存在し、活発に取引されている。これを先物オプション取引（Futures Option）と呼ぶ。

デリバティブは、それらを組み合わせることによっても、新しいデリバティブを生み出すことができる。組み合わせによって生成されるデリバティブの典型は、スワップ取引である。詳細は第2章で説明するが、金利スワップは、期間の異なる複数の短期金利フォワード契約（FRA's：Forward Rate Agreements）を同時に契約したポートフォリオ（先物ストリップと呼ぶ）と同じ経済効果をもつ。

また、ローン金利の上限を保障する際に利用される金利キャップ取引（Interest Rate Cap）は、金利オプションのポートフォリオ（集合体）である。これを金利の下限保障である金利フロアー取引（Interest Rate Floor）と組み合わせれば、金利カラー取引（Interest Rate Collar）と呼ばれる金利の上下保証取引を生成することができる。

以上の説明から明らかなように、縦横無尽に派生が可能なことが、デリバティブがデリバティブである所以である。デリバティブが派生や組み合わせ/集合化を重ねることによって展開していく様子を図式化すると**図1-1**のようになる。

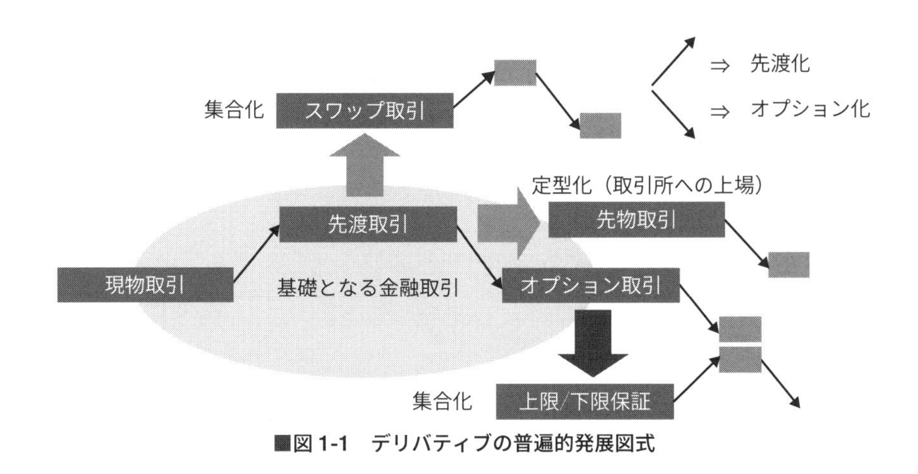

■図 1-1　デリバティブの普遍的発展図式

図 1-2 に、実際に市場で取引されている金利関連の取引（資金取引）を当てはめてみる。

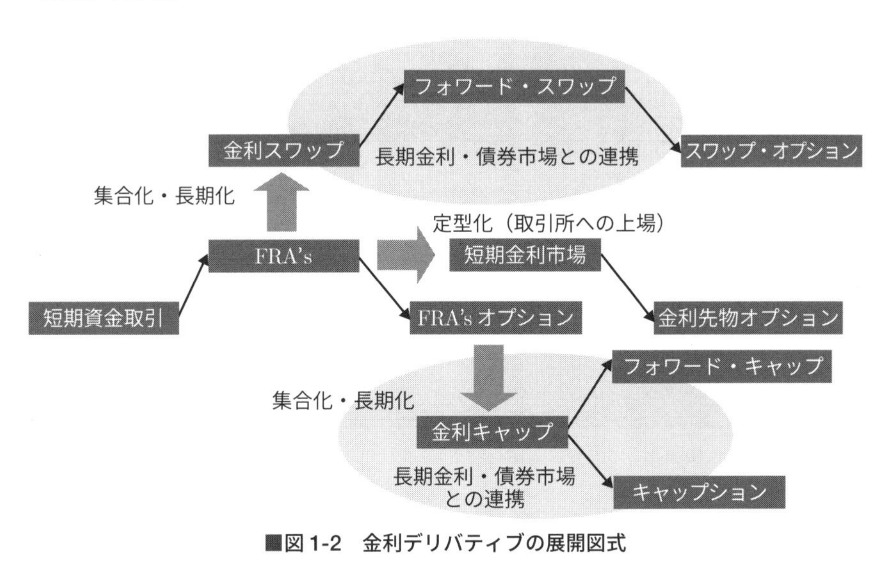

■図 1-2　金利デリバティブの展開図式

1-2）デリバティブ市場の規模と OTC デリバティブ

国際決済銀行（BIS：Bank for International Settlements）が定期的に集計している「外国為替およびデリバティブに関する中央銀行サーベイ」によれば、2015 年 12 月末時点での世界全体のデリバティブ残高は、実に 493兆ドル（約 5 京円）にのぼる。

BIS Quarterly Review: 'December 2015

In billions of US dollars
Notional amounts outstanding

Total contracts	Dec.2013 710,633.00	De.2014 628,251.00	Dec.2015 492,911.00
Foreign exchange contracts	70,553.00	75,043.00	70,446.00
Forwards and forex swaps	33,218.00	36,596.00	36,331.00
Currency swaps	25,448.00	24,042.00	22,750.00
Options	11,886.00	14,405.00	11,365.00
Interest rate contracts	584,799.00	505,431.00	384,025.00
Forward rate agreements	78,810.00	80,818.00	58,326.00
Interest rate swaps	456,725.00	381,129.00	288,634.00
Options	49,264.00	43,484.00	37,065.00
Equity-linked contracts	6,560.00	6,968.00	7,141.00
Forwards and swaps	2,277.00	2,495.00	3,321.00
Options	4,284.00	4,473.00	3,820.00
Commodity contracts	2,204.00	1,869.00	1,320.00
Gold	341.00		
Other commodities	1,863.00		
Forwards and swaps	1,260.00		
Options	603.00		
Credit default swaps	21,020.00	16,399.00	12,294.00
Single-name instruments	11,324.00	9,041.00	7,183.00
Multi-name instruments	9,696.00	7,358.00	5,110.00
of which index products	8,746.00	6,747.00	4,737.00
Unallocated	25,496.00	22,541.00	17,685.00

■図 1-3　国際決済銀行（BIS）のデリバティブ残高統計

図 1-3 からは、デリバティブ市場の規模に関して、興味深い 2 つの事実が発見できる。まず、OTC デリバティブ取引の残高の大半は、外国為替および金利関連であること、次に 2013 年 12 月末の残高を頂点として残高は減少傾向にあることである。

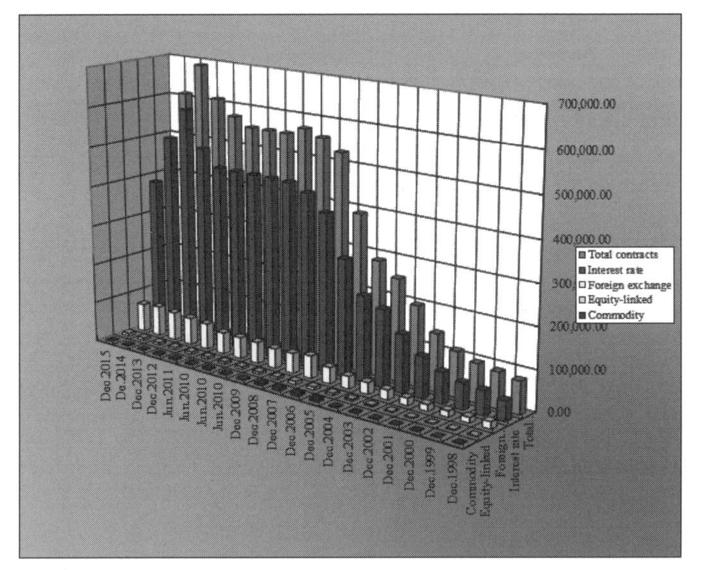

■図 1-4　商品別 OTC デリバティブ残高の推移（BIS）

図 1-4 から明らかなように、OTC デリバティブ残高の圧倒的シェアを占める、金利スワップ残高が急減している。再び統計を見てみると、2014 年から 2015 年にかけて OTC デリバティブ残高シェアの多くを占める金利系デリバティブの残高が、505 兆ドルから 384 兆ドルに急減しているのが見て取れる。

あとであらためて解説することになるが、この残高減少は、ピッツバーグ・サミットにおけるインフラストラクチャー変革 3 つの合意の 1 つである中央清算機関（CCP：Central CounterParty）の本格稼働により、金利スワップ残高の圧縮（compression）が加速した影響が如実に顕在化している例だといえる。

さて、OTC（Over The Counter）取引は、店頭取引と訳される。しかしながら実際は、私たちがイメージする金融機関の店頭（＝顧客窓口）とはまったく異なる。OTC 取引とは、ディーラーが電話やコンピューターのネットワークを利用して、直接取引相手と交渉する形態である。したがって、相対（あいたい）取引と呼んだほうが、私たちのイメージと一致するであろう。もっとも、OTC 取引のすべてが、直接取引（Direct Deal）ではない。取引所の存在しない OTC 取引では、基本的に価格情報が分散しているため、一人あるいは少数の相手とだけ交渉していては、そこで提示される価格が、最適な水準であるかどうか確かめようがない。そこで登場するのが、インター・ディーラー・ブローカー（IDB：Inter Dealer Broker）である。インター・ディーラー・ブローカーは、OTC市場において、取引所のもつ価格集中機能を代替することで、ディーラーの取引執行をサポートするのがその役目である。

OTC市場は、その性格上、市場の開始時刻とか終了時刻というものが存在しない。同様に、東京市場とかニューヨーク市場という地理的な区切りも、厳密にいえば意味をなさない。ニューヨーク時間の深夜に、ニューヨーク在住のディーラーが、東京のディーラーと取引することが可能であるからだ。ただし、整合的で公正な時価評価の必要性から、午前9時や午前11時あるいは、午後3時といった時点での市場実勢を参考値として公表することが多い。

市場価格の公表に大きな役割を果たしている金融情報ベンダーは、いわゆる通信社の市場情報部門として発展した。金融情報ベンダーは、市場ニュースや価格情報だけでなく、金融商品のスクリーン取引機能も有している。

金融情報ベンダーの草分けはロイター社であるが、今日では1980年代にマイケル・ブルムバーグ氏が設立し、1990年代以降急速に台頭したブルムバーグ社と世界シェアを二分している。我が国では、日本経済新聞社傘下のQUICK社が代表的金融情報ベンダーである。**図1-5**はインター・ディーラー・ブローカーが金融情報ベンダーに配信しているスクリーンのイメージである。

SMKR98U　(c) 2006 Tullett Prebon Information　10-Mar-2006 00:11GMT

USD CAP & FLOOR YIELD VOLATILITY SMILE (ATM +/- 100 BASIS POINTS)

	(-100)	(-75)	(-50)	(-25)	AT-THE-MONEY VOLATILITY	(+25)	(+50)	(+75)	(+100)	
1Y	13.30	12.45	11.57	10.67	10.25	10.47	10.78	11.13	11.44	1Y
2Y	16.64	15.69	14.79	13.94	13.35	13.35	13.49	13.74	13.99	2Y
3Y	18.34	17.49	16.66	15.86	15.30	15.17	15.16	15.31	15.46	3Y
4Y	19.28	18.48	17.73	17.03	16.45	16.32	16.27	16.32	16.40	4Y
5Y	19.68	18.93	18.23	17.58	17.05	16.92	16.83	16.78	16.78	5Y
6Y	21.69	20.94	20.27	19.67	19.20	18.99	18.87	18.82	18.80	6Y
7Y	19.73	19.03	18.39	17.79	17.35	17.14	16.99	16.89	16.82	7Y
8Y	21.76	21.06	20.45	19.90	19.40	19.18	19.04	18.94	18.87	8Y
9Y	21.77	21.12	20.54	19.99	19.50	19.28	19.10	18.95	18.87	9Y
10Y	19.65	19.00	18.42	17.87	17.40	17.17	17.00	16.85	16.73	10Y
15Y	19.12	18.52	18.04	17.59	17.20	16.95	16.74	16.54	16.38	15Y
20Y	18.33	17.78	17.32	16.87	16.50	16.24	16.03	15.83	15.67	20Y
	(-100)	(-75)	(-50)	(-25)	ATM	(+25)	(+50)	(+75)	(+100)	

■図1-5　配信しているスクリーンイメージ
（データソース　タレットプレボン/QUICK）

1-3）市場メカニズムとフォワード価格の形成

■市場メカニズム

まず、レポ取引を説明する前に、証券や商品が自由に売買可能な市場（＝自由市場）の要件について考察してみる。もちろん、現実ではすべての証券や商品が自由に売買可能ではない。生産者が消費者へ直接生産物を売りにいくことはまれであるし、生産業以外にもサービス業者など、さまざまな産業が存在する。このような、複雑な経済構造にあって、現実をいったん括弧に入れて、市場が果たす役目を論理的観点から考察してみる。

市場に対して一般の人たちが描くイメージは、「商品を売る人＝商品の保有者」と「供給者商品を買う人＝貨幣の保有者」の「出会いの場」であろう。これは経済学的にいえば、生産者（供給者）と消費者（需要者）の関係に相当する。

ここで、貨幣を保有してないにもかかわらず、商品が購入できれば、売買市場は一層活性化するはずである。この機能を担うのが、金融市場（Money Market）である。金融市場が存在すれば、貨幣の一時的な借入が可能になるので、証券や商品の購入者（＝市場参加者）を増加させることができる。

論理的な観点からいえば、商品を保有していないにもかかわらず、商品を売却したい市場参加者の存在も考えることができる。さしあたって、このような市場を、証券（商品）貸借市場（lending market）と呼んでおこう。証券（商品）貸借市場を導入すれば、論理的には、あらゆる市場参加者のタイプをすべてカバーできることがわかる。

すなわち、市場メカニズムを円滑に機能（＝自由で活発な売買）させるには、論理的観点から考えると、証券（商品）の売買市場だけではなく、金融（＝貨幣貸借）市場と証券（商品）貸借市場という 3 つの市場が必要なのである。

ところが、これら 3 つの市場だけでは、市場参加者は回避できないリスクを抱えてしまう。それは、商品の一時的な貸借によって生じる価格変動リスクである。例えば、貸借市場で証券（商品）を借り入れて、スポット市場で買い手に証券（商品）を売却した場合、借入期限までに再び証券（商品）を調達しなければならない。

しかしながら、買い戻し時点の価格が当初の価格と同じである保証はない。ここにリスク（価格変動リスク）が存在する。このリスクを回避するには、「あらかじめ将来の買い戻し価格を決定する市場」が要請されることになる。この機能を果たすのがフォワード市場（**図 1-6**）にほかならない。

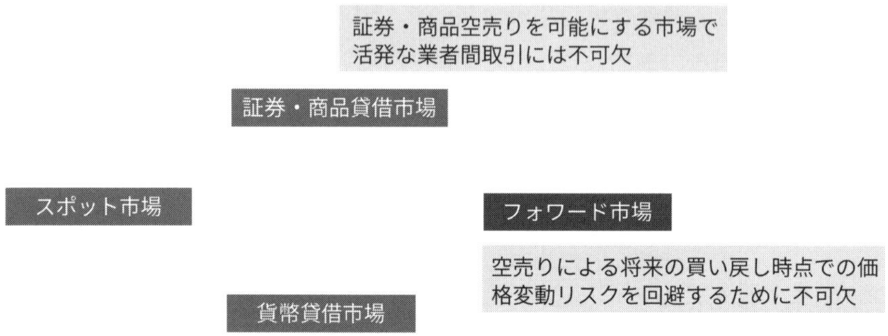

証券・商品空売りを可能にする市場で
活発な業者間取引には不可欠

証券・商品貸借市場

スポット市場

フォワード市場

空売りによる将来の買い戻し時点での価
格変動リスクを回避するために不可欠

貨幣貸借市場

■図 1-6　フォワード市場

■フォワード価格の形成

それでは、フォワード市場では、一体どのような取引が行われているのか。ここで、フォワード市場で取引されている取引を、フォワード取引と総称してみる。フォワード取引は、対象資産に関する派生（＝デリバティブ）取引とみなすこともできるが、実際に現物が受け渡しされるという意味では、現物取引とも考えることができる。現物取引とデリバティブ取引という二分法に従えば、フォワード取引は、それらの中間形態といえる。

証券や外国為替のフォワード取引の大半は、レポ（現先）取引と呼ばれる取引形式で売買される。フォワード取引には、フォワード価格のみを取引する形式もある。これをアウトライト・フォワード取引と呼ぶ。

外国為替のフォワード取引は、かつては為替スワップと呼ばれることもあったが、金利スワップ取引が急速に拡大した 1990 年代以降は、為替フォワード取引と呼ぶのが一般的である。

レポ（現先）取引とは現時点で証券（あるいは外国通貨や商品）を売り（買い）、あらかじめ合意した将来の時点で買い（売り）戻す契約である。その際に合意される将来価格が、フォワード価格である。フォワード価格は、将来の予測ではなく、証券を保有するコストによって計算される。

金融（＝貨幣貸借）市場で資金を調達して、証券や外国通貨あるいは商品を保有（＝キャリー）することをキャッシュ＆キャリーと呼ぶ。ここでキャリーに必要なコストをキャリー・コスト（Cost of Carry）と呼ぶ。キャリー・コストを構成するもっとも重要な要素は、いうまでもなく調達金利である。

しかしながら、キャリー・コストの構成要素は、金利だけとは限らない。例えば、固定利付債（Fixed Income Note/Bond）を保有すればクーポン収益を、外国通貨をロング（買い持ち）にすれば当該外国通貨の金利を、運用益として享受できる。また、債券や株式の場合は、それを第三者に貸し出すことで、貸借料（Securities Lending Fee）を得ることも可能である。

したがって、キャリー・コストは、証券や外国通貨の保有者がマイナス（コスト要因）になるとは限らない。固定利付債の投資からも理解できるように、基本的には、期間の長い債券のクーポンは、一般に短期の資金調達金利よりも高いのでプラスのケースが多い。これをポジティブ・キャリー（Positive Carry）と呼ぶ。フォワード取引の理論値（＝フェア・バリュー）とは、証券や外国為替の現在価格に、キャリー・コストを加えた値である。

実際にフォワード市場で取引されているフォワード価格が、理論値よりも高い場合は、対象資産を買い、フォワード取引での売り契約を締結すれば、リスクなしに利益を得ることができる。これをアービトラージ（裁定）と呼ぶ。

逆の場合は、証券や外国為替を売却し、それで得た資金を運用すればよい。この操作を、リバース・キャッシュ＆キャリー（Reverse Cash & Carry）と呼ぶ。外国為替市場でのリバース・キャッシュ＆キャリーは、外国通貨を基準にすれば、円のキャッシュ＆キャリーにほかならない。したがって、十分な流動性のある主要国の通貨間の交換（＝外国為替取引）では、理論経済学（＝数理ファイナンス）の想定に近いような摩擦のない売買が可能である。

しかしながら、外国為替のような通貨同士の取引と、証券/商品を大きく隔てる壁がある。それは個別性である。例えば、日本国債と一概にいっても、回号が異なれば別個の存在（モノ）である。保有していない貨幣の調達の場が、金融市場の役割であるが、それとは反対に、保有していない証券の売却（＝空売り）を一時的にブリッジするには、証券貸借機能を備えた市場が要請される。これがレポ（現先）市場である。

逆の見方をすれば、証券貸借市場が存在していない場合は、機動的な証券の売却（いわゆる空売り）は実行できず、合理的な価格が形成されない。我が国の債券市場では長い間、有価証券取引税の存在がネックとなり、満期が1年を超える債券のレポ取引は事実上困難であった。

橋本政権時代のいわゆる「金融ビッグバン」で、現金担保の付利規制が撤廃されることが契機となって、1996年頃から、レポ取引と基本的には同じ機能をもつ「現金担保付債券貸借取引」が開始された。現在では、新現先取引と合算した月間売買高は1,000兆円に上る巨大市場を形成している。

1-4） レポ取引の意義

すでに言及したように、国債や外国為替のインター・ディーラー市場でフォワード価格を確定する場合、レポ取引が主流である。外国為替市場でフォワード取引という場合は一般にこの形式の取引を指す。

しかしながら、**図 1-7** から明らかなように、将来の価格を確定するのが目的であるならば、スポット取引は無駄のように思われる。

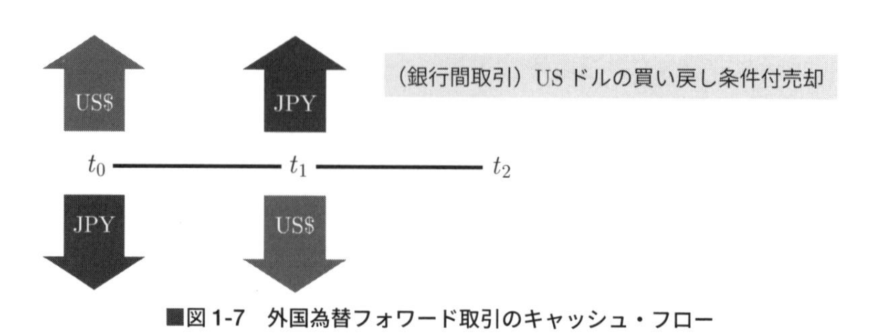

■図 1-7　外国為替フォワード取引のキャッシュ・フロー

なぜインター・ディーラー市場では、単純なアウトライト・フォワード取引ではなく、レポ取引という形式をとるのであろうか。

この疑問を解くにために、スポット市場でUSドルを売却し、翌日に買い戻したケースを考えてみる。**図1-8**から明らかなように、決済日が1日ずれているので単純には損益が確定しないのがわかる。これを決済ギャップと呼ぶ。

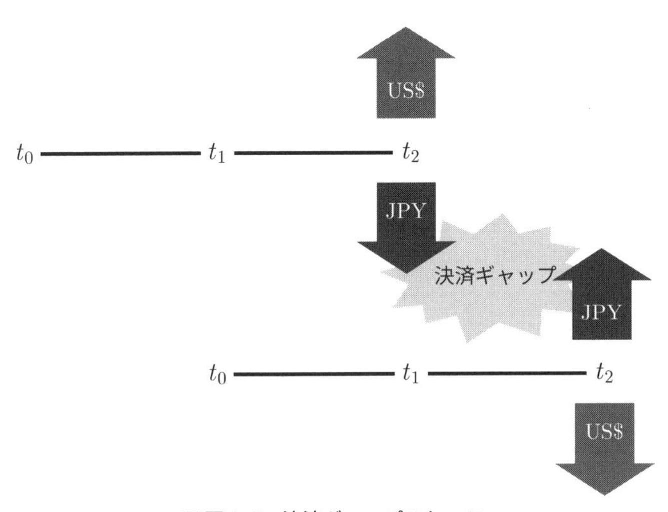

■図1-8　決済ギャップのケース

レポ取引を利用すれば、USドルの調達および円の運用が一度でできるだけでなく、USドル買い戻し時のUSドル運用と円調達も解決する。これが外国為替のインター・ディーラー市場でレポ取引が主流である理由である。

言い換れば、レポ取引には空売りと買い戻しの時点ギャップを解消する（決済ブリッジ機能）と同時に、資金調達機能（短期金融機能）も併せもっているのである。**図1-9**はその様子を表している。

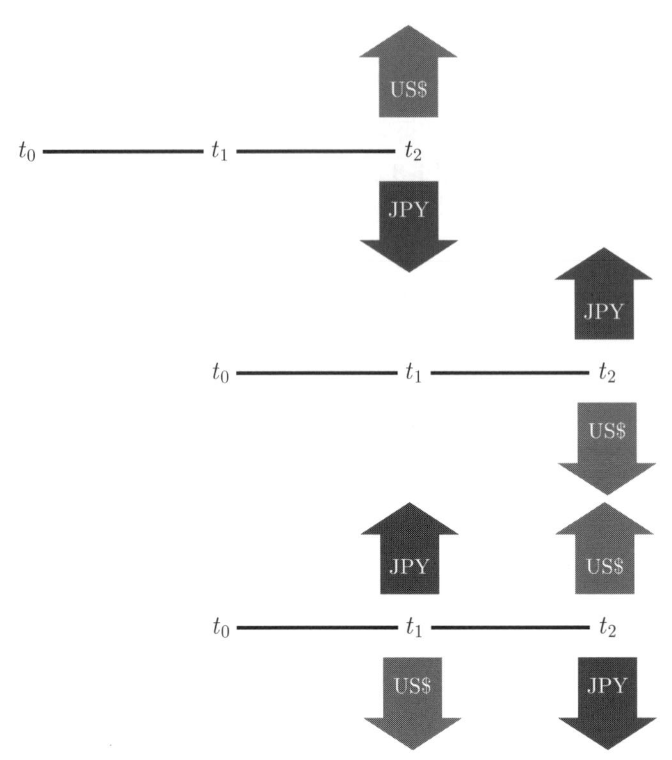

■図1-9　レポ取引による決済ギャップの解消

一般的に、銀行は自国通貨で資金調達・運用するほうが、相対的に有利である。例えば、我が国の銀行が、USドル調達が期待どおりの金利でできない場合、円で資金調達してレポ市場でUSドルに転換すれば、実質的にはUSドルを調達したことになる。これを合成外貨資金調達と呼ぶ（**図1-10**）。これは、金融市場での円資金調達と外国為替市場でのUSドルの買いレポ（Buy Sell Back Repo）の組み合わせで実現できる。

2つの取引によって円のキャッシュ・フローが相殺されて、USドルのキャッシュ・フローだけが残る。逆の場合は、合成外貨資金運用（**図1-11**）である。

ステップ1：円資金貸借市場での調達

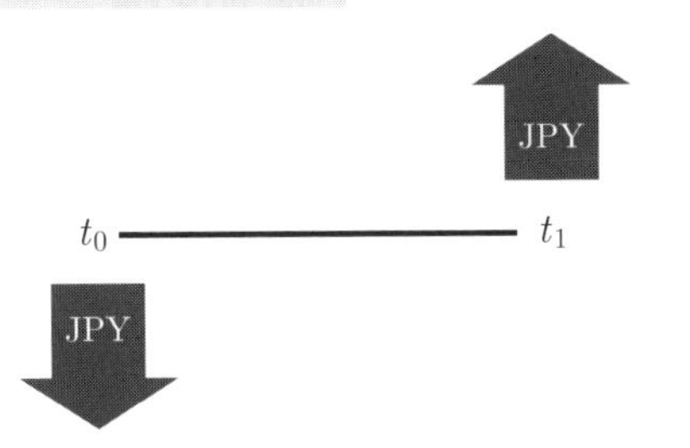

ステップ2：為替フォワード市場でのドルのバイセルバック（Buy Sell Back Repo）

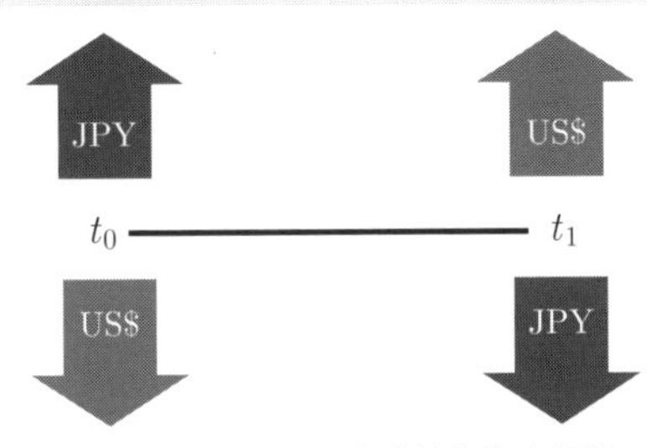

■図 1-10　合成外貨資金調達

ステップ1：為替フォワード市場でのドルのセルバイバック（Sell Buy Back Repo）

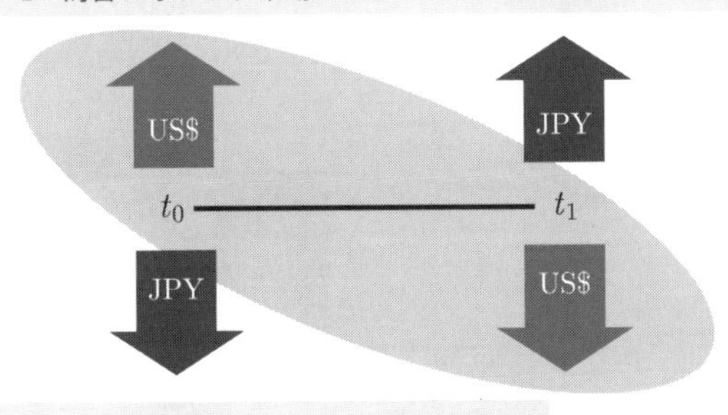

ステップ2：ユーロ資金貸借市場での外国通貨運用

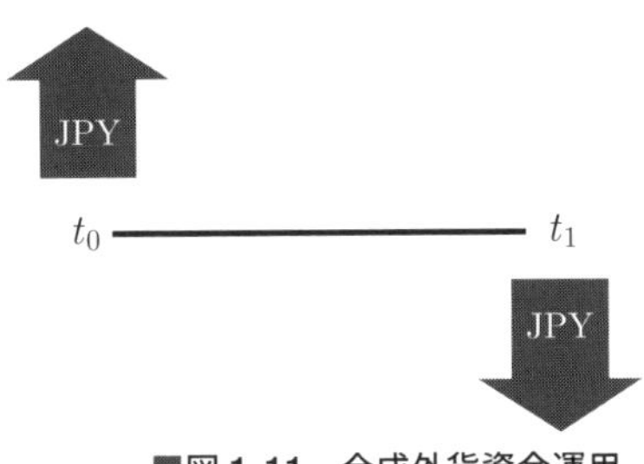

■図 1-11　合成外貨資金運用

1-5）一般化されたフォワード価格理論

これまで解説してきた外国為替市場のメカニズムは、金利平価という考え方が基礎となっている。ここでは、具体的な計算方法を解説する。例えば、日本円で資金調達し US ドルに転換し、それを調達期間と同じ期間キャリー（=運用）すれば、満期時にドルの元利合計が戻ってくる。この元利合計と、円調達コスト（円元利合計）が均衡するポイントが、外国為替フォワード先渡価格の公正価格である。

いま、ドル円のスポット為替価格を 100 円 /1 ドル、円金利を 5%、ドル金利を 10% として 1 年間ドルをキャリーするケースを考えてみよう（**図 1-12**）。円を 1 年間調達したあとの返済総額は 105 円となり、1 ドルを 1 年間キャリーした運用総額は 1.1 ドルである。したがって、返済総額と運用総額が均衡して裁定ができないような為替レート F は、

$$105 = 1.1F$$

$$F \cong 95.4545$$

となる。

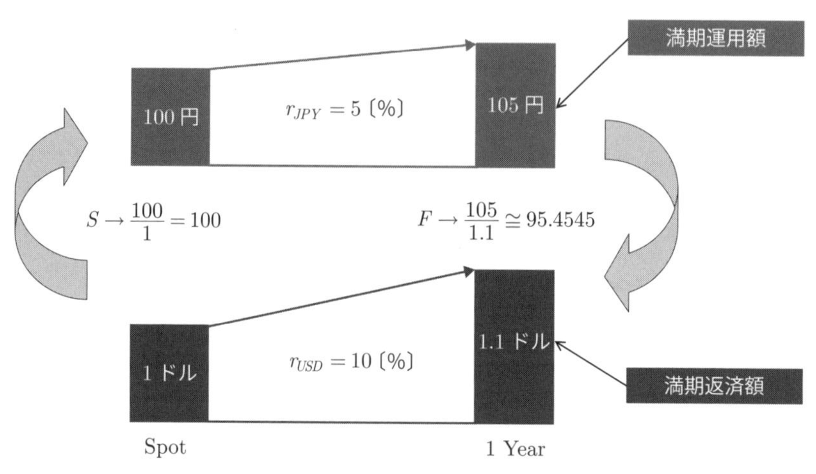

■図 1-12　フォワード価格の決定メカニズム

現実の外国資金貸借市場における、資金調達・運用では、1 年を 360 日とみなすユーロ・マネー・マーケット・ベイシス（Euro Money Market Basis）と呼ばれる、独特の日数計算方式が使われる。例えば、ドル円のスポット為替価格が、S 円 /1 円で d 日間キャリーした場合、

$$\text{円資金調達コスト} = S\left(1 + \frac{d}{360} r_{JPY}\right) \tag{1-1}$$

$$\text{ドル資金運用益} = 1 + \frac{d}{360} r_{USD} \tag{1-2}$$

となるが、（1-1）式は円建て表示、（1-2）式はドル建て表示であるから、単純にイコールで結べない。そこで、ダミー通貨交換比率 F を（1-2）式に代入してみる。こうして両式をイコールで結ぶとダミーであった通貨交換比率 F が意味をもち、d 日後の為替先渡価格に相当することになる。

$$S\left(1 + \frac{d}{360} r_{JPY}\right) = F\left(1 + \frac{d}{360} r_{USD}\right)$$

次に実際の実務で利用されている、金融情報ベンダー画面に表示されている、外国為替市場情報で確認してみる（**図 1-13**）。このページは、OTC 外国為替ブローカーが、情報ベンダー向けに配信する伝統的な外国資金為替市場の画面である。電子ブローキング・システムや金利デリバティブの勢いにおされ、往年のような重要性はないが、外国資金為替市場のメカニズムを学ぶ上では、重要な画面である。

このページでは左から外国為替のスポット・レート、ドル円フォワード・スプレッド、円短期金融市場、ドル短期金融市場の順に並んでいる。この画面のレートを利用してドル円 1 年フォワード価格を計算する。フォワード・スプレッドというのは、フォワードとスポットの差（直先スプレッド）である。例えば、スポット価格が 100 円でフォワード価格 98 円だとすると、その差額はマイナス 2 円なので、−200 と表示される。

画面を見ると、1 年物円金利とドル金利の差は 4.5% 程度であるから、ドル円フォワード価格はスポット価格から 4.5% 程度円高水準になるであろうこと

DEPO1

DEPO1		FORWARD & DEPOSITS						
< JPY >								
SPOT		USD/JPY 115.65-67						
EUR/USD	1.1944-45	FORWARD			JPY DEPOSIT		USD DEPOSIT	
GBP/USD	1.7664-67	-1.23	-1.21	ON			3.80000	3.74000
USD/CHF	1.2922-24	-1.21	-1.21	TN	0.01000	-0.02000	3.80000	3.74000
USD/CAD	1.1853-58	-1.24	-1.22	SN	0.01000	-0.02000	3.83000	3.77000
AUD/USD	0.7484-86	-8.87	-8.83	1W	0.01000	-0.02000	3.92000	3.89000
NZD/USD	0.7013-18	-17.89	-17.83	2W			3.97000	3.94000
USD/SGD	1.6945-50	-26.95	-26.88	3W			4.00000	3.97000
USD/THB	40.95-98	-42.52	-42.45	1M	0.02000	-0.01000	4.05000	4.03000
USD/HKD	7.7555-60	-81.05	-80.9	2M	0.03000	0.00000	4.10000	4.07000
EUR/JPY	138.15-17	-122.05	-121.85	3M	0.04000	0.01000	4.21000	4.18000
GBP/JPY	205.34-42	-166.4	-166	4M	0.04000	0.01000	4.24000	4.21000
CHF/JPY	89.53-56	-205.35	-204.95	5M	0.05000	0.02000	4.30000	4.27000
CAD/JPY	97.52-58	-247.2	-246.7	6M	0.05000	0.02000	4.36000	4.33000
AUD/JPY	86.57-67	-288.8	-288.2	7M	0.06000	0.03000	4.42000	4.39000
NZD/JPY	81.09-19	-331.55	-330.8	8M	0.07000	0.04000	4.45000	4.42000
HKD/JPY	14.85-95	-372.95	-371.95	9M	0.09000	0.06000	4.47000	4.44000
NOK/JPY	17.71-73	-417.9	-416.9	10M	0.10000	0.07000	4.51000	4.48000
SEK/JPY	14.50-52	-457.05	-456.05	11M	0.11000	0.08000	4.53000	4.50000
SGD/JPY	68.15-25	-497.2	-496.2	1Y	0.13000	0.10000	4.57000	4.52000
THB/JPY	2.77-87	-732	-727	18M				
		-947.5	-942.5	2Y				

■図 1-13　東京外国資金為替市場
（データソース　Meitan Tradition/QUICK）

が、直感的に理解できる。ここで 1 年物ドル円フォワード価格を見ると、およそ −490 bp（ベイシスポイント）なので、スポット価格から 5 円程度の円高で取引されていることがわかる。

ここではスポット価格を 115 円 66 銭、1 年物円金利を 0.115%、1 年物ドル金利を 4.55%、1 年も実日数を 365 日とすると、**図 1-14** の Excel シートによって 1 年物フォワード価格が計算できる。

入力項目		計算過程		計算結果	
外国為替スポット価格	115.66	自国通貨運用額	115.7949	外国為替フォワード価格	110.689
満期までの日数	365	自国通貨運用額	1.046132	市場建値	-497.14
自国金利	0.115%				
外国金利	4.550%				

■図 1-14　外国為替フォワード計算（金利平価理論）

1 年物フォワード価格は次の式になる。

$$115.66\times\left(1+\frac{365}{360}\times 0.00115\right)=\left(1+\frac{365}{360}\times 0.0455\right)\times F$$

計算結果は110円69銭となり、フォワード・スプレッドは−97 bpスとなり、実際の市場価格と一致する。

$$110.69 - 115.66 = -4.97$$

これまでは外国通貨を取り上げて、フォワード価格形成を説明してきた。フォワード価格を決定するのはキャリー・コストであり、レポ取引がその根幹に存在した。

当然のことながら、キャリー・コスト要因は商品/市場によって異なる。共通する要因は資金調達にかかわる金利であるが、例えば、国債の場合は経過利息が運用益となるのでフォワード価格は金利だけでは決定できない。また債券貸借市場に貸し出せば貸出しフィー（Lending Fee）を稼ぐこともできる。

欧米の債券市場では、資金調達コストと債券貸出しフィーを一体化したレポ・レートが、債券キャリーのもっとも重要なコスト要因として位置付けられている。レポ・レートという観点から見れば、外国通貨のレポ・レートは二カ国金利差であると考えることもできる。

外国通貨市場や債券市場と異なって、商品市場の大半はそれ自体を消費することが可能である。この場合、消費可能な現物を現時点で保有する優位性あるいは選好が働くことになる。これをコンビニエンス・イールド（Convenience Yield）と呼ぶ。

外国通貨フォワード価格の算出式（金利平価理論）からは、もしスポット価格と期間が与えられた場合、3つの未知数のどれか2つが既知であるならば、残りの1つのレートが逆算できることが理解できる。

この事実を、ファイナンシャル・テクノロジーの観点から再解釈すれば、任意の2つの金融商品の合成によって残り1つの金融商品を複製できるということである。金利平価理論から論理的に可能な複製パターンは、ドルと円とした場合は、次の3通りである。

(1) 円資金取引（円金利）とドル資金取引（ドル金利）を合成してドル円フォワード取引を複製できる。

(2) 円資金取引（円金利）とドル円フォワード取引を合成してドル資金取引（ドル金利）を複製できる。

(3) ドル資金取引（ドル金利）とドル円フォワード取引を合成して円資金取引（円金利）を複製できる。同じことがすべての証券・商品に理論的には適用可能である。

ただし、この考え方は、流動性リスクと信用リスクをまったく考慮していないという条件付きであることを、忘れてはならない。

我が国の公社債市場の売買状況

COLUMN

本章では、わかりやすさの観点から、レポ取引のメカニズムを外国為替取引で解説したが、金融市場でレポ取引といえば、債券、とりわけ国債のレポ取引を指す。そこで補足資料として我が国の公社債市場の売買状況を見てみよう。

月間公社債売買実績を見れば理解できるように、社債にはまったく流動性がない。さらに国債の売買も大半はレポ（現先）取引である。現先取引と基本的には経済効果は同じで、現金担保付債券貸借は、売買統計には計上されない。現先取引が「売買」であるのに対して、現金担保付債券貸借は「金銭消費貸借」に分類されるからである。

公社債種類別店頭売買高

（平成２８年９月分）

単　位　：　億　円
日本証券業協会

平成２８年１０月１７日（月）発表

種　類	売　買　高		前　月　比　較	
		うち現先売買高		うち現先売買高
国　債	7,838,179	5,677,950	-677,004	-937,643
超長期国債	1,646,114	1,285,532	-104,146	-162,627
長期国債	3,056,461	2,637,509	-20,524	-95,824
中期国債	2,143,829	1,426,008	-518,306	-610,811
割引国債	98	0	90	0
国庫短期証券等	991,677	328,901	-34,118	-68,381
公募地方債	9,768	1,063	1,121	-289
政府保証債	13,156	5,786	2,043	-62
財投機関債等	4,323	182	-611	72
交通債・放送債	229	0	214	0
金　融　債	2,027	0	-436	0
利　付	2,027	0	-436	0
割　引	0	0	0	0
円貨建外債	1,417	0	924	0
社　債	14,064	166	5,268	166
公募電電債	91	0	32	0
電　力　債	1,499	0	133	0
一　般　債	12,474	166	5,103	166
特定社債	91	0	-9	0
新株予約権付社債	247	0	73	0
非　公　募　債	1,642	77	-736	-450
地　方　債	1,241	77	-523	-450
そ　の　他	401	0	-213	0
合　計	7,885,143	5,685,224	-669,153	-938,206

■図 1-15　月間公社債売買

第 2 章

フォワード金利と金利スワップ取引

「人は物事を繰り返す存在である。」（アリストテレス）

本章では、フォワード価格の考え方を、フォワード金利（Forward Interest Rate）に拡張し、さらに金利スワップ概念の理解と、実務適用可能な理論価格計算方法のマスターを目標とする。ここで理解のキーとなるのが、ディスカウント・ファクターである。ディスカウント・ファクターは、将来の1円の現在価値を意味している。したがって、将来のキャッシュ・フローが確定している場合、その金額にディスカウント・ファクターを掛けることで、現在価値へ変換できる。まったく異なる、将来のキャッシュ・フローをもった、2つの金融商品であったとしても、現在価値が等価であれば、現時点においては交換可能である。これがスワップ取引の基本的な考え方である。

2-1）短期資金貸借市場

前章では、もっぱらフォワード価格の形成メカニズムについて考察してきたので、次にフォワード金利を対象として解説を進める。ただし、その前に、これから議論の対象となる金利とは、そもそも何かを明確にする必要がある。なぜなら、金利水準は、貸し出す相手（与信先）の信用力によって異なるからである。したがって、金利の定義を明確にしないまま、議論を進めたのでは、誤解を招く恐れがある。

ありていにいえば、金利とは貨幣の収益（成長）率（Rate of Return/Rate of Growth）のことである。例えば、相手に100億円を貸し出し、1年後に102億円返済してもらえば、貨幣の収益率は2%であったといえる。しかしながら、仮に貸し出し時点で約束した金利が5%だったとすれば、貸し手は算段を狂わしてしまったことになる。

このように、貨幣の収益率は、事前（Ex-ante）と事後（Ex-post）で異なる場合がありうる。すなわち、私達が日常生活で、無自覚に使用している金利という概念には、純粋な金利と、相手先の信用リスク（Credit Risk）が混在しているのである。さらに、金融機関の場合は、巨額な資金運用や資金調達が常時可能なのかという問題もある。これが流動性リスク（Liquidity Risk）である。

したがって、まず最初に私達が議論の対象とすべきは、信用リスクや流動性リスクから分離された、純粋な金利である。純粋な金利とは、100% 確実に回収可能な貸し出し先あるいは投資証券に適用される無リスク金利にほかならない。現実には、純粋な無リスク金利取引は存在しないかもしれないが、さしあたってアメリカ合衆国が発行する財務証券（US Treasury）、およびそれに順ずる信用力の高い国の国債（Government Note/Bond）がその候補である。

ところが、これからの議論で対象とする金利は、大手銀行間ユーロ資金貸借市場での金利である。ユーロ資金貸借市場は、国際金融業務を営む銀行間で、大口資金を無担保で融通する（Interbank Large Fund Transfer）短期金融市場である。数理ファイナンスにおける、金融市場勘定（Money Market Account）がこれに相当する。

この市場は、2007 年 8 月のパリバ・ショック以降、大きく激変した。しかしながら、市場リスク計算の基本を学ぶ上では、今日では「古典的」「教科書的」と揶揄される計算手法を学ぶことも重要だと思われる。

2-2）フォワード価格とフォワード金利

フォワード価格が、将来の 1 時点での価格であるのに対し、フォワード金利は、将来の 2 時点間の金利（貨幣の収益率）である（**図 2-1**）。したがって、フォワード価格公式を、そのまま転用することができない。とはいえ、金融資産を利用した、キャシュ・フローの合成という考え方に変わりはない。

ユーロ資金貸借市場において、基本金融資産とは、スポット時点から取引がスタートする資金貸借取引である（ユーロ資金貸借市場ではデポ取引と呼ばれる）。

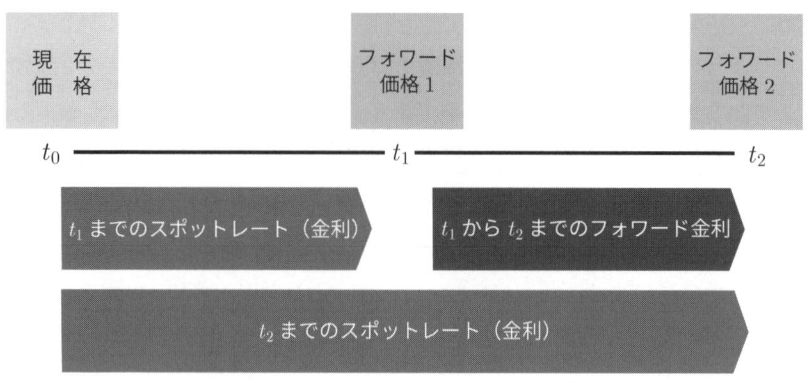

■図 2-1　フォワード価格とフォワード金利

これを利用して、フォワード時点からスタートする資金貸借取引を合成してみよう。ユーロ資金貸借市場では、1980 年代まで、これをフォワード・フォワード取引（Forward/Forward Loan/Deposit）と呼んでいた。すなわち、先渡金利（Forward Interest Rate）とは、フォワード・フォワード取引に適用される期間金利である。

図 2-2 が、フォワード・フォワード取引のイメージである。

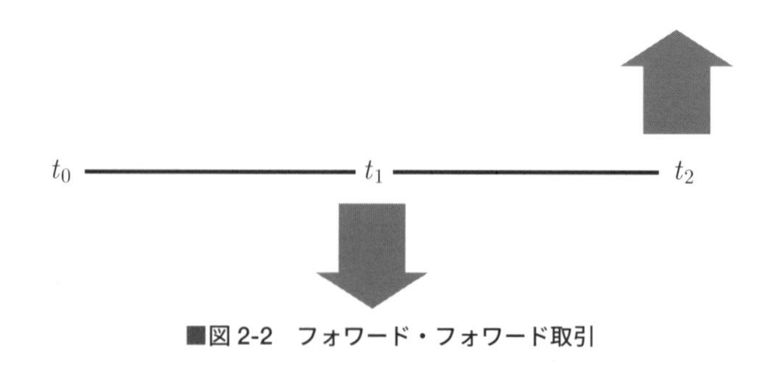

■図 2-2　フォワード・フォワード取引

フォワード・フォワード取引は、満期の異なる 2 つの資金貸借取引から合成できる（**図 2-3**）。2 つの取引の合成で、スポットのキャッシュ・フローが相殺されて、未来のキャッシュ・フローだけが残る。

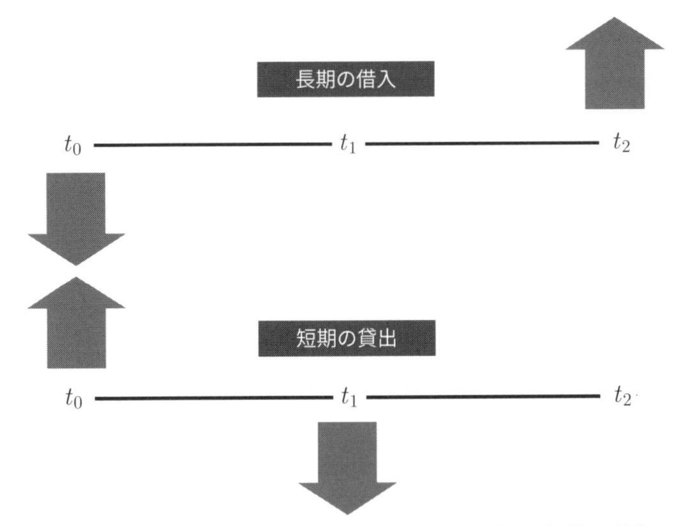

■図 2-3　フォワード・フォワード取引：長期の借入と短期の貸出

資金貸借市場では、この資金操作を、合成資金先渡（Synthetic Forward Lending/Borrowing）と呼ぶ。それでは、フォワード・フォワード取引の、公正な金利水準はどのようにして決定できるのか。**図 2-4** のイメージで理解できるであろう。

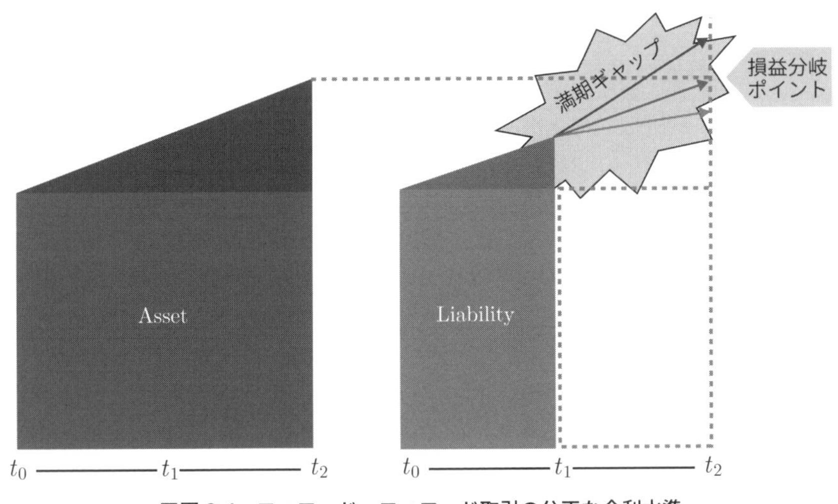

■図 2-4　フォワード・フォワード取引の公正な金利水準

すでに明らかなように、t_0 から t_2 まで資金運用・調達した元利合計と、t_0 から t_1 まで資金運用・調達して、さらに t_1 から t_2 まで資金運用・調達した場合の元利合計が一致するような金利を計算すればよい。

ここでは、6 カ月先にスタートする 6 カ月物フォワード金利を数式で表現してみよう。ここで 6 カ月金利を期近金利（Near Interest Rate）、1 年金利を期先金利（Far Interest Rate）、経過日数を d に置き換え一般化すると、

$$\left(1+\frac{d_{Near}}{360}r_{Near}\right)\left(1+\frac{d_{Forward}}{360}r_{Forward}\right)=1+\frac{d_{Far}}{360}r_{Far}$$

$$r_{Forward}=\left(\frac{1+\dfrac{d_{Far}}{360}r_{Far}}{1+\dfrac{d_{Near}}{360}r_{Near}}-1\right)\frac{360}{d_{Forward}}$$

となる。これがフォワード金利の算出式である。ここで些細なことであるが、経過年数（Year Fraction）を $\delta=\dfrac{d}{360}$ とすれば上式は、

$$r_{Forward}=\left(\frac{1+\delta_{Far}r_{Far}}{1+\delta_{Near}r_{Near}}-1\right)\frac{1}{\delta_{Forward}}$$

と簡略表記できる。次にこの式の構成要素の意味を考えてみると、

$$r_{Forward}=\left(\frac{\text{期先取引の 1 円あたりの元利合計}}{\text{期近取引の 1 円あたりの元利合計}}-1\right)\frac{1}{\text{先渡取引の 1 経過年数}}$$

となる。

次に具体的数値で計算してみる。次の式は、6 カ月金利（実日数 182 日）が 2%、1 年金利（実日数 365 日）が 5% のケースで、6 カ月先スタートの 6 カ月先フォワード金利を計算した例である（**図 2-5**）。

$$\left(1+\frac{182}{360}\times 0.02\right)\left(1+\frac{183}{360}\times r_{Forward}\right)=1+\frac{365}{360}\times 0.05$$

$$r_{Forward}\cong 3.9546\ 〔\%〕$$

入力項目		計算過程		計算結果	
短い満期の預金金利	2.000%	短い預金の元利合計	1.0101111	フォワード・レート	3.9546%
満期までの日数	182	長い預金の元利合計	1.0304167		
長い満期の預金金利	3.000%	フォワード預金の日数	183		
満期までの日数	365				

■図 2-5　フォワード預金金利計算（フォワード・レート）

ここで、期近の元利合計を $P(t)$ とし、その時点から、さらに Δt 経過した、期先の元利合計を $P(t+\Delta t)$ と置き換えてみる。ここで Δt は式における、フォワード取引の期間に相当する。

$$r_{Forward} = \left(\frac{P(t+\Delta t)}{P(t)} - 1 \right) \frac{1}{\Delta t} = \frac{P(t+\Delta t) - P(t)}{P(t)\Delta t}$$

となり、2 時点間の元利合計の差額を、

$$\Delta P(t) = P(t+\Delta t) - P(t)$$

で置き換えれば、

$$r_{Forward} = \frac{\Delta P(t)}{P(t)\Delta t}$$

と変形可能である。当然の帰結ではあるが、金利というものが 2 時点間の元利合計の収益率を意味しているという事実を確認できる。

2-3）FRA 取引

次に、フォワード金利取引が、現実にどのような形式で取引されているかを解説する。これまでの流れから考えれば、フォワード・フォワード資金貸借取引が、フォワード金利市場の本道であるように見える。

しかし、実際にはFRA取引（FRA's：Forward Rate Agreements）と、その先物版である短期金利先物（ユーロ定期預金先物、Euro Interest Rate Futures）が主流である。ここでは、短期金利先物をいったん脇において、フォワード・フォワード資金貸借取引と、FRA取引の違いを述べる。いずれも銀行間資金貸借取引金利であるから、参考指標はLIBORである。

FRA取引は、将来のLIBORレートを現時点で確定する取引である。**図2-6**は実際のブローカー画面である。例えば、6X12は6カ月先にスタートする6カ月資金貸借レートを現時点で確定する取引である。

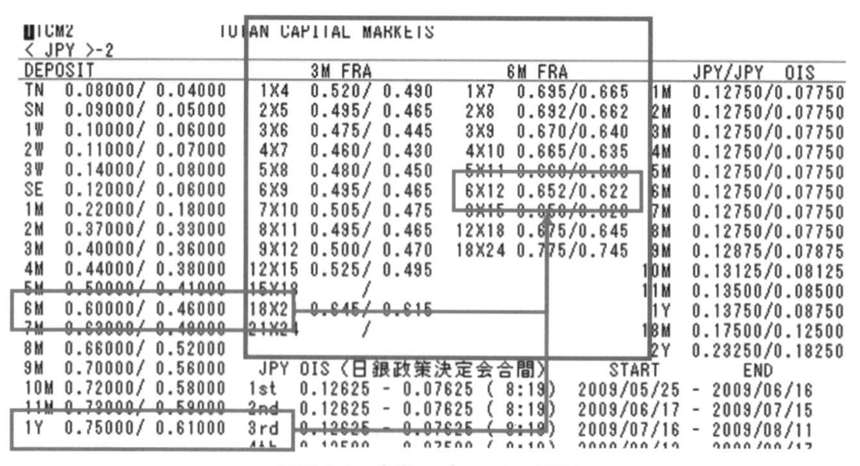

TICM2　TOTAN CAPITAL MARKETS
< JPY >-2

DEPOSIT		3M FRA		6M FRA		JPY/JPY OIS	
TN	0.08000/ 0.04000	1X4	0.520/ 0.490	1X7	0.695/0.665	1M	0.12750/0.07750
SN	0.09000/ 0.05000	2X5	0.495/ 0.465	2X8	0.692/0.662	2M	0.12750/0.07750
1W	0.10000/ 0.06000	3X6	0.475/ 0.445	3X9	0.670/0.640	3M	0.12750/0.07750
2W	0.11000/ 0.07000	4X7	0.460/ 0.430	4X10	0.665/0.635	4M	0.12750/0.07750
3W	0.14000/ 0.08000	5X8	0.480/ 0.450	5X11	0.660/0.630	5M	0.12750/0.07750
SE	0.12000/ 0.06000	6X9	0.495/ 0.465	6X12	0.652/0.622	6M	0.12750/0.07750
1M	0.22000/ 0.18000	7X10	0.505/ 0.475	9X15	0.650/0.620	7M	0.12750/0.07750
2M	0.37000/ 0.33000	8X11	0.495/ 0.465	12X18	0.675/0.645	8M	0.12750/0.07750
3M	0.40000/ 0.36000	9X12	0.500/ 0.470	18X24	0.775/0.745	9M	0.12875/0.07875
4M	0.44000/ 0.38000	12X15	0.525/ 0.495			10M	0.13125/0.08125
5M	0.50000/ 0.41000	15X18	/			11M	0.13500/0.08500
6M	0.60000/ 0.46000	18X21	0.645/ 0.615			1Y	0.13750/0.08750
7M	0.63000/ 0.48000	21X24	/			18M	0.17500/0.12500
8M	0.66000/ 0.52000					2Y	0.23250/0.18250

DEPOSIT		JPY OIS〈日銀政策決定会合間〉			START		END
9M	0.70000/ 0.56000						
10M	0.72000/ 0.58000	1st	0.12625 - 0.07625	(8:19)	2009/05/25	-	2009/06/16
11M	0.73000/ 0.59000	2nd	0.12625 - 0.07625	(8:19)	2009/06/17	-	2009/07/15
1Y	0.75000/ 0.61000	3rd	0.12625 - 0.07625	(8:19)	2009/07/16	-	2009/08/11

■図2-6　実際のブローカー画面

左はスポットから始まる円資金貸借取引金利であるから、FRA6X12 の理論値は、6 カ月金利と 1 年金利から合成される。ただ、FRA 取引では実際の元本は移動しない。FRA6X12 の場合は、6 カ月の 2 営業日前に発表される 6 カ月 LIBOR レートと差額のみが決済されるのである（**図 2-7**）。

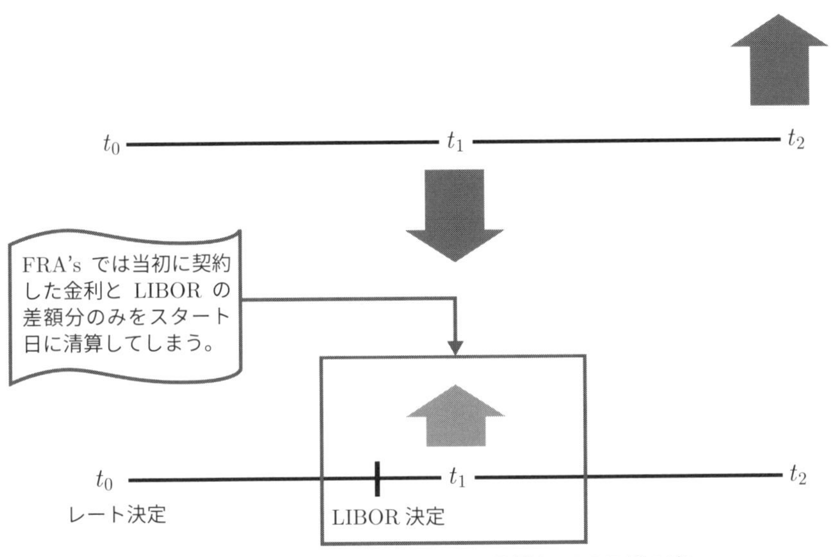

■図 2-7　現物フォワード・フォワード取引と FRA 取引の違い

後述するが、実際の FRA 取引の理論値は、資金貸借市場金利からは計算されない。なぜなら、資金貸借市場の取引は、短期取引を除いては活発ではなく、3 カ月先や 6 カ月先の資金貸借取引の流動性は低いからである。したがって、実務者は活発に取引される短期金利先物価格から逆算するのが常である。FRA 取引は、一見単純なデリバティブ取引のように見えるが、きわめて難解な理論・技術を内包している。本章では、この点には触れずに次に進むことにする。

2-4）ディスカウント・ファクター

これまでフォワード金利とフォワード価格の形成メカニズムを解説した。しかしながら、いっそうの理論展開を可能にするには、価格形成メカニズムは統一したいところである。そこで（フォワード）金利ではなく、定期預金の元利合計に着目すれば、金融商品価格と考えることができ、デリバティブ価格を統一的に評価できるはずである。

現代ファイナンス理論では、評価の基準をニューメレール（numéraire）というフランス語で呼ぶ。おそらく限界革命の端緒の1つである経済学のローザンヌ（ワルラス）学派の一般均衡理論の名残なのであろう。

ここでは、まずニューメレールとして定期預金を選んでみよう。**図2-8**は金利5%の1年物と金利7%の2年物の定期預金である。直感的に2年物のほうが有利であることは理解できるが、どれほど有利なのか正確にはわからない。満期が異なるからである。

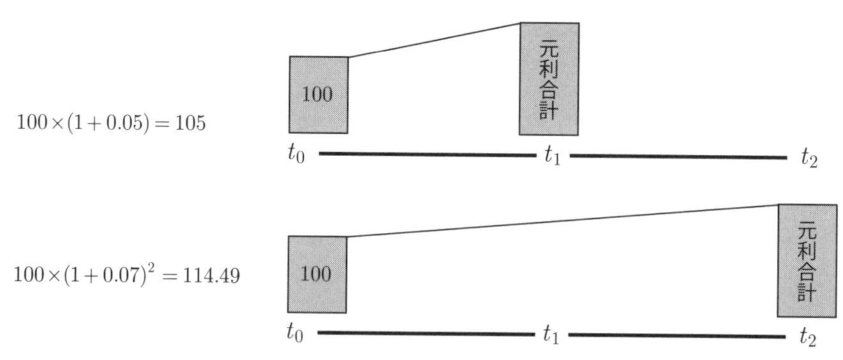

■図2-8　金利5%の1年物と金利7%の2年物の定期預金

この難点を克服するために、満期に100円が償還される割引（ゼロ・クーポン）債を考えてみる（**図2-9**）。この場合は、2年物割引債が有利であるという事実が、数値としても明確に把握できる。この意味で金融商品評価のニューメレールとしては、定期預金よりも割引債のほうが優れているといえる。

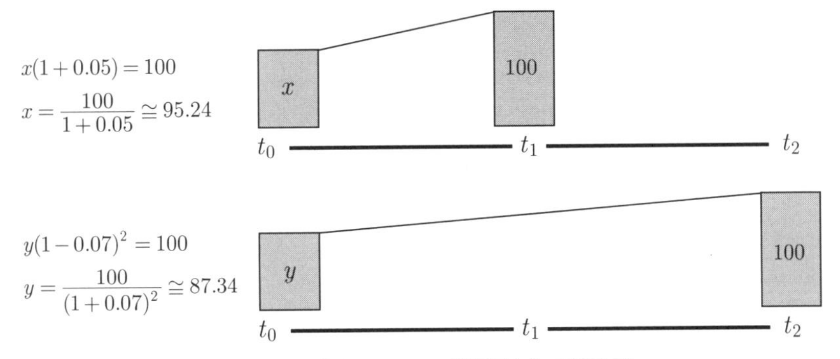

■図 2-9　満期に 100 円が償還される割引債

ディスカウント・ファクターのメリットは、キャッシュ・フローを 1 時点に集約することによって、あらゆる時点でのキャッシュ・フロー相互の比較が可能（＝加法性）になり、金融商品の価値を整合的・統一的に評価できるのである（**図 2-10**）。

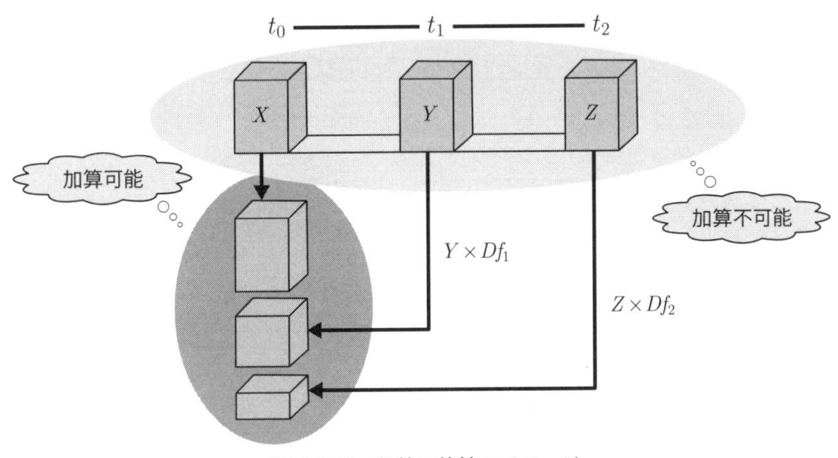

■図 2-10　加算可能性のイメージ

短期のディスカント・ファクターの計算は単純である。金利スワップに代表される、いわゆる OTC デリバティブの時価評価は、銀行間資金貸借金利から計算されたディスカウント・ファクターによって行われる。国際金融市場における銀行間資金貸借取引の指標金利は LIBOR であるから、これを利用したディスカウント・ファクターが利用される。中長期のディスカウント・ファクターに関しては後述する。次の例は6カ月ディスカウント・ファクターの計算例である。6カ月 LIBOR が 4.39063% で実日数が 182 日のケースである。

$$0.9782849 \cong \frac{1}{1+\dfrac{182}{360}\times 0.0439063}$$

2-5）スワップ概念の成立と IMM スワップ

金融取引一般について、バランスシート（資産/負債）の観点から考察してみる。例えば、船積みを数週間後に控えた輸出業者が、当面円高/ドル安基調が変わりそうもないので、手元にあるドル建て信用状（Letter of Credit）の金額を、為替予約によって、できるだけ早急に、円貨ベースで確定したい、と考えているとしよう。この輸出業者の取引動機は、不確実な外貨資産と、確実な自国通貨資産のスワップであると解釈できる。次に、株式のような証券による投資を考えてみよう。資産運用だけに着目すれば、確かに投資である。しかしながら、複式簿記の原理からすれば、資産運用開始時点には、運用額と同額の負債（および自己資本）がある。株式を現金で購入するということは、株式と現金のスワップである。このように広く解釈すれば、金融商品のみならず、世の中のあらゆる取引は、スワップなのである。

さて、話を金利スワップに戻そう。FRA6X12 取引の買い手は、6カ月後の金利上昇を見越して、変動金利負債（Floating Rate Liabilities）を固定金利負債（Fixed Rate Liabilities）に切り替えようしていると考えることができる。これは、フォワード短期金利のスワップ取引（Interest Rate Swaps）である。

6カ月資金貸借取引を繰り返して、1年年間資金運用・調達する場合、最初の6カ月金利は現時点で決定されるが、6カ月先の6カ月金利は不確実である。しかし、**図 2-11** にあるように、FRA6X12 取引によって、1年間の資金運用・調達コストは現時点で確定できる。

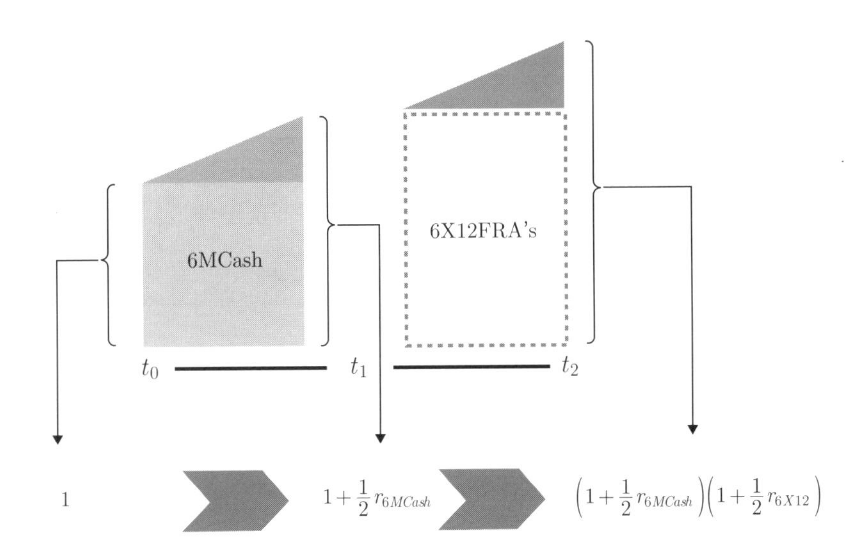

■図 2-11　FRA と金利スワップの関係図

さて実際のブローカー・データで検証してみよう（**図 2-12**）。6 カ月資金貸借金利を 4.3%、FRA6X12 を 4.66% として計算すると 1 年金利スワップの理論固定金利は、4.5313% となる（**図 2-13**）。

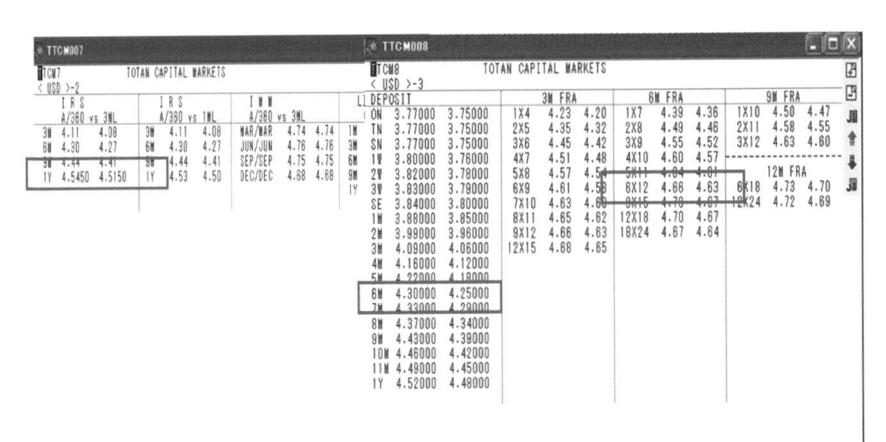

TTCM007

TCM7　TOTAN CAPITAL MARKETS

< USD >-2

IRS A/360 vs 3ML			IRS A/360 vs 1ML			IMM A/360 vs 3ML			LI
3M	4.11	4.08	3M	4.11	4.08	MAR/MAR	4.74	4.74	1M
6M	4.30	4.27	6M	4.30	4.27	JUN/JUN	4.76	4.76	3M
9M	4.44	4.41	9M	4.44	4.41	SEP/SEP	4.75	4.75	6M
1Y	4.5450	4.5150	1Y	4.53	4.50	DEC/DEC	4.88	4.88	9M
									1Y

TTCM008

TCM8　TOTAN CAPITAL MARKETS

< USD >-3

DEPOSIT		
ON	3.77000	3.75000
TN	3.77000	3.75000
SN	3.77000	3.75000
1W	3.80000	3.76000
2W	3.82000	3.78000
3W	3.83000	3.79000
SE	3.84000	3.80000
1M	3.88000	3.85000
2M	3.99000	3.96000
3M	4.09000	4.06000
4M	4.16000	4.12000
5M	4.22000	4.18000
6M	4.30000	4.25000
7M	4.33000	4.29000
8M	4.37000	4.34000
9M	4.43000	4.39000
10M	4.46000	4.42000
11M	4.49000	4.45000
1Y	4.52000	4.48000

3M FRA			6M FRA			9M FRA		
1X4	4.23	4.20	1X7	4.39	4.36	1X10	4.50	4.47
2X5	4.35	4.32	2X8	4.49	4.46	2X11	4.58	4.55
3X6	4.45	4.42	3X9	4.55	4.52	3X12	4.63	4.60
4X7	4.51	4.48	4X10	4.60	4.57	**12M FRA**		
5X8	4.57	4.54	5X11	4.64	4.61	6X18	4.73	4.70
6X9	4.61	4.58	6X12	4.66	4.63	12X24	4.72	4.69
7X10	4.63	4.60	9X15	4.70	4.67			
8X11	4.65	4.62	12X18	4.70	4.67			
9X12	4.66	4.63	18X24	4.67	4.64			
12X15	4.68	4.65						

■図 2-12　実際のブローカー・データ

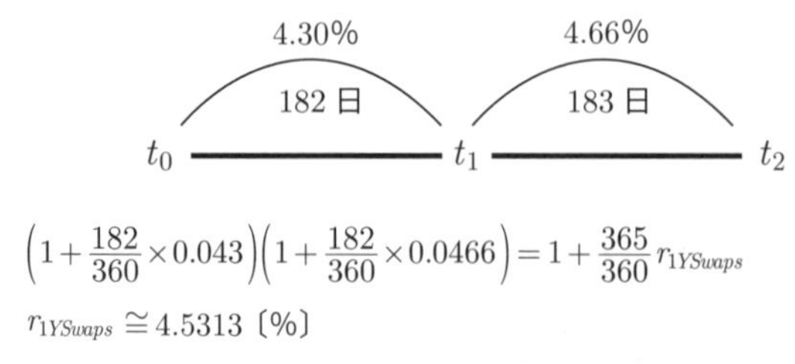

$$\left(1+\frac{182}{360}\times 0.043\right)\left(1+\frac{182}{360}\times 0.0466\right)=1+\frac{365}{360}r_{1YSwaps}$$

$$r_{1YSwaps}\cong 4.5313\ 〔\%〕$$

■図 2-13　金利計算

市場価格とほぼ一致する。実際の計算ではオッファー（売値）とビッド（買値）があるので、この差が計算に影響することはいうまでもない。

以上の事実は、期間が長期化しても同じである。次に 3 カ月先金利を 4 回借り換えして 1 年金利を固定化することを考えてみる。実日数を考慮しない場合は、次のようになる。

$$\left(1+\frac{r_{3M}}{4}\right)\left(1+\frac{r_{3X6}}{4}\right)\left(1+\frac{r_{6X9}}{4}\right)\left(1+\frac{r_{9X12}}{4}\right)=1+r_{1Y}$$

このように、FRA 取引や短期金利先物によって、変動金利はいつでも固定金利に変更可能である。これは変動金利資産/負債と固定金利資産/負債が自由に交換可能であることを意味している。ここで FRA 取引によって固定化された合成金利をストリップ・イールド（Strip Yield）と呼び、これが金利スワップ取引の固定金利水準となる。

次に短期金利先物について簡単に解説する。1970 年代後半頃からロンドン市場で開始された FRA 取引を、ユーロ金利先物取引として定型化し、最初に上場したのは、シカゴ・マーカンタイル取引所（Chicago Mercantile Exchange）であった。1982 年 12 月のことである。短期金利先物の対象資産（金利）は 3 カ月物ユーロ定期預金だけではないが、本章で短期金利先物という場合は、FRA 取引との関連の深い 3 カ月ユーロ定期預金先物を指す。**図 2-14** が金利スワップ取引との関連図である。

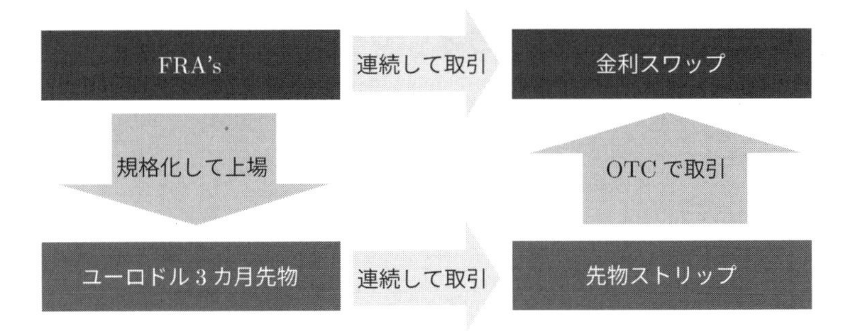

■図 2-14　金利スワップ取引との関連

短期金利先物は 100 を基準と建値（たてね）されている。したがって、95.00 というのは 3 カ月定期金利が 5% であるという意味である。シカゴ・マーカンタイル取引所の金融部門は IMM（International Money Market）と呼ばれ、その決済日（取引終了日）は、かつて 3 月、6 月、9 月、12 月の第 3 水曜日であったので、この変動金利の改訂日をこの日に合致させた金利スワップを IMM（ロール）スワップと呼ぶ。**図 2-15** の Excel シートは簡単な見本である。数値例は実際の価格ではない。

入力項目		計算過程		計算結果	
第1限月の価格	95.00	第1限月のイールド	5.00%	1年金利スワップの理論値	7.679%
期間	91	第2限月のイールド	5.00%		
第2限月の価格	95.00	第3限月のイールド	10.00%		
期間	91	第4限月のイールド	10.00%		
第3限月の価格	90.00	第1限月の元利合計	1.01264		
期間	91	第2限月の元利合計	1.01264		
第4限月の価格	90.00	第3限月の元利合計	1.02528		
期間	91	第4限月の元利合計	1.02500		
		全期間の元利合計	1.07764		
		全期間の総日数	364		

■図 2-15　3 カ月金利先物から 1 年物金利スワップを計算

一見同じような FRA 取引と IMM スワップであるが、1990 年頃から理論的な難問が発見され、デリバティブ理論を大きく修正させた。この問題は後述する。

2-6）金利スワップ・プライシング

これまでは短期金利と金利スワップの関係について簡単に解説した。ここからは、中長期金利スワップのキャッシュ・フローによって、さらに金利スワップの本質を探究する。

まず2つの現物債券取引のキャッシュ・フローを考える。**図 2-16**（a）は、定期的に変動金利（ここではLIBORとする）が支払われる変動利付債（FRN：Floating Rate Note）で資金調達した様子を視覚化したものである。図2-16（b）は、変動利付債券で資金調達した資金を、固定利付債券（Fixed Income Note）で運用したキャッシュ・フローである。

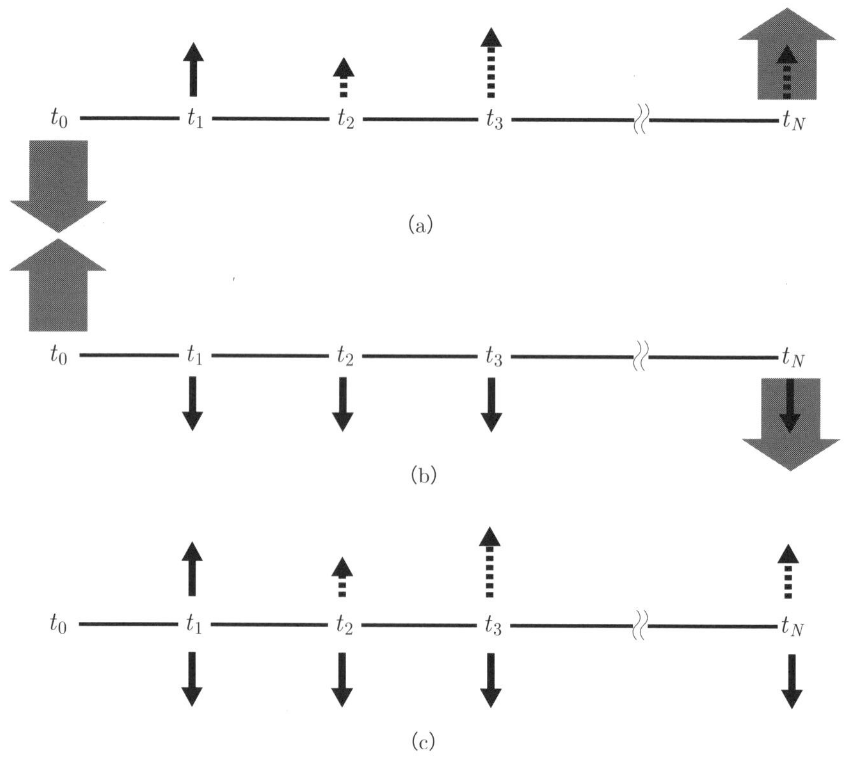

■図2-16　現物債券取引のキャッシュ・フロー

さて、2 つの債券キャッシュ・フローを合算すれば、元本が相殺され、図 2-16（c）のようなキャッシュ・フローが残る。このキャッシュ・フローは、金利スワップの固定金利のレシーブ（受け）のポジションにほかならない。

次に金利スワップの固定金利水準は、どのように決定されるか考えてみる。これまでの解説では、固定金利受け払い満期のだけのケースであった。1 年金利スワップでは、2 つの 6 カ月先金利、あるいは 4 つの 3 カ月先金利の合成によって決定された。

それでは、固定金利の受け払いが複数にわたって続く場合はどうなるのか。再び 1 年金利スワップの固定金利の数式を考えてみよう。もっとも利用される評価法は、金利スワップをあたかも元本のある固定利付債のように考えて評価する方法である。この方法を、想定元本法と呼ぶ。

図 2-17 は、元本 100 で固定金利（クーポン）水準 x が N 回支払われる、固定利付債の発行時点での価格式である。キャッシュ・フロー発生時のディスカウント・ファクター（Df）が与えられていれば、固定金利水準は簡単に決定できる。ここでは 100 で発行され、満期に 100 で償還される債券の固定金利水準なので、OTC ブローカーが表示する金利スワップの固定金利水準はパー・レート（Par Rate）である。

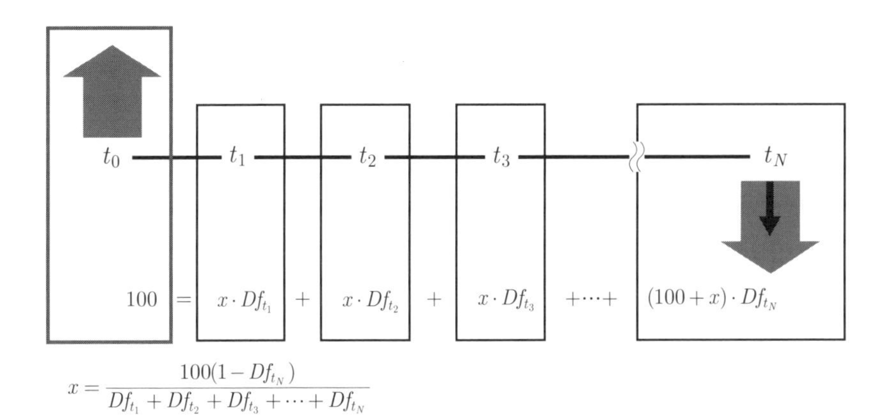

■図 2-17　固定利付債の発行時点での価格式

図 2-17 の計算式は、固定金利が年 1 回払いで 1 年を 1 とした場合の大雑把な計算式であった。実務的な固定金利水準を導出するには、日数計算方式などを考慮する必要がある。**図 2-18** の公式は、経過年数を考慮した精密な金利スワップ・プライシングである。ここで R がパー・レート、利払い間隔の経過年数を δ とすると、以下のように修正される。この場合は元本は 100 ではなく 1 としている。

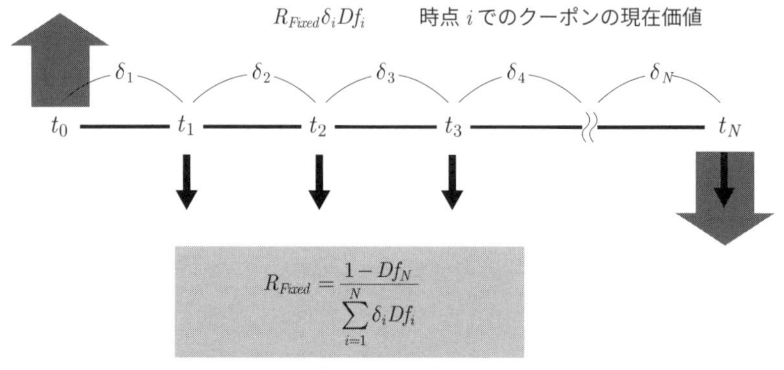

■図 2-18　金利スワップ・プライシング

図 2-18 の式の意味を考えてみよう。まず、右辺の分母を左辺に移行してみる（**図 2-19**）。

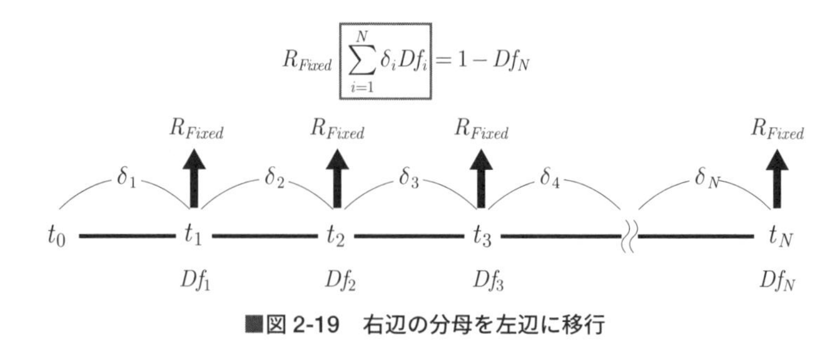

■図 2-19　右辺の分母を左辺に移行

このように式を変形すると、左辺は固定金利の現在価値を表していることがわかる。左辺の囲ったシグマ記号内は、総計 N 回にわたって支払われる固定金利の 1 円当たりの現在価値と解釈できる。これを年金ファクター（Annuity

Factor）と呼ぶことにする。年金ファクターも重要なニューメレールである。

それでは、右辺はどうであろうか。満期時点での 1 円の現在価値が Df_N 円であるから、1 円と Df_N 円の差額は、Df_N 円を投資して変動金利（LIBOR）ベースで資金を運用調達した場合の運用益あるいは調達コストの現在価値にほかならない。

つまり、この式は固定金利の現在価値と変動金利の現在価値がイコールである、固定金利（パー・レート）水準を計算する式であることが判明する（**図 2-20**）。

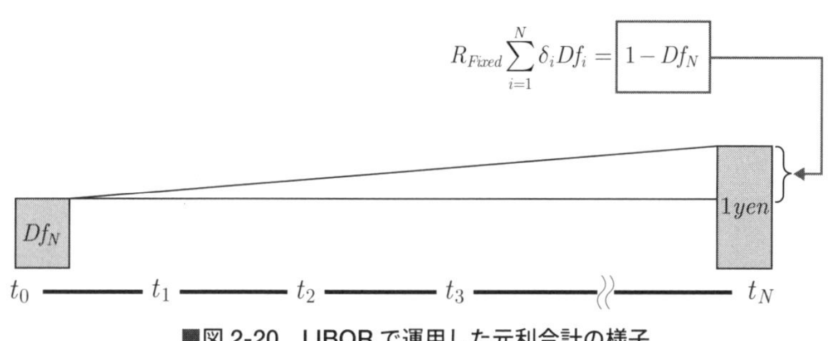

■図 2-20　LIBOR で運用した元利合計の様子

図 2-21 は、金利スワップのパー・レートを OTC ブローカーが表示してる金融情報ベンダー画面である。

TICM1　　TOTAN CAPITAL MARKETS
< JPY >-1

IRS A/365 vs 6ML			BASIS A/360vs3M	
1Y	0.73500	0.63500	-12.75	-22.75
18M	0.72625	0.62625	-17.00	-27.00
2Y	0.75000	0.65000	-22.00	-32.00
3Y	0.82625	0.72625	-28.00	-38.00
4Y	0.92000	0.82000	-31.25	-41.25
5Y	1.01250	0.91250	-32.25	-42.25
6Y	1.10125	1.00125	-31.75	-41.75
7Y	1.18625	1.08625	-30.75	-40.75
8Y	1.27125	1.17125	-30.00	-40.00
9Y	1.35375	1.25375	-29.25	-39.25
10Y	1.43000	1.33000	-28.25	-38.25
12Y	1.56750	1.44750	-27.50	-37.50
15Y	1.72375	1.60375	-20.75	-30.75
20Y	1.92125	1.80125	-12.50	-22.50
25Y	2.02000	1.88000	-6.750	-16.75
30Y	2.04125	1.90125	-0.750	-10.75

I M M		
A/360 vs 3M TIBOR		
MAR/MAR	0.62	0.59
JUN/JUN	0.52	0.49
SEP/SEP	0.53	0.50
DEC/DEC	0.57	0.54
R E D		
RED/MAR	1.30	0.59
RED/JUN	0.68	0.49
RED/SEP	0.89	0.50
RED/DEC	1.09	0.54
2 YEAR		
2YR/MAR	0.96	0.59
2YR/JUN	0.60	0.49
2YR/SEP	0.71	0.50
2YR/DEC	0.83	0.54

TIBOR/LIBOR SRD		
1Y	4.000	-10.0
18M	5.250	-8.75
2Y	7.000	-7.00
3Y	9.625	-4.37
4Y	12.75	-1.25
5Y	16.00	2.000
6Y	18.00	4.000
7Y	19.25	5.250
8Y	20.00	6.000
9Y	20.75	6.750
10Y	21.50	7.500
IMM1	5.25	3.25
IMM2	3.50	1.50
IMM3	0.25	-1.75
IMM4	3.75	1.75
IMM5	4.75	2.75
IMM6	4.75	2.75
IMM7	4.75	2.75
IMM8	4.75	2.75

IRS A/360 vs 1M LIBOR			LIBOR (5/11)		TIBOR
3M	0.2700	0.2400	1M	0.26500	1M
6M	0.2725	0.2425	3M	0.53750	3M
9M	0.2950	0.2650	6M	0.72125	6M
1Y	0.3000	0.2700	1Y	0.89250	1Y

■図 2-21　金融情報ベンダー画面

2-7）金利の期間構造とディスカウント・ファクターの計算

ディスカウント・ファクターが存在すれば、金利スワップ・プライシングは容易であった。しかし、それはLIBORを基準とした、FRA取引から計算されたディスカウント・ファクターの存在が前提である。

しかしながら、実際のFRA取引が、活発に取引されているのは2年以内である。したがって、中長期のディスカウント・ファクターを求めるには、別の方法を探さなければならない。結論からいえば、中長期のディスカウント・ファクターは、金利スワップ取引から計算されるのである。

しかし、この答えは循環している。なぜなら、金利スワップの計算に必要なディスカウント・ファクターを、金利スワップから計算しているからである。原因と結果が逆になっているといえる。

ここで原点に戻ってみると、そもそも、ディスカウント・ファクターが導入されたのは、計算上の利便性であり、その経験的根拠は、市場で現実に取引されているデータにほかならない。したがって、現実の金利スワップがディスカウント・ファクター計算の基礎となるのが、当然である。

つまり、これまで解説した金利スワップのプライシングは、現実のスワップ・レートを再現したに過ぎないのである。しかし、それでは金利スワップのプライシングの意義が、わからなくなってしまう恐れがある。私たちはなぜ、市場で観測可能な金利スワップを、わざわざディスカウント・ファクターという概念を経由してプライシングしなければならないのだろうか。

金利スワップ・プライシングの意義は、現時点で市場で取引されている金利スワップ（オン・マーケット・スワップ、On Market Swap）を計算の基礎として、それ以外のさまざまなデリバティブ取引を評価するところにある。オン・マーケットの金利スワップは、想定元本を1とした場合の固定金利水準、つまりパー・レート（Par Rate）である。そして、いったん取引をした金利スワップは、その後の金利変化によって数秒後にはオフ・マーケット・スワップとなる。したがって、取引後の金利スワップの価値を把握する必要もある。

それでは、どのようにしてディスカウント・ファクターを計算するのか、具体的に解説しよう。まず金利スワップ・プライシング式を満期のディスカウント・ファクターについて解いてみる。

$$r = \frac{1 - Df_N}{\sum_{i=1}^{N} \delta_i Df_i} \Rightarrow Df_N = 1 - r\sum_{i=1}^{N} \delta_i Df_i$$

$$Df_N = 1 - r\left[\sum_{i=1}^{N-1} \delta_i Df_i + \delta_N Df_N\right]$$

$$Df_N(1 + \delta_N r) = 1 - r\sum_{i=1}^{N-1} \delta_i Df_i$$

$$Df_N = \frac{1 - r\sum_{i=1}^{N} \delta_i Df_i}{1 + \delta_N r}$$

この式からは、N期のディスカウント・ファクターを計算するには、それ以前の$N-1$個のディスカウント・ファクターが必要なことが理解できる。未知数が複数ある方程式なので、連立方程式を立てる必要がある。

簡単な例題として、18カ月満期の金利スワップ（変動金利は6カ月LIBORとする）評価のために、6カ月、1年、18カ月のディカウント・ファクターを計算してみる。18カ月のディスカウント・ファクターを求めるには、1年と6カ月のディスカウント・ファクターに入力が必要である。1年のディスカウント・ファクターの計算には、6カ月のディスカウント・ファクターの存在が前提となる。

したがって、まず最初にもっとも満期の短い6カ月のディスカウント・ファクターを計算して、順番に計算していけば問題は解決する。次の式はその様子を描いている。

$$1 = (1 + \delta_1 r_{6M}) Df_{6M}$$

$$1 = \delta_1 r_{1Y} Df_{6M} + (1 + \delta_2 r_{1Y}) Df_{1Y}$$

$$1 = \delta_1 r_{18M} Df_{6M} + \delta_2 r_{18M} Df_{1Y} + (1 + \delta_3 r_{18M}) Df_{18M}$$

このような手順で、市場で取引（オン・マーケット）されている金利スワップのパー・レートから、ディスカウント・ファクターが計算される。

2-8）金利スワップ・レートの補間

標準的な円金利スワップ取引では、固定金利と変動金利が6カ月ごとに支払われる。したがって、例えば、40年物の金利スワップ取引を評価するには、80個のディスカウント・ファクターが必要となる。しかしながら、円金利スワップ市場では、これら80時点のすべてに対応する金利スワップ・レートが、常に観測されるわけではない。そこで市場で観測できな時点のディスカウント・ファクターは、補間（Interpolation）によって求められる。2年や5年や10年といった代表的な時点は、グリッド・ポイントと呼ばれる。

やや技術的な指摘になるが、イールド・カーブの補間については、2つのプロセスを区別する必要がある。まず、プライシングや評価の基礎となる代表的なグリッド・ポイントのディスカウント・ファクターを導き出すまでに必要な補間と、それらが導き出されたあとでオッド時点でのディスカウント・ファクターを計算するための補間である（**図2-22**）。

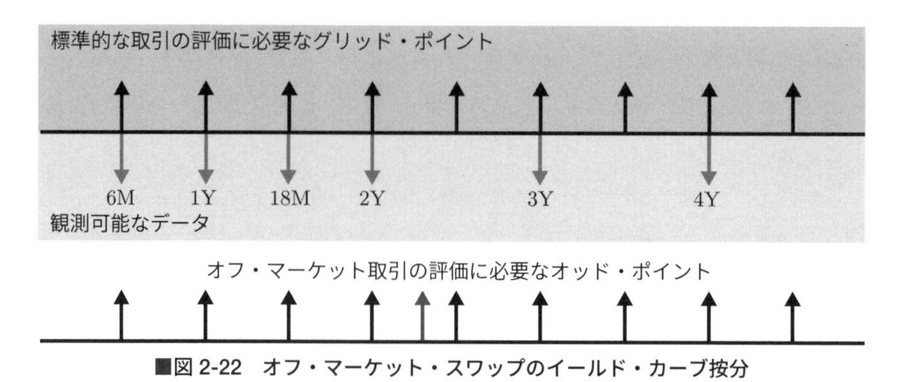

■図2-22　オフ・マーケット・スワップのイールド・カーブ按分

10年以内のイールド・カーブ補間は、基本的には線形補間である。ただし時間軸をどのように設定するかで、多くの線形補間手法が存在し。また、ゼロ・レートを補完するのか、ディスカウント・ファクターを補間するのかという議論もある。個人的な見解として 10 年以内の補間では、あまり意味がないと考える。

補間の問題で重要なことは、中長期にあると考えられる。例えば、円金利スワップ市場では 1 年ごとに建値されるのは 12 年までであり、そのより長い期間は数年の空白期間がある。その期間を単純な線形補間で補ってよいのであろうか。

この問題に対処するために、昔からよく知られた手法は、残存期間 t に関する 3 次関数を利用したタイム・スプラインという手法である（**図 2-23**）。この手法は、一見複雑に見えるが、Excel の逆行列関数を利用すれば簡単に解を求めることができる。ここで、時点 t の金利水準を r とすると、

$$r = \alpha + \beta t + \gamma t^2 + \delta t^3$$

で説明しようとする手法である。未知数が 4 つなので求めたい金利 r が属するゾーンから既知の金利を 4 つピックアップして、以下の連立方程式を立てる。

$$\begin{bmatrix} r_1 \\ r_2 \\ r_2 \\ r_4 \end{bmatrix} = \begin{bmatrix} 1 & t_1 & t_1^2 & t_1^3 \\ 1 & t_2 & t_2^2 & t_2^3 \\ 1 & t_3 & t_3^2 & t_3^3 \\ 1 & t_4 & t_4^2 & t_4^3 \end{bmatrix} \begin{bmatrix} \alpha \\ \beta \\ \gamma \\ \delta \end{bmatrix}$$

この逆行列を利用すれば 4 つの未知数が導き出される。

$$\begin{bmatrix} \alpha \\ \beta \\ \gamma \\ \delta \end{bmatrix} = \begin{bmatrix} 1 & t_1 & t_1^2 & t_1^3 \\ 1 & t_2 & t_2^2 & t_2^3 \\ 1 & t_3 & t_3^2 & t_3^3 \\ 1 & t_4 & t_4^2 & t_4^3 \end{bmatrix}^{-1} \begin{bmatrix} r_1 \\ r_2 \\ r_2 \\ r_4 \end{bmatrix}$$

次に、=MMULT( ) 関数を利用して行列/ベクトルの積を求めれば、4 つのパラメーターが導き出される。**図 2-24** の Excel シートでは、市場で観測可能な 4 つの金利スワップ・レートから 4 × 4 の正方行列を作った上で、逆行列関数によってパラメータを計算した例である。

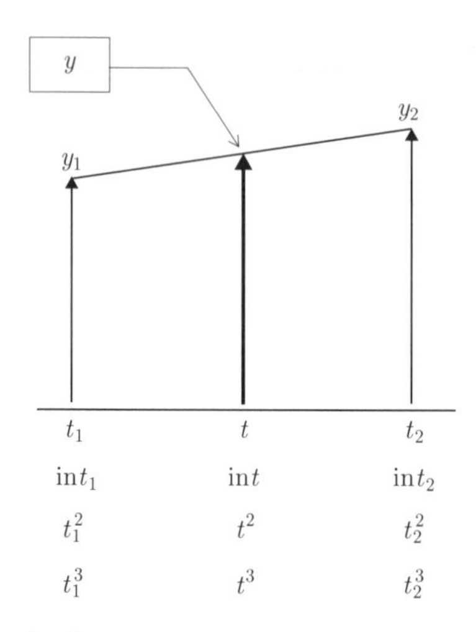

Linear Interpolation

$$\frac{y-y_1}{t-t_1}=\frac{y_2-y}{t_2-t}\qquad y=\frac{y_1(t_2-t)+y_2(t-t_1)}{t_2-t_1}$$

Logarithmic Interpolation

$$\frac{y-y_1}{\ln t-\ln t_1}=\frac{y_2-y}{\ln t_2-\ln t}\qquad y=\frac{y_1(\ln t_2-\ln t)+y_2(\ln t-\ln t_1)}{\ln t_2-\ln t_1}$$

Quadratic Interpolation

$$\frac{y-y_1}{t^2-t_1^2}=\frac{y_2-y}{t_2^2-t^2}\qquad y=\frac{y_1(t_2^2-t^2)+y_2(t^2-t_1^2)}{t_2^2-t_1^2}$$

Cubic Interpolation

$$\frac{y-y_1}{t^3-t_1^3}=\frac{y_2-y}{t_2^3-t^3}\qquad y=\frac{y_1(t_2^3-t^3)+y_2(t^3-t_1^3)}{t_2^3-t_1^3}$$

■図 2-23　さまざまな線形按分

{=MINVERSE(P14:S17)}

N	O	P	Q	R	S	U	V	W	X	Y	Z	AA	AB	AC
			t	t^2	t^3	4X4 Inverse Matrix					Rates Vector		Cubic Parameter Vector	
9	15-Oct-25	1	9.13	83.37	761.19	100.04	-161.99	74.96	-12.01		0.6763%		α	0.0081328
10	15-Oct-26	1	10.14	102.91	1043.96	-24.65	41.69	-20.52	3.49	X	0.7863%	=	β	-0.0019762
12	15-Oct-28	1	12.18	148.23	1804.71	2.00	-3.50	1.83	-0.33		1.0238%		γ	0.0002704
15	15-Oct-31	1	15.22	231.55	3523.37	-0.05	0.10	-0.05	0.01		1.3500%		δ	-0.0000077
10	15-Oct-26	1	10.14	102.91	1043.96	35.97	-62.48	32.01	-4.50		0.7863%		α	-0.002462659
12	15-Oct-28	1	12.18	148.23	1804.71	-7.09	13.34	-7.36	1.11	X	1.0238%	=	β	0.000634841
15	15-Oct-31	1	15.22	231.55	3523.37	0.46	-0.91	0.54	-0.09		1.3500%		γ	5.88179E-05
20	15-Oct-36	1	20.29	411.75	8355.13	-0.01	0.02	-0.01	0.00		1.7288%		δ	-2.07659E-06
12	15-Oct-28	1	12.18	148.23	1804.71	24.05	-40.00	22.49	-5.54		1.0238%		α	-0.011978598
15	15-Oct-31	1	15.22	231.55	3523.37	-3.71	6.83	-4.21	1.09	X	1.3500%	=	β	0.002510758
20	15-Oct-36	1	20.29	411.75	8355.13	0.19	-0.37	0.25	-0.07		1.7288%		γ	-6.18834E-05
25	15-Oct-41	1	25.36	643.33	16317.27	0.00	0.01	0.00	0.00		1.9313%		δ	4.54719E-07

AD	AE	AF
	10.5	15-Apr-
X	11	15-Oct-
	11.5	15-Apr-
	12.5	15-Apr-
	13	15-Oct-
	13.5	15-Apr-
	14	15-Oct-
	14.5	15-Apr-
	15.5	15-Apr-
	16	15-Oct-
	16.5	15-Apr-
	17	15-Oct-

■図 2-24　Excel で実際に計算した 3 次タイム・スプラインの例

3 次タイム・スプラインは利用が簡単で有力な補間手法ではあるが、問題点もある。**図 2-25** のグラフはこの手法によるゼロ・クーポン・カーブとフォワード・カーブである。ゼロ・クーポン・カーブの形状は問題なさそうに見えるが、フォワード・カーブには非連続性が見て取れる。

このようなフォワード・カーブの乱れを解決するために、さまざまなイールド・カーブ構築手法が現在でも提案されているが、すべての提案に一長一短があるのが現状である。フォワード・カーブの乱れを解決するには、金利スワッ

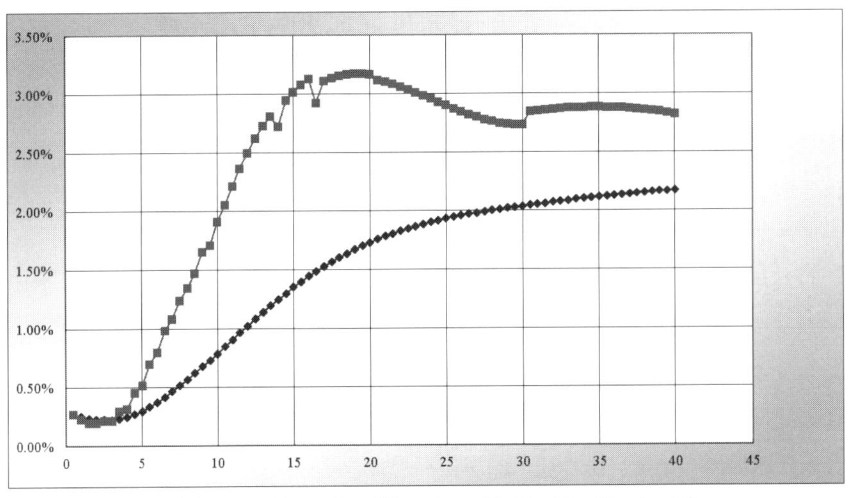

■図 2-25　ゼロ・クーポン・カーブとフォワード・カーブ

プを基準にしてゼロ・クーポン・カーブを構築するのではなく、まず連続的な仮想フォワード・レートを想定して、そこから逆算されるゼロ・クーポン・カーブを実際の金利スワップ・レートと一致させるという逆転の発想が必要である。この方法はExcelで作成可能であるが、本書では解説しない。**図2-26**は、さまざまなゼロ・クーポン・カーブ構築手法のメリットとデメリットを評価したものである。

Yield curve type	Forwards positive?	Forward smoothness	Method local?	Forwards stable?	Bump hedges local?
Linear on discount	no	not continuous	excellent	excellent	very good
Linear on rates	no	not continuous	excellent	excellent	very good
Raw (linear on log of discount)	yes	not continuous	excellent	excellent	very good
Linear on the log of rates	no	not continuous	excellent	excellent	very good
Piecewise linear forward	no	continuous	poor	very poor	very poor
Quadratic	no	continuous	poor	very poor	very poor
Natural cubic	no	smooth	poor	good	poor
Hermite/Bessel	no	smooth	very good	good	poor
Financial	no	smooth	poor	good	poor
Quadratic natural	no	smooth	poor	good	poor
Hermite/Bessel on rt function	no	smooth	very good	good	poor
Monotone piecewise cubic	no	continuous	very good	good	good
Quartic	no	smooth	poor	very poor	very poor
Monotone convex (unameliorated)	yes	continuous	very good	good	good
Monotone convex (ameliorated)	yes	continuous	good	good	good
Minimal	no	continuous	poor	good	very poor

■図2-26　ゼロ・クーポン・カーブ構築手法のメリットとデメリットを評価
（データソース　P. Hagan, G. West "Methods for Constructing a Yield Curve" Wilmott Magazine）

2-9）通貨スワップ－異種通貨の金利スワップ

異種の通貨間での金利スワップ取引が通貨スワップ（Cross Currency Swap）である。同一通貨では、資産と負債を相殺できるが、異種通貨の場合は、取引スタート時点の為替レートでスワップすれば、スタート時の元本は相殺できても、満期時の元本は相殺できない。

したがって、クーポンだけでなく償還元本にも外国為替リスクが存在する。インター・ディーラー市場では変動金利同士の通貨スワップが標準である。これをクロス・カレンシー・ベイシス・スワップ（CCBS：Cross Currency Basis Swap）と呼ぶ。

ここで理解しやすいように、固定金利同士の通貨スワップのキャッシュ・フローを考えてみる。**図2-27**は、円（自国通貨）の固定利付債を起債して、円資金を調達し、その資金でUSドル（外国通貨）の固定利付債で運用したケースである。2つの債券はともにクーポンは年2回払い、期間10年、クーポン水準は円金利1%、USドル金利は4%とする。

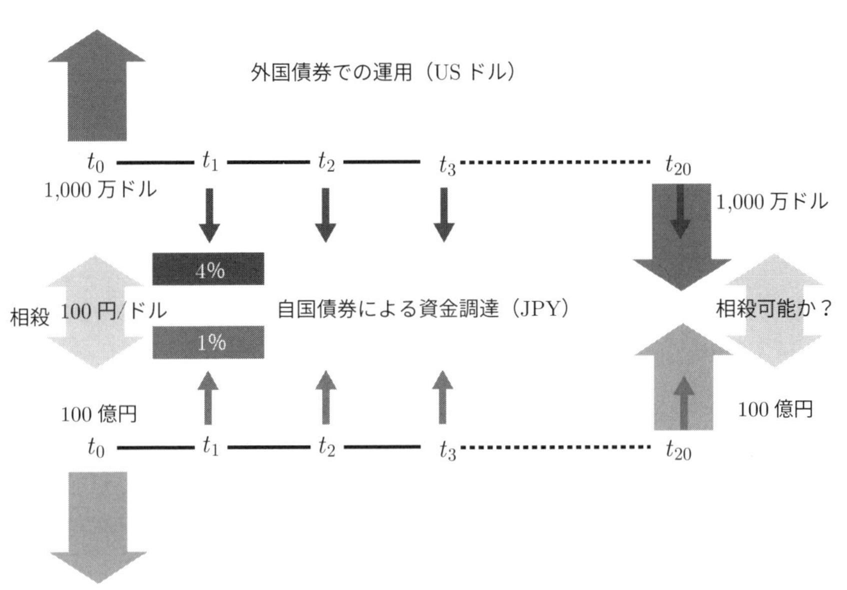

■図 2-27　固定金利同士の通貨スワップのキャッシュ・フロー

スタート時のドル円スポット外国為替レートが100円/USドルだとすれば、100億円の資金調達で1,000万ドルのUSドルでの運用が可能である。

ここで、満期時のドル円スポット外国為替レートが100円/USドルのままだと、円金利1%の支払いに対し、USドル金利4%の受け取りであるから、きわめて有利な投資である。

しかしながら、10年後のドル円スポット外国為替レートが100円/USドルである保証はない。そこで10年後の外国為替リスクをヘッジするために、10年先のドル円フォワード為替レートを計算すると、74.34円/USドルとなる。

したがって、満期時にUSドルへの投資額1,000万ドルを円換算すれば、74.34億円程度にしかならない（**図 2-28**）。つまり、クーポンの有利性は償還元本の外国為替リスクで相殺されていることがわかる。

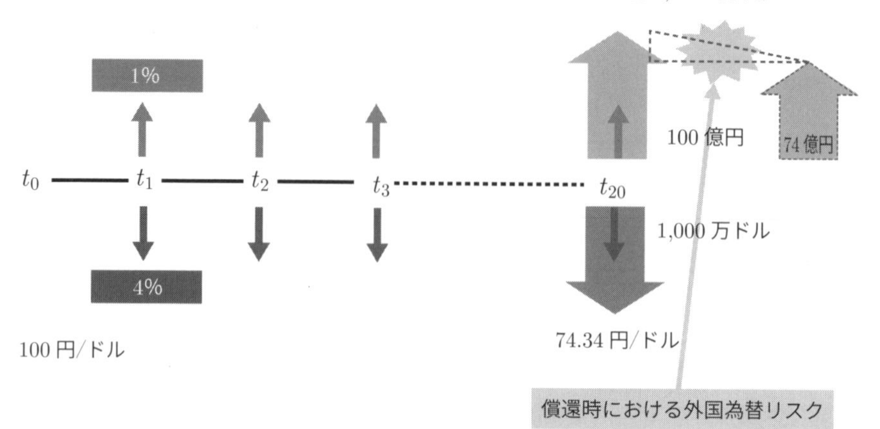

■図 2-28　通貨スワップのキャッシュ・フロー

図 2-29 の Excel シートは計算見本である。

						ドル側で現在価値を求める方法	
				円側の元本	円側固定金利	ドル側の元本	ドル側固定金利
		スポット為替	100.00	10,000.00	1.001%	100.00	4.002%
期間	円ＤＦ	ドルＤＦ	フォワード為替	100	円側の現在価値	ドル側のキャッシュ・フロー	ドル側の現在価値
0.5	0.995066	0.980285	98.51	50.03	49.78	2.00	1.96
1.0	0.990075	0.961174	97.08	50.03	49.53	2.00	1.92
1.5	0.985189	0.942479	95.66	50.03	49.29	2.00	1.89
2.0	0.980248	0.923850	94.25	50.03	49.04	2.00	1.85
7.0	0.932531	0.757798	81.26	50.03	46.65	2.00	1.52
7.5	0.927904	0.742979	80.07	50.03	46.42	2.00	1.49
8.0	0.923250	0.728293	78.88	50.03	46.19	2.00	1.46
8.5	0.918694	0.714128	77.73	50.03	45.96	2.00	1.43
9.0	0.914086	0.700013	76.58	50.03	45.73	2.00	1.40
9.5	0.909576	0.686398	75.46	50.03	45.50	2.00	1.37
10.0	0.905014	0.672831	74.34	10,050.03	9,095.41	102.00	68.63
	円アニュイティー	ドル・アニュイティー	フラット為替		10,000.00		100.00
	18.987302	16.350972	86.1153				
	固定金利	固定金利					
	1.001%	4.002%					

■図 2-29　通貨スワップとフォワード為替レート

簡単に想像できるように、通貨スワップと外国為替フォワードは密接な関係がある。通貨スワップ取引では、将来のキャッシュ・フローを、それぞれ通貨のディスカウント・ファクターで現在価値化したあとに、外国為替スポット・レートと比較した。

一方、外国為替フォワードを利用する方法もある。この場合は、外国通貨の将来キャッシュ・フローをその時点で円換算した上で、円のディスカント・ファクターで現在価値化する。**図 2-30** の Excel シートがその比較である。

					ドル側で現在価値を求める方法		フォワード為替で円換算する方法	
			円側の元本	円側固定金利	ドル側の元本	ドル側固定金利		
	スポット為替	100.00	10,000.00	1.001%	100.00	4.002%		
ID F	ドルD F	フォワード為替	100	円側の現在価値	ドル側のキャッシュ・フロー	ドル側の現在価値	円換算キャッシュ・フロー	ドル側の円換算現在価値
95066	0.980285	98.51	50.03	49.78	2.00	1.96	197.12	196.15
90075	0.961174	97.08	50.03	49.53	2.00	1.92	194.25	1.00
85189	0.942479	95.66	50.03	49.29	2.00	1.89	191.42	188.58
80248	0.923850	94.25	50.03	49.04	2.00	1.85	188.58	184.85
32531	0.757798	81.26	50.03	46.65	2.00	1.52	162.60	151.63
27904	0.742979	80.07	50.03	46.42	2.00	1.49	160.21	148.66
23250	0.728293	78.88	50.03	46.19	2.00	1.46	157.84	145.73
18694	0.714128	77.73	50.03	45.96	2.00	1.43	155.54	142.89
14086	0.700013	76.58	50.03	45.73	2.00	1.40	153.23	140.07
09576	0.686398	75.46	50.03	45.50	2.00	1.37	151.00	137.34
05014	0.672831	74.34	10,050.03	9,095.41	102.00	68.63	7,583.24	6,862.93
ュイティー	ドル・アニュイティー	フラット為替		10,000.00		100.00		10,000.00
987302	16.350972	86.1153						

■図 2-30　通貨スワップとフォワード為替レート

2-10）クーポン・スワップ―外国為替フォワード・レートの平準化

通貨スワップと混同されやすい取引に、クーポン・スワップ取引がある。異種通貨の金利スワップが通貨スワップであるが、異種通貨のクーポン・スワップは金利スワップではない。結論からいえば、クーポン・スワップは外国為替フォワード取引である。まずクーポン・スワップのキャッシュ・フローを見てみよう（**図 2-31**）。市場レートは通貨スワップの計算事例と同じとして、通貨スワップとの比較をしてみる。ここでも円クーポンを支払い、USドルクーポンを受け取ることにしよう。償還元本が存在しないので、クーポン水準は、通貨スワップと異なるのは当然である。

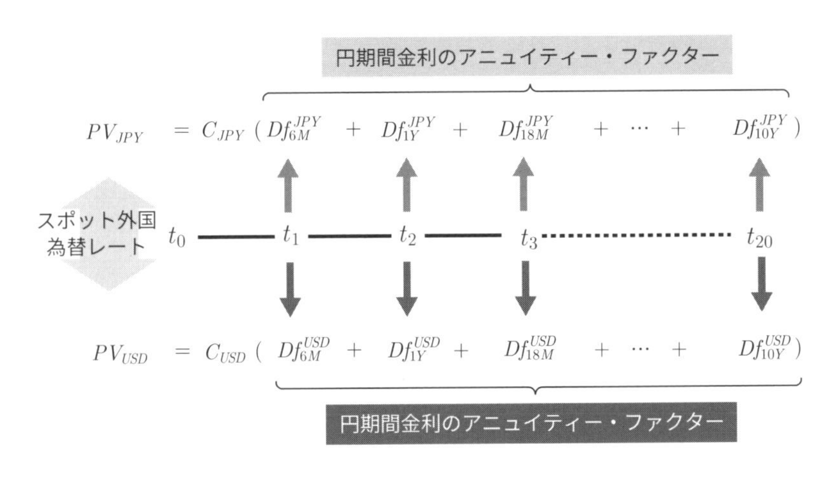

■図 2-31　クーポン・スワップ取引

図 2-31 から理解できるように、円固定クーポンの現在価値と US ドル固定クーポンの現在価値を計算して、両者の現在価値が外国為替スポット・レートと一致するポイントがクーポン・スワップの理論値である。

次に一般化した通貨スワップ・プライシングと比較してみる。ドル円外国為替直物価格が S 円、円金利のディスカウント・ファクターを Df_i^{JPY}、満期 N の金利スワップのパー・レートを x とし、ドルのディスカウント・ファクターを Df_i^{USD}、満期 N の金利スワップのパー・レートを y とすれば、

$$
\begin{aligned}
& yDf_1^{USD} + yDf_2^{USD} + \cdots + (1+y)\,Df_N^{USD} \\
& \quad = S\left[\,xDf_1^{JPY} + xDf_2^{JPY} + \cdots + (1+x)\,Df_N^{JPY}\,\right]
\end{aligned}
$$

である。

ところが、クーポン・スワップ取引では、満期の償還元本が存在しないので、円クーポン水準 C^{JPY} を年金とみなせば、アニュイティー・ファクター（=ディスカウント・ファクターの集合）によって、

$$
\begin{aligned}
& C^{JPY}Df_1^{JPY} + C^{JPY}Df_2^{JPY} + \cdots + C^{JPY}Df_N^{JPY} \\
& \quad = C^{JPY}\left(Df_1^{JPY} + Df_2^{JPY} + \cdots + Df_N^{JPY}\right)
\end{aligned}
$$

であるから、この現在価値が外国為替直物価格 S に一致するには、

$$
S = C^{JPY}\left(Df_1^{JPY} + Df_2^{JPY} + \cdots + Df_N^{JPY}\right)
$$

とおけばよい。一方、ドル側はパー・レートであるから評価する必要はない。したがって、ドル金利を N 期のパー・レートを基準にした場合の、円側のクーポン水準は、

$$
C^{JPY} = \frac{S}{\sum_{i=1}^{N} Df_i}
$$

となる。

次に US ドルのクーポン水準を C^{USD} とすると、ドル側の現在価値は、

$$1 = C^{USD}(Df_1^{USD} + Df_2^{USD} + \cdots + Df_N^{USD})$$

となる。しかしながら、これは US ドルベース現在価値であるから、これを円建てに変換するには、ドル円外国為替スポット・レート S を掛けてやればよい。

そして、この円換算現在価値が、円クーポン側の現在価値に一致するところが、公正価格である。すなわち、

$$\begin{aligned} & C^{JPY}(Df_1^{JPY} + Df_2^{JPY} + \cdots + Df_N^{JPY}) \\ & \quad = C^{USD}(Df_1^{USD} + Df_2^{USD} + \cdots + Df_N^{USD}) \\ & \quad \to \frac{C^{JPY}}{C^{USD}} = \frac{\displaystyle\sum_{i=1}^{N} Df_i^{USD}}{\displaystyle\sum_{i=1}^{N} Df_i^{JPY}} \end{aligned}$$

となる。この式からは、クーポン・スワップの理論値は、両国のアニュイティーデ・ファクター比によって決定されることがわかる。結局、クーポン・スワップ取引とは、満期によって異なる外国為替フォワード・レートを平準化する取引であることが判明する。したがって、クーポン・スワップはアベレージ為替予約と呼ばれる。

図 2-32 の Excel シートは通貨スワップと同じ条件で償還元本を除いたケースでのクーポン水準である。通貨スワップでは円金利（クーポン）1%、US ドル金利（クーポン）4% であったのに対して、クーポン・スワップでは円クーポン 12.917%、US ドルクーポン 15% となっている。もはや金利スワップの水準ではないことが理解できるだろう。

成とクーポン・スワップ

			ドル側で現在価値を求める方法		
	円側の元本	円側固定クーポン	ドル側の元本	ドル側固定クーポン	
100.00	10,000.00	12.917%	100.00	15.000%	
フォワード為替	円側のキャッシュ・フロー	円側の現在価値	ドル側のキャッシュ・フロー	ドル側の現在価値	
98.51	645.86	642.68	7.50	7.35	
97.08	645.86	639.45	7.50	7.21	
95.66	645.86	636.30	7.50	7.07	
94.25	645.86	633.11	7.50	6.93	
81.26	645.86	602.29	7.50	5.68	
80.07	645.86	599.30	7.50	5.57	
78.88	645.86	596.29	7.50	5.46	
77.73	645.86	593.35	7.50	5.36	
76.58	645.86	590.38	7.50	5.25	
75.46	645.86	587.46	7.50	5.15	
74.34	645.86	584.52	7.50	5.05	
フラット為替	円側の総現在価値	12,263.23	ドル側の総現在価値	122.63	円
86.1153					

■図 2-32　クーポン・スワップ

ここで円クーポンと US ドルクーポンの比を計算すると 0.86113 となる。この比がまさにドル円外国為替フォワード・レートの 10 年間の平均値となる。

2-11）オーバーナイト・インデックス・スワップ（OIS）

1995 年頃から、LIBOR を変動金利とする金利スワップではなく、各国の足元金利（無担保オーバーナイトやフェッド・ファンド・オーバーナイト金利）を変動金利とする金利スワップ取引が登場した。新しい金利スワップ取引は、JP モルガン銀行（現 JP モルガン・チェース銀行）が開発したといわれるが、1998 年頃になると、東京市場でも円の OIS 取引が散見されるようになった。

LIBOR スワップのレシーブ（固定金利の受け）ポジションは、短期で資金を借り入れ、長期で運用する資金戦略の派生商品にほかならない。また、インターバンク外国為替市場で、外国通貨の 6 カ月フォワード（外国通貨のレポ）を実施する場合、そのヘッジとして 6 カ月物資金で調達することは（裁定の余地が存在する場合以外は）あまりなく、オーバーナイトでファンディングする。同様に、証券会社も、10 年国債投資において、実際には 6 カ月ごとに資金を借り換えるといった「悠長な」資金操作はしない。現実には、国債レポ取引によるオーバーナイト・ファンディングが主流である。このようにLIBORスワップ取引は、短期資金操作の実状とは必ずしも一致しているわけではなかった。

図2-33は無担保オーバーナイト金利で、資金を買い入れ、債券や外国通貨に投資した様子を表している。資金の調達期間と運用期間を一致させた資金操作をマッチド・ブック（Matched Book）と呼ぶが、短期資金ディーリングにおいて、調達と運用の期間を同じにしてしまえば、イールド・カーブ・リスクがとれない。したがって、現実は調達期間を運用期間より短くするのが基本である。

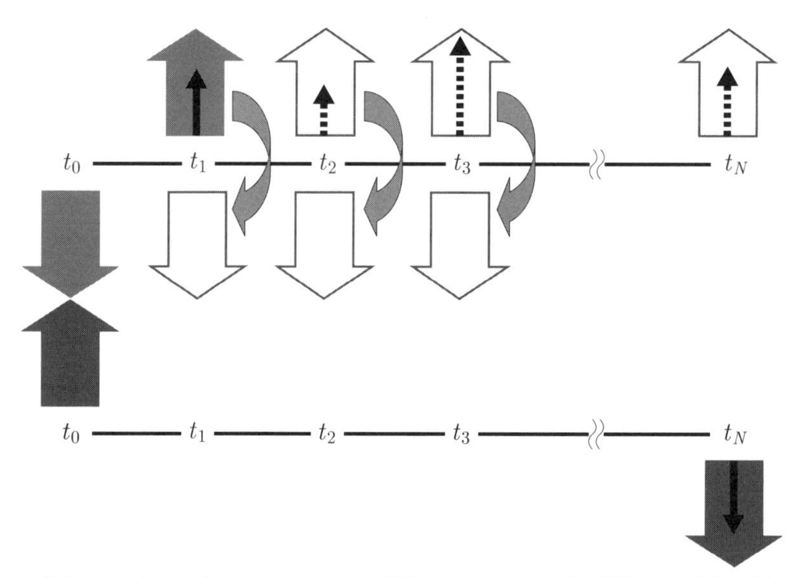

■図2-33　OISのキャッシュ・フロー構造のイメージ（実際は満期の2営業日後）

このように資金調達をオーバーナイトで繰り返しながら、より長期の資金（証券・外国通貨）運用する際のリスクは、もちろん運用・調達期間のミスマッチに起因するイールド・カーブ・リスクである（**図2-34**）。

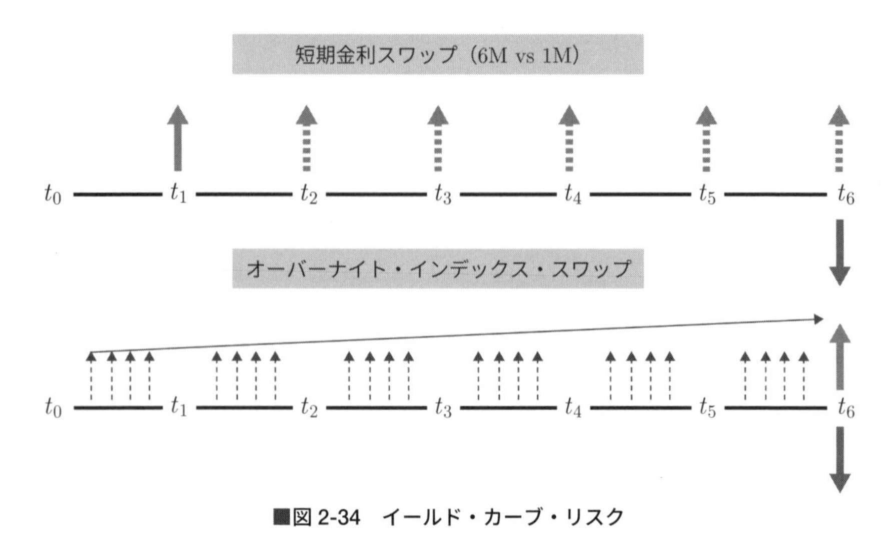

■図 2-34　イールド・カーブ・リスク

第 3 章

オプション理論の考え方

「理性的なものは現実的であり、現実的なものは理性的である。」
(ヘーゲル)

オプションは、しばしば保険のようなものだと解説されることがある。しかし、外国為替オプションを外国為替保険とは呼ばない。逆に、死亡保険を死亡オプションと呼べば、不謹慎の誹りを受けるのが関の山である。

オプションと保険は、どこがどのように違うのだろうか。前章までの解説で明らかなように、デリバティブ・プライシングの本質は、キャッシュ・フローの合成による対象資産の複製であった。したがって、オプションのプライシングにも、この論理を貫徹しなければならない。

ただし、フォワード価格形成との大きな違いは、予想される将来のキャッシュ・フローが確定できない点である。本章では、このような事態にあっても、複製の論理を適用しうることを解説する。

3-1）オプション取引の基本

オプション取引は、条件付請求権（Contingent Claim）と呼ばれる。金融市場において、もっとも重要な条件とは、相場の方向、すなわち価格の上昇・下落である。したがって、オプション取引では、行使価格（Strike Price）を設定して、それを請求の条件とする。ここで、相場が上昇して行使価格を上回った場合、あらかじめ取り決めた条件を請求できるオプションを、コール・オプション（Call Option）と呼ぶ。反対に、行使価格を下方にブレイクしたケースで、効力を発揮する請求権の売買をプット・オプション（Put Option）と呼ぶ。オプション取引のもつ現在価値は、プレミアム（Premium）と呼ばれ、取引スタート時点で先払い（Pay Upfront）されることが多い。

オプション取引はまた、行使スタイルによっても分類可能である。ヨーロピアン・オプション（European Option）は、満期時点のみ行使可能であるが、アメリカン・オプション（American Option）は、満期以前のいつでも行使が可能である。また、定期的に利払いのある債券を対象資産としたケースなどでは、複数の利払い日に行使可能なオプションを付与することがある。このオプションを、ヨーロッパとアメリカの中間という意味で、バミューダン・オプション（Bermudan Option）と呼ぶ。

次に、オプション・プレミアムの構成要素を見てみる。例えば、USドル円外国為替スポットが105円/ドルで取引されているとする。ここで、ドルを95円で購入できる、3カ月満期のオプション（USドルに対する、95円ストライクのコール・オプション）を保有していれば、すでに10円の価値がある。オプションの現在価格と行使価格の差額がプラスの場合、それをオプションの本源的価値（Intrinsic Value）と呼ぶ。

しかし、このオプション取引は、満期までまだ3カ月の時間的な余裕がある。したがって、このオプションは、残存期間中にさらに値上がりする（もちろん値下がりする）可能性をもっているはずである。満期以前のオプションがもつ、価格変動性による潜在的価値を、時間価値（Time Value）と呼ぶ。

つまり、オプション・プレミアムは本質的価値と時間価値から構成されており、満期以前に行使を実行することは、その時点で残存期間の時間価値を放棄することになるのである。したがって、合理的な市場参加者ならば、行使ではなく、市場での売却を実行するはずである。ここで、権利行使によって利益をあげられる価値水準をインザマネー（In the Money）、利益をあげられない水準をアウトオブザマネー（Out of the Money）、そして両者の境界点をアトザマネー（At the Money）と呼ぶ。

もう1つ重要な分類は、プレーン・バニラ・オプション（Plain Vanilla Option）とそうでないオプションの分類である。例えば、満期までの価格変動がある条件を満たした場合に、効力を発動できたり、複数の対象資産の価格変動に依存するオプションである。これらはエキゾチック・オプション（Exotic Option）と総称される。

次に、時間経過に伴うオプションの価値変化をグラフで見てみよう（**図3-1**）。ここでは対象資産の現在価格が、100円かつ行使価格も100円のコール・オプションを取り上げる。アップ・フロントで支払われるオプション・プレミアムは、満期までの時間価値とのスワップ（等価交換）であるから、取引時点での価値は、それが公正価値であるならばゼロである。

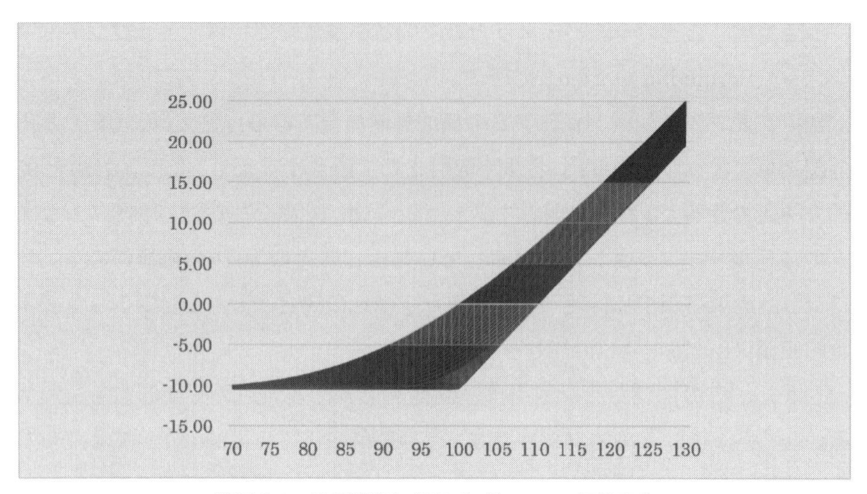

■図 3-1　時間経過に伴うオプションの価値変化

図 3-1 のグラフは x 軸が原資産（ドル円外国為替取引）であり、y 軸はコール・オプション・プレミアム価値である。このグラフでは、オプション満期までの、プレミアム価値変化が首尾よく表現できないので、3 次元グラフに変換して、奥行きを満期までの時間としてみる（**図 3-2**）。

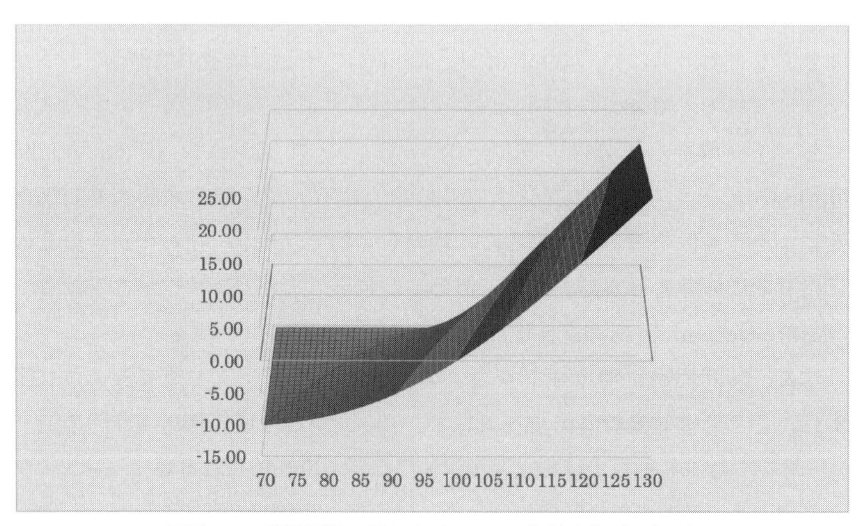

■図 3-2　時間経過に伴うオプションの価値変化（3 次元）

3-2）オプション取引の論理

■オプション取引の試行錯誤

現時点において、100円で取引されている金融資産があり、その1年後の価格が170円に上昇するか、70円に下落するかのいずれかであるという、単純かつ非現実的な思考実験から開始してみる。そのほかの条件として、市場参加者が自由に利用可能な資金貸借市場が存在し、その市場での1年物の金利が10%であるとする。

このような仮想的な市場環境において、1年満期で行使価格120円のコール・オプションの公正なプレミアムは、どのようにして決定されるべきであろうか。ここで公正なプレミアムとは、誰の目から見ても不満のないプレミアムという意味である。

もっとも、この表現は正確とはいえない。なぜなら、無知がゆえに、相手から搾取されていても、それに気づかない人も存在するし、気づいていたとしても、そのような行為を、哀れみをもって甘受する宗教者も存在しうるからである。したがって、市場に参加する者すべてが経済合理的に行動した場合という条件をつけておこう。

おそらく、プライシングを実行する者が、最初に知りたいと思う数値は、価格の上昇・下落確率ではなかろうか。もし、上昇・下落確率があらかじめ知られており、例えば50%・50%であるとすれば、120円を行使価格とするコール・オプションは、上昇シナリオで50円の利益となり、下落シナリオでは無価値となる。したがって、満期時点での数学的期待値は、

$$0.5 \times 50 + 0.5 \times 0 = 25$$

となり、10%の金利の環境下で現在価値に変換すると、

$$\frac{25}{1+0.1} \cong 22.727$$

となる。

しかしながら、このように恣意的な確率を利用していたのでは、市場参加者を満足させることは到底できない。そこで、デリバティブ理論の原点に立ち返って、対象資産を利用して、コール・オプションを複製する方法を模索することにしよう。

何のヘッジもせずに、コール・オプションを売った場合、売り手は相場の上昇によって損失をこうむる羽目になる。そこで、絶対の安全対策として、対象となる金融資産を購入するという手段をとってみよう。すると、170円に上昇した場合は、買い手に50円だけを支払い、120円が手元に残る。逆に、下落した場合は、買い手への支払いはゼロで、70円が手元に残る。つまり、コール・オプションの売却時点で対象金融資産を購入しておけば、相場がどちらに転んでも損失はないのである。

しかしながら、このヘッジには、金融資産の購入代金（100円）というコストがかかる。このコストを、そのまま買い手に転嫁するわけにはいかないので、下落したケースの場合、金融資産の売却価格で返済可能な資金を借り入れることにして、不足分を買い手に請求してみよう。この場合、満期での資金返済額は70円であるから、借入額は、

$$63.64 \cong \frac{70}{1+0.1}$$

となり、不足分は、

$$36.36 = 100 - 63.64$$

となる。このような手段を講ずれば、自己資金ゼロでコール・オプションを売却し、かつ対象金融資産を購入できる。**図3-3**は1期後の結果である。

下落したケースでは、オプションは行使されないので、買い手への支払いはゼロである。そこで金融資産を売却することで、借入金70円を返済する。次に、上昇した場合を見てみよう。この場合は、買い手からオプションが行使されるので、まず50円の支払いとなる。しかし、購入した金融資産は170円に上昇しているので、50円を支払っても120円残る。さらに、借入金を返済し

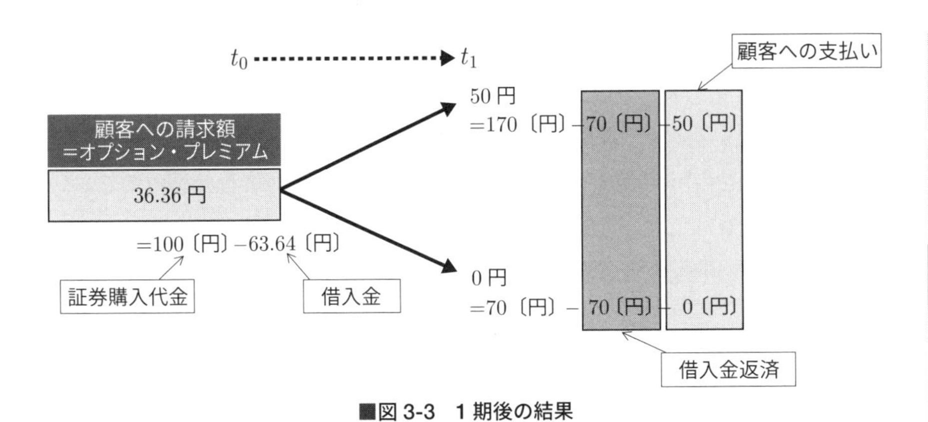

■図 3-3　1 期後の結果

なければならないが、これも 70 円であるから、最終的には 50 円が手元に残ることになる。オプションの売り手は、投資資金がゼロで 50 円を稼ぎ出したことになる。

デリバティブ理論の基本原理は、裁定不可能条件であるから、投資資金がゼロにもかかわらず、無リスクで利益を得る売り手の存在を許すわけはない。当然のことながら、オプションの買い手は、売り手が不当に利益を稼ぎ出している分だけ、オプション・プレミアムの値下げを要求してくるだろう。

そこで、試しにヘッジのために購入する金融資産の数量を半分にしてみる。すると借入額も 70 円から 35 円になる。これが**図 3-4** である。

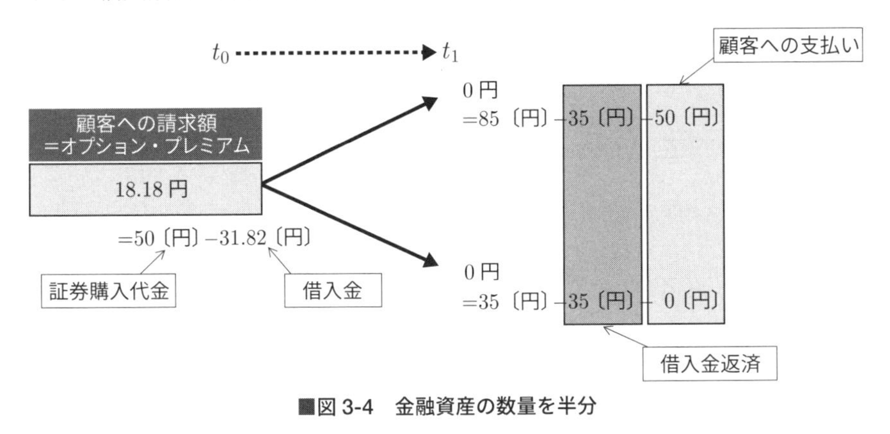

■図 3-4　金融資産の数量を半分

このケースでは、オプションの売り手は上昇・下落いずれのシナリオにおいても、超過利得を得ることができない。したがって、18.18円がこのコール・オプションの公正価格となる。

ところで、この単純な思考実験で奇妙なことは、確率が表面上現れてこないことである。とはいえ、上昇価格と下落価格を先験的な与件としているので、この与件の中に暗黙のうちに内在しているのではないか、と推測できる。そこで18.18円というコール・オプションが内在させている（Implied）上昇確率pを計算してみると、

$$\frac{50\times p+0\times(1-p)}{1+0.1}=18.18$$

であるから、上昇確率は40%であることがわかる。なぜ40%なのであろうか。ここでコール・オプションや対象となる金融資産ではなく、安全な預金に投資した場合を考えると、金利が10%であるから、1期後には110円となるのがわかる。そこで、**図3-5**を描いてみる。

すると、金融資産価格が上昇した場合は、安全な運用よりも60円も多く儲かる一方で、下落した場合は安全資産に比べ40円の損失となる。試しの上昇

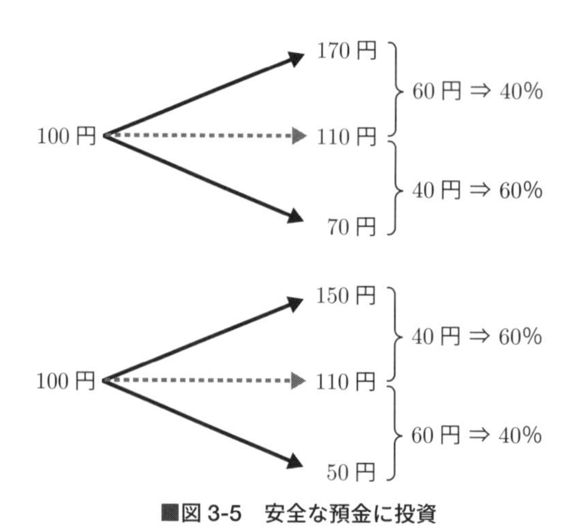

■図3-5　安全な預金に投資

価格を 150 円、下落価格を 50 円に変えると、確率も変化する。ここで、この不公平を解消するように確率を調整しようとすれば、

$$(170-110)\times p=(110-70)\times p$$
$$\Rightarrow\quad 60\times p=40\times(1-p)$$
$$p=40\ 〔\%〕$$

となる。ここで 170 円、110 円、70 円をそれぞれ U、R、D と置き換えると、

$$(U-R)\times p=(R-D)\times(1-p)$$
$$p=\frac{R-D}{U-D}$$

となる。このようにして算出される確率をリスク・ニュートラル確率（Risk Neutral Probability）と呼び、現実の確率と区別する（**図 3-6**）。

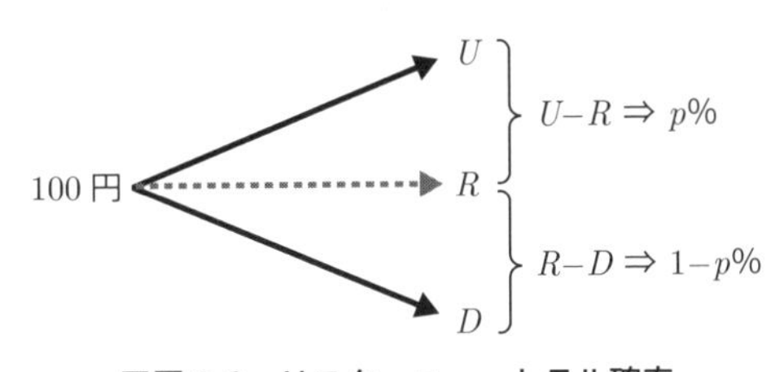

■図 3-6　リスク・ニュートラル確率

これまでは、試行錯誤を重ねて、対象金融資産の複製によって、オプションを複製することに成功した。なかには、狐につままれた感をもつ読者もいるかもしれないが、これがオプション・プライシングのエッセンスである。

■数学モデルでの表現

次に、この手法を簡単な数学モデルで表現することで、試行錯誤の手間を省くことにする。基本的な考え方は、オプション満期時に、どのような状態が実現しても、ポートフォリオの価値と、オプション・ペイオフが一致する、ということである。このようなポートフォリオをヘッジ・ポートフォリオ（Hedge Portfolio）と呼ぶ。ここで、対象資産のヘッジ比率（＝購入数量）θ と、必要

資金額 M によって構成される数量ベクトルを導入し、次のような連立方程式を立てることができる。

$$
\begin{bmatrix} 50 \\ 0 \end{bmatrix} = \begin{bmatrix} 170 & 1.1 \\ 70 & 1.1 \end{bmatrix} \begin{bmatrix} \theta \\ M \end{bmatrix}
$$

$$
\begin{aligned}
\begin{bmatrix} \theta \\ M \end{bmatrix} &= \begin{bmatrix} 170 & 1.1 \\ 70 & 1.1 \end{bmatrix}^{-1} \begin{bmatrix} 50 \\ 0 \end{bmatrix} \\
&= \frac{1}{170 \times 1.1 - 70 \times 1.1} \begin{bmatrix} 1.1 & -70 \\ -1.1 & 170 \end{bmatrix} \begin{bmatrix} 50 \\ 0 \end{bmatrix} \\
&\cong \begin{bmatrix} 0.5 \\ -31.81 \end{bmatrix}
\end{aligned}
$$

以上の計算は、逆行列の Excel 関数（=MINVERSE( )）を利用すれば、**図 3-7** のようになる。

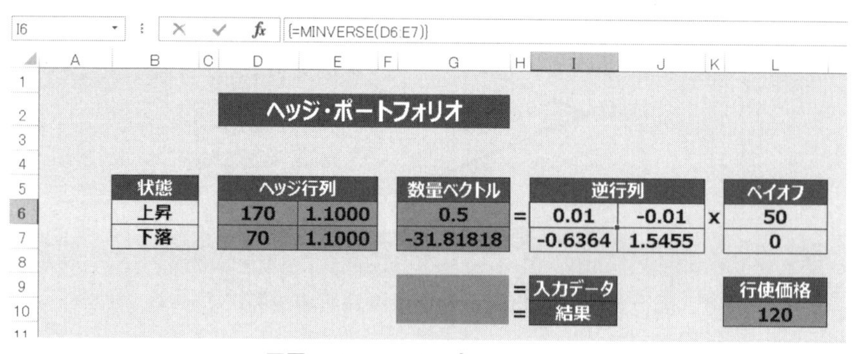

■図 3-7　ヘッジ・ポートフォリオ

この式は、次のとおりである。

$$\begin{bmatrix}\theta\\M\end{bmatrix}=\begin{bmatrix}X(1)_U & 1+r\\X(1)_D & 1+r\end{bmatrix}^{-1}\begin{bmatrix}V(1)_U\\V(1)_D\end{bmatrix}$$

$$=\frac{1}{X(1)_U(1+r)-X(1)_D(1+r)}\begin{bmatrix}1+r & -(t+1)\\-X(1)_D & X(1)_U\end{bmatrix}\begin{bmatrix}V(1)_U\\V(1)_D\end{bmatrix}$$

$$=\begin{bmatrix}\dfrac{V(1)_U-V(1)_D}{X(1)_U-X(1)_D}\\\dfrac{X(1)_UV(1)_U-X(1)_DV(1)_D}{(1+r)(X(1)_U-X(1)_D)}\end{bmatrix}$$

しかしながら、この連立方程式体系は、満期時のキャッシュ・フロー（価値行列）のみに定位しているため、ヘッジ比率および必要資金額という「数量」が決定されるだけで、現時点のオプション価値（オプション・プレミアム）を直接導くことができない。この難点を解決するために、次に現時点と満期時の「価値」関係に着目してみると、次のような式になる。

$$\begin{array}{ccc} & t=0 & t=1\\ \begin{bmatrix}100\\M\\V(0)\end{bmatrix}\rightarrow & \begin{bmatrix}170 & 100\\M(1+0.1) & M(1+0.1)\\50 & 0\end{bmatrix}\end{array}$$

ここで対象金融資産を X、オプション価値を V とした、一般的なケースでは、

$$\begin{array}{ccc} & t=0 & t=1\\ \begin{bmatrix}X(0)\\M\\V(0)\end{bmatrix}\rightarrow & \begin{bmatrix}X(1)_U & X(1)_D\\M(1+r) & M(1+r)\\V(1)_U & V(1)_D\end{bmatrix}\end{array}$$

と書き換えることができる。しかしながら、両者の「数量」関係は不明であるから、上の式は、イコールで結びつけることができない。そこで、将来の価値（行列）と現在価値（ベクトル）とを、結びつける状態変数ベクトルを、アド・ホック（Ad hoc）に導入してみる。

$$\begin{bmatrix} 100 \\ M \\ V(0) \end{bmatrix} = \begin{bmatrix} 170 & 100 \\ M(1+0.1) & M(1+0.1) \\ 50 & 0 \end{bmatrix} \begin{bmatrix} \pi_U \\ \pi_D \end{bmatrix}$$

ここで、2行目の資金貸借取引（金融市場勘定）部分を見てみると、

$$M = M(1+r)\pi_U + M(1+r)\pi_D$$
$$1 = (1+r)(\pi_U + \pi_D)$$

であるから、借入の名目金額 M は、冗長であるのがわかる。貨幣収益率（＝金利）のみで表示されれば事足りるわけである。このようにして、次のような連立方程式を得る。

$$\begin{bmatrix} 100 \\ 1 \\ V(0) \end{bmatrix} = \begin{bmatrix} 170 & 100 \\ 1.1 & 1.1 \\ 50 & 0 \end{bmatrix} \begin{bmatrix} \pi_U \\ \pi_D \end{bmatrix}$$

さて、計算の手順を見てみよう。都合のよいことに、この式は2つに分解できる。まず対象証券取引と資金貸借取引の部分からは、逆行列を利用して状態変数ベクトルが導出できる。

$$\begin{bmatrix} \pi_U \\ \pi_D \end{bmatrix} = \begin{bmatrix} 170 & 100 \\ 1.1 & 1.1 \end{bmatrix}^{-1} \begin{bmatrix} 100 \\ 1 \end{bmatrix}$$
$$= \begin{bmatrix} 0.01 & -0.636364 \\ -0.01 & 1.5454545 \end{bmatrix}^{-1} \begin{bmatrix} 100 \\ 1 \end{bmatrix}$$
$$\cong \begin{bmatrix} 0.36363 \\ 0.54545 \end{bmatrix}$$

最後に、この状態ベクトルを $t=1$ 時点のオプション・ペイオフ行列に作用させて、

$$V(0) = \begin{bmatrix} 50 & 0 \end{bmatrix} \begin{bmatrix} 0.36363 \\ 0.54545 \end{bmatrix}$$
$$\cong 18.1818$$

を得る。思考実験と同一の結果が得られた（**図 3-8**）。

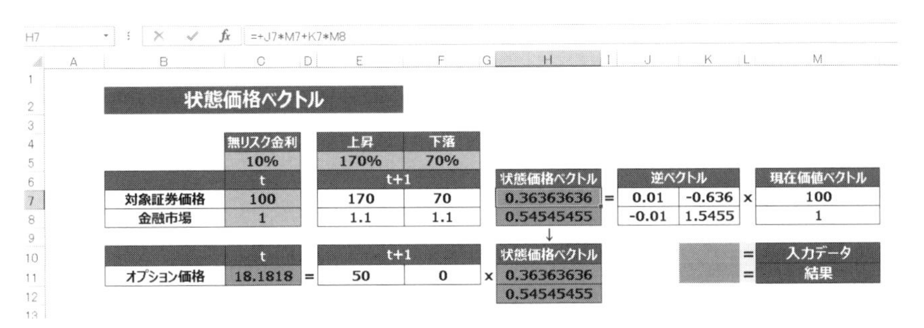

■図 3-8　状態価格ベクトル

次に議論すべきは、アド・ホックに導入した状態変数ベクトルの意味である。状態変数ベクトルは、将来の複数の状態への分岐比率と考えることができる。したがって、ある状態へ推移する確率を示す、と考えるのが自然である。ところが、この状態変数ベクトルは、総和が 1 であるという確率の基本要件を満たしていないのである。とはいえ、借入金利とセットで、

$$P_U \equiv \pi_U(1+r),\ P_D \equiv \pi_D(1+r)$$

を定義すれば、

$$P_U + P_D = 1$$

であるから、確率の基本要件の 1 つを満たすことになる。ただし、この確率は、現実世界での上昇・下落確率というよりも、現時点で入手（観測）可能な市場データの枠組みの中で、裁定が不可能なように調整された確率であるといえる。

さらにこだわってみよう。まず式を、

$$\frac{1}{1+r} = \pi_U + \pi_D$$

と変形してみると、左辺は、$t+1$ 時のディスカウント・ファクターであることがわかる。ディスカウント・ファクターは、将来の 1 円の現在価値である

から、状態変数ベクトルは、対応するディスカウント・ファクターの、実現比率を表していることになる。このようにして、アド・ホックに導入された状態変数ベクトルの重要な意味が明らかになる。すなわち、状態変数ベクトルの総和は、その時点でのディスカウント・ファクターに等しい。このことから、状態変数ベクトルは、状態価値ベクトル（State Value/Price Vector）と呼ぶにふさわしい。

状態価値ベクトルは、金利デリバティブの評価に不可欠な概念である。総和が未来の時点のディスカウント・ファクターに一致するということは、未来の時点を「現在」と考えれば総和は1となり、確率の要件を満たす。金利デリバティブの難点は、オプション満期までに、金利自体が変化してしまうので確定したディスカウント・ファクターを利用できないケースが多い点である。そこで、満期時点で一旦、デリバティブ価格を評価した上で、確定されたディスカウント・ファクターで現在価値に変換するという手法が採用されることが多い。この手法は、現時点を基準にしたリスク・ニュートラル確率ではなく、オプション満期時のリスク・ニュートラル確率であるから、フォワード・リスク・ニュートラル確率と呼ばれる。

さらに、一般化を推し進めてみよう。その前に、数式の複雑化を回避するために、収益率の表記を、1円あたりの元利合計に変更する。すなわち、借入金利 r、上昇率 u、下落率 d を、

$$R = 1 + r$$
$$U = 1 + u$$
$$D = 1 + d$$

で置き換え、次の状態価値ベクトルを得る。

$$
\begin{aligned}
\begin{bmatrix} \pi_U \\ \pi_D \end{bmatrix} &= \begin{bmatrix} U & D \\ R & R \end{bmatrix}^{-1} \begin{bmatrix} 1 \\ 1 \end{bmatrix} \\
&= \frac{1}{R(U-D)} \begin{bmatrix} R & -D \\ -R & U \end{bmatrix} \begin{bmatrix} \pi_U \\ \pi_D \end{bmatrix} \\
&= \begin{bmatrix} \dfrac{1}{U-D} & -\dfrac{D}{R(U-D)} \\ -\dfrac{1}{U-D} & \dfrac{U}{R(U-D)} \end{bmatrix} \begin{bmatrix} 1 \\ 1 \end{bmatrix} \\
&= \begin{bmatrix} \dfrac{R-D}{R(U-D)} \\ \dfrac{D-R}{R(U-D)} \end{bmatrix}
\end{aligned}
$$

この結果から上昇確率と下落確率を求めると、次の式を得る。

$$
\begin{aligned}
P_U &\equiv \pi_U R \\
&= \left(\frac{R-D}{R(U-D)} \right) R \\
&= \frac{R-D}{U-D}
\end{aligned}
$$

$$
\begin{aligned}
P_D &\equiv \pi_D R \\
&= \left(\frac{D-R}{R(U-D)} \right) R \\
&= \frac{D-R}{U-D}
\end{aligned}
$$

3-3）コックス・ロス・ルービンシュタイン・モデル

ある時点の状態価値ベクトルが与えられた場合、それに対応する時点のキャッシュ・フロー行列を作用させると、キャッシュ・フローの現在価値が求められる。この考え方に基づいて、N期後を満期とする行使価格Kのコール・オプションの現在価値を求めてみる。これを二項ツリー展開（Binomial Tree Expantion）と呼ぶ。まずN期の状態価値ベクトルは一般的に、

$$\pi(k,N) = \frac{1}{R^N} P^k (1-P)^{N-k}$$

とおくことができる。これはk回の上昇と、$(N-k)$回の下落を経て、N期に至ったケースを表現している。同様に、N期のコール・オプション価値は、現時点の対象資産価値$X(0)$がk回の上昇と、$(N-k)$回の下落を経て到達した価値と、行使価格との差がゼロを超える部分であるから、

$$V(k,N) = \max\left[X(0)U^k D^{N-k} - K, 0\right]$$

となる。また、二項定理から、k回の上昇と、$(N-k)$回の下落を経てN期に至る経路は、

$$\frac{N!}{k!(N-k)!}$$

であるから、状態（k, N）でのコール・オプションの現在価値は、次のようになる。

$$\begin{aligned} &V(0,k,N) \\ &= \frac{N!}{k!(N-k)!} P^k (1-P)^{N-k} \frac{1}{R^N} \max\left[X(0)U^k D^{N-k} - K, 0\right] \end{aligned}$$

ただし、これはある特定の状態（k, N）の価値に過ぎず、全状態をカバーすると、次のようになる。

$$V(0)=\frac{1}{R^N}\sum_{k=1}^{N}\frac{N!}{k!(N-k)!}P^k(1-P)^{N-k}\max\left[X(0)U^kD^{N-k}-K,0\right]$$

次に、

$$\max\left[X(0)U^kD^{N-k}-K,0\right]$$

の部分を処理する。この部分は、上昇回数 k の値いかんによっては、価値がゼロになってしまうことを示している。そこで、行使価格 K を上回る、最小の上昇回数を m とすれば、

$$\begin{aligned}V(0)&=\frac{1}{R^N}\sum_{k=m}^{N}\frac{N!}{k!(N-k)!}P^k(1-P)^{N-k}\left[X(0)U^kD^{N-k}-K\right]\\&=\frac{1}{R^N}X(0)\sum_{k=m}^{N}\frac{N!}{k!(N-k)!}(PU)^k(D-PD)^{N-k}\\&\quad-\frac{1}{R^N}K\sum_{k=m}^{N}\frac{N!}{k!(N-k)!}P^k(1-P)^{N-k}\\&=X(0)\sum_{k=m}^{N}\frac{N!}{k!(N-k)!}\left(\frac{PU}{R}\right)^k\left(\frac{D(1-P)}{R}\right)^{N-k}\\&\quad-\frac{1}{R^N}K\sum_{k=m}^{N}\frac{N!}{k!(N-k)!}P^k(1-P)^{N-k}\end{aligned}$$

と整理される。ここで m の値は、次の式を満たす。

$$X(0)U^mD^{N-m}-K>0$$

したがって、次のようになる。

$$\begin{aligned}&U^mD^{N-m}>\frac{K}{X(0)}\\&m\log U+(N-m)\log D>\log K-\log X(0)\\&m>\frac{\log K-\log X(0)-N\log D}{\log U-\log D}\end{aligned}$$

図 3-9 が Excel シートでの表現である。

1
2
3
4
5
6
7
8
9
10
11
補足説明

U	1.1224
R	1.0084
D	0.8909
U>R>D	
N	12

X(0)	100.000
K	120.000
a	6.79

Probability 1	
Up	Down
50.73%	49.27%

		Binomial Distribution		Premium	12.6307
j	N-j	Probability 1	X(N)	X(N)-K	V(0)
12	0	0.0291%	399.739	279.73860	0.07357
11	1	0.3387%	317.307	197.30731	0.60472
10	2	1.8092%	251.874	131.87442	2.15884
9	3	5.8567%	199.935	79.93464	4.23601
8	4	12.7973%	158.706	38.70552	4.48190
7	5	19.8849%	125.978	5.97838	1.07566
6	6	0.0000%	100.000	-20.00000	0.00000
5	7	0.0000%	79.379	-40.62130	0.00000
4	8	0.0000%	63.010	-56.99022	0.00000
3	9	0.0000%	50.016	-69.98365	0.00000
2	10	0.0000%	39.702	-80.29767	0.00000
1	11	0.0000%	31.515	-88.48481	0.00000

■図 3-9　コックス・ロス・ルービンシュタイン・モデル

ここで、$\frac{PU}{R}$と$\frac{D(1-P)}{R}$の和をとってみると、

$$\frac{PU}{R}+\frac{D(1-P)}{R}=\frac{P(U-D)+D}{R}$$

$$=\frac{\frac{R-D}{U-D}(U-D)+D}{R}$$

$$=\frac{R}{R}\to 1$$

となり。確率の基本要件の1つを満たすことがわかる。

そこで新たな合成上昇確率を、次のように定義する。

$$P'\equiv\frac{PU}{R}$$

次の式を得る。

$$V(0)=X(0)\sum_{k=m}^{N}\frac{N!}{k!(N-k)!}(P')^{k}(1-P')^{N-k}$$
$$-\frac{1}{R^{N}}K\sum_{k=m}^{N}\frac{N!}{k!(N-k)!}P^{k}(1-P)^{N-k}$$

さらに、二項確率分布のmからNまでの補完的累積密度関数（Complementary Cumulative Density Function）を、

$$\Psi(m,N,P)=\sum_{k=m}^{N}\frac{N!}{k!(N-k)!}P^{k}(1-P)^{N-k}$$

と表記すれば、N 期の満期で行使価格 K のコール・オプションの現在価値は、

$$V(0)=X(0)\Psi(m,N,P')-\frac{K}{R^{N}}\Psi(m,N,P)$$

と表記することができる。

このオプション・モデルを、コックス・ロス・ルービンシュタイン・モデル（Cox Ross Rubinstein Model, 1979）と呼ぶ。

3-4）ブラック・ショールズ・マートン・モデルを鑑賞する

ブラック・ショールズ・マートン・モデル（Black Sholes Merton Model, 1973）は、デリバティブ理論の別名といっていいほど有名なオプション・プライシング・モデルである。しかしながら、その数式が指し示す意味は、実務家でさえも十分に理解されていないのが実状である。そこでまず、このモデルを構成する要素を個別に取り上げて、それが指し示す意味、すなわち現実の市場における対応物が何かを解説する。

前節では、1ステップだけの単純な二項分布モデルを拡張して、二項分布モデルの代表格であるコックス・ロス・ルービンシュタイン・モデルを導出した。そこで基本となった考え方は、ヘッジ・ポートフォリオの構成ということだった。いま一度、ヘッジ・ポートフォリオを振り返ることで、オプションの複製というものを考えてみよう。ヘッジ・ポートフォリオとは、オプションの対象となる金融資産取引と資金貸借取引の組み合わせであった。ここで、単価 X、数量 a の金融資産と保有現金 M のポートフォリオの総額を V とすれば、

$$V=aX+M$$

と表現できる。ここで総額 M の資金借入の場合は、符号がマイナスになるので、

$$V = aX - M$$

であり。国債のような金融資産の空売りによって、短期的に資金調達した場合は、

$$V = aX - bY$$

となる。ここで、Y は国債の単価、b が空売りした数量である。

さて、ヘッジ・ポートフォリオの構成からオプション・モデルが導出されているという事実を念頭において、1973年にマートンの協力を得て、ブラックとショールズが発表した配当のない株式のコール・オプションに関するプライシング・モデルを「鑑賞」してみよう。細部の意味付けは徐々に明らかにされることになるので、まずは全体像の把握から始める。

$$C_0 = X_0 N(d_1) - Ke^{-rt} N(d_2)$$
$$d_1 = \frac{\log \frac{X_0}{K} + \left(r + \frac{\sigma^2}{2}\right)t}{\sigma\sqrt{t}}$$
$$d_2 = d_1 - \sigma\sqrt{t}$$

同じく、前節の最後で導出した、コックス・ロス・ルービンシュタイン・モデルも比較材料として再掲する（行使価格 K のコール・オプションのケース）。

$$V(0) = X(0)\Psi(m, N, P') - KR^{-N}\Psi(m, N, P)$$

両者の相違点は、補間二項累積分布関数が標準正規累積密度関数に置き換わっていることと、行使価格にかかる係数 R^{-N} が e^{-rt} に置き換わっていることである。あとで解説するように、この部分はディスカウント・ファクターを表している。したがって、Ke^{-rt} は無リスク金利 r で割り引いた行使価格 K の現在価値を表している。

ここで、オプション・モデルを、ヘッジ・ポートフォリオであると考えると、ブラック・ショールズ・マートン・モデルは、数量 $N(d_1)$ の対象金融資産保有と、$Ke^{-rt}N(d_2)$ 円の資金調達を組み合わせたヘッジ・ポートフォリオであると解釈できる。ここでもし、満期 t の割引国債が存在していると仮定すれば、資金調達の部分は、割引国債の現在価格 Ke^{-rt} 円を数量 $N(d_2)$ だけショートしていることを意味することになる。

対象資産保有額ー資産調達額

$$HeadgePortfolio = \boxed{aX} - \boxed{bY}$$

Black Sholes Merton Model, 1973

$$C_0 = \boxed{X_0 N(d_1)} - \boxed{Ke^{-rt}N(d_2)}$$

Cox Ross Rubinstein Model, 1979

$$V(0) = \boxed{X(0)\Psi(m, N, P')} - \boxed{\frac{1}{R^N} K\Psi(m, N, P)}$$

次にブラック・ショールズ・マートン・モデルの両辺にディスカウント・ファクターの逆数 e^{rt} を掛けてみる。すると、コール・オプションの満期価値に変換できる。

$$C_0 e^{rt} = X_0 e^{rt} N(d_1) - KN(d_2)$$

この変換からは、興味深いことがわかる。というのは、コール・オプションと対象金融資産の収益率が、無リスク利回りと同一視されているからである。

オプション取引は、価格変動の激しい金融取引であるが、対象資産による複製が可能な場合、デリバティブは（理論的には）ヘッジによって、リスクを完全に除去できる。したがって、デリバティブが生み出す収益は、無リスク利回りに一致しなければならない。裁定メカニズムに照らせば、いつでも完璧に複製（＝ヘッジ）可能なデリバティブ取引にリスクは存在しない。したがって、その期待収益率は、無リスク利回りでしかありえないという論理である。

実際、1973 年に発表された、ブラック・ショールズ・マートン・モデルが、それ以前のオプション理論と一線を画す画期的なポイントがここである。1960年代におけるオプション理論の創成期において、サミュエルソン（P. Samuelson, 1915〜）達は、対象金融資産の期待収益率αとオプション（ワラント）の期待収益率βが観測可能ではない困難に陥っていた。つまり、

$$C_0 e^{\beta t} = X_0 e^{\alpha t} N(d_1) - KN(d_2)$$

である。くどいようだが、複製の論理を適用すれば、対象資産の期待収益率αは、満期までのキャリー・コスト（レポ・レート）であり、オプション（ワラント）の期待収益率βは、無リスク利回りに一致するので、主観的な期待収益率を推定する必要はないのである。

さて、αが対象資産を満期までキャリーするコスト（レポ・レート）であるとするならば、ブラック・ショールズ・マートン・モデルの式に拡張の余地が広がることとなる。なぜなら、キャリー・コストは、金融資産の種類によって異なるからである。

さて、キャリー・コストによってブラック・ショールズ・マートン・モデルがどのように改造されるかは第4章に譲ることにして、まずはブラック・ショールズ・マートン・モデルに登場する標準正規分布の累積密度関数と、前章までとは異なる連続利子率ベースのディスカウント・ファクターについて解説する。

3-5）標準正規分布の累積密度関数

ブラック・ショールズ・マートン・モデルに現れる、$N(d_1)$と$N(d_2)$は標準正規分布（Standard Normal Distribution）の累積密度関数（Cumulative Distribution Function）である。標準正規分布とは、平均0、標準偏差1の正規分布である。したがって、$N(d)$を積分表示で書き換えると、

$$N(d) = \int_{-\infty}^{d} \frac{1}{\sqrt{2\pi}} e^{-\frac{1}{2}z^2} dz$$

となる。積分表示から明らかなように、z 軸上の d を下回る部分の累積確率を表しているのである（**図 3-10**）。ここで z 軸の単位は標準偏差（Standard Deviation）である。

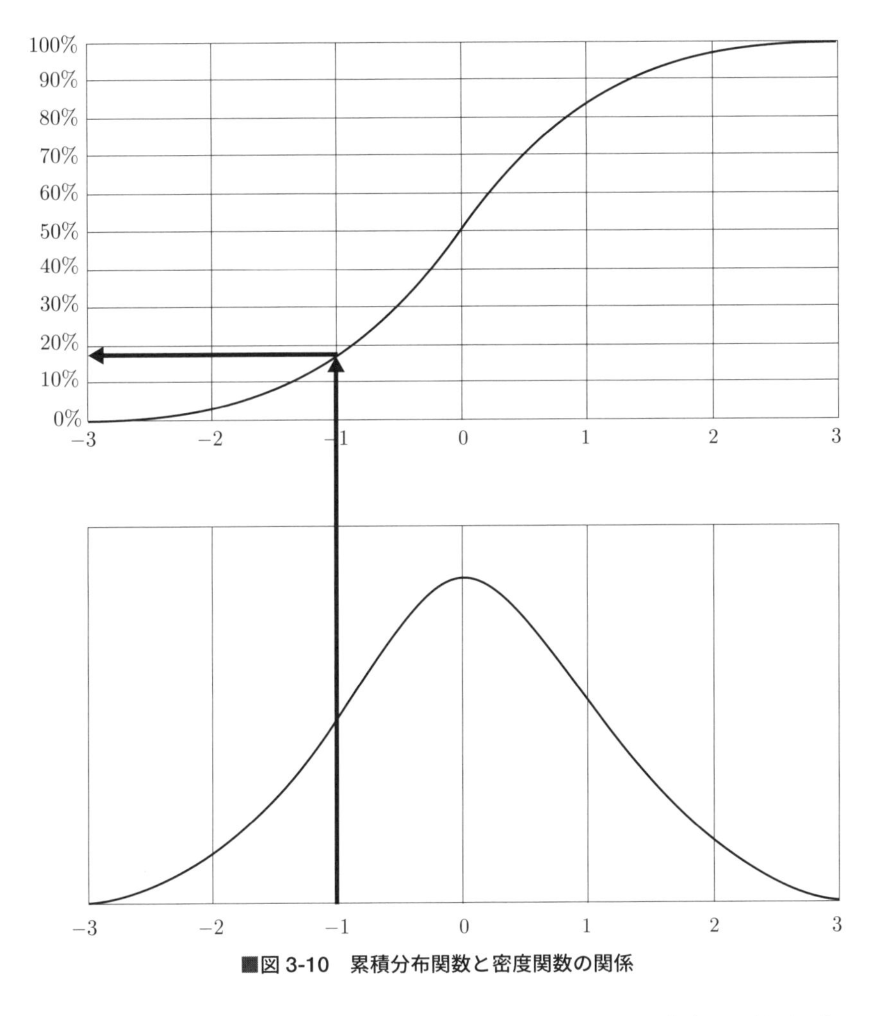

■図 3-10　累積分布関数と密度関数の関係

例えば、$z = -1$ つまり平均から 1 標準偏差だけマイナス方向にずれたポイントより下回っている確率は、

$$N(-1)=\int_{-\infty}^{-1}\frac{1}{\sqrt{2\pi}}e^{-\frac{1}{2}z^2}dz\cong 15.866\ 〔\%〕$$

となる。それではそのポイントを上回っている確率はどうかといえば、全確率が1であるから、

$$1-N(-1)=\int_{-1}^{+\infty}\frac{1}{\sqrt{2\pi}}e^{-\frac{1}{2}z^2}dz\cong 84.134\ 〔\%〕=N(1)$$

となる。

図3-11 がExcelシートの表現である。

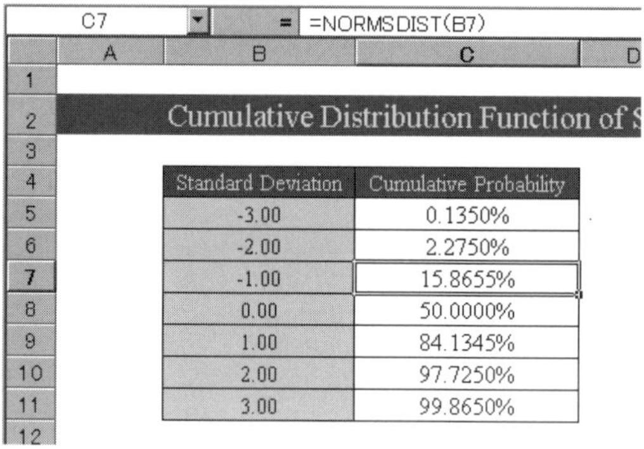

C7 = =NORMSDIST(B7)

Cumulative Distribution Function of S

Standard Deviation	Cumulative Probability
-3.00	0.1350%
-2.00	2.2750%
-1.00	15.8655%
0.00	50.0000%
1.00	84.1345%
2.00	97.7250%
3.00	99.8650%

■図3-11　累積密度関数

ところで、正規分布する確率変数があったとしても、その平均が0で、標準偏差が1であるケースはまれである。そこで規格化（Normalization）という手続きによって、確率変数を変換する。平均 m で標準偏差 σ の正規分布をする確率変数を y とすると、次のように規格化された、新しい確率変数 z が標準正規分布となる。

$$z=\frac{y-m}{\sigma}$$

これは、もとの確率分布を m だけ左方向に平行移動した上で、σ だけ（分布の幅を）圧縮していることを意味している。あるいは、確率分布を、傾

き $\frac{1}{\sigma}$、切片 $-\frac{m}{\sigma}$ の 1 次関数を経由して、新しい確率分布に写像しているともいえる。**図 3-12** は平均 20、標準偏差 15 の x 軸上の正規分布が 1 次関数 $y=\frac{x-20}{15}$ によって、y 軸上の標準正規分布に写像されている様子を示している。

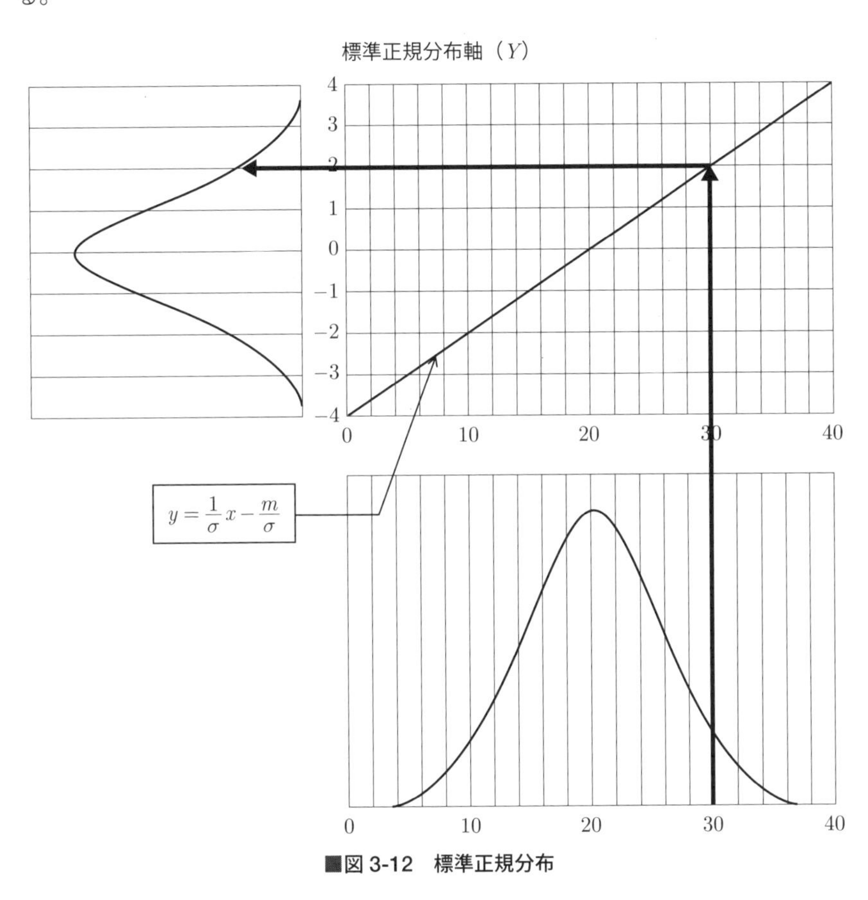

■図 3-12　標準正規分布

3-6）連続利子率ベースのディスカウント・ファクター

■連続利子率ベースのディスカウント・ファクターの意義

前章の2-7節で解説したディスカウント・ファクターは、現実の市場で入手できるLIBORなどの短期金利から計算された。ところがオプション・プライシングでは連続利子率を基準とした、ディスカウント・ファクターが登場する。ここでは連続利子率ベースのディスカウント・ファクターの意義について考察する。

$$Df(t)=\frac{1}{e^{rt}}=e^{-rt}$$

同じ金利水準ならば、複利回数が多ければ多いほど、元利合計は増大する。このことは、次の式を展開することからも理解できる。

$$\left(1+\frac{r}{2}\right)^2 \to 1+r+\frac{r^2}{4}$$

すなわち、例えば同じ6%でも、年1回払いと2回払いでは、$\frac{r^2}{4}$分だけ、1年後の元利合計に違いがでてくるのである（**図3-13**、**図3-14**）。

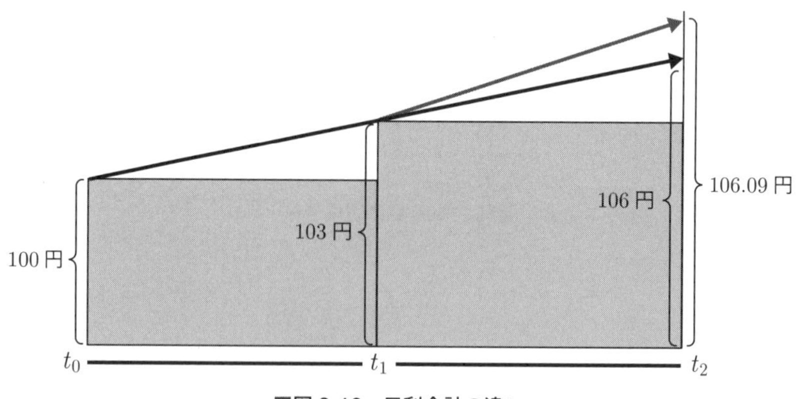

■図3-13　元利合計の違い

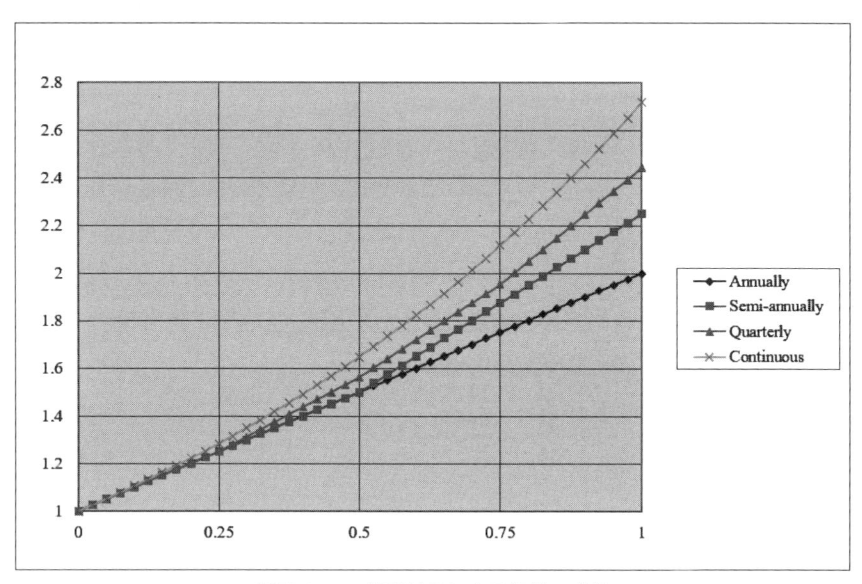

■図 3-14　複利効果による価値の成長

ここで、もし複利回数が多ければ多いほど元利合計が増大するならば、誰もがそのような運用をしたいと考えるはずである。そこで次に、複利回数を無限に増やしていった場合の、元利合計の極限を求めてみよう。

ここで、読者の中には、そもそも、そのような数学的な理想化が、現実の金融市場の実務で果たして何の役に立つのか、疑問に思われるかもしれない。ところが、現実の金融市場においても、それに相当する対応物を見つけることができる。それは、米国のフェッド・ファンド/US財務証券レポ市場、あるいは我が国の無担保コール市場などで、日々活発に取引されているオーバーナイト金利である。まず、100億円を、資金貸借市場で10%金利の1日物で繰り返し運用した場合と、1年物で運用した場合の元利合計を見てみる（後者はあきらかに110億円である）。ここでは、前章までに議論した休日や実日数に関する慣用を捨象して、1年365日毎日金融市場が開いていると仮定してみる。すると、

$$100000000000 \times \left(1+\frac{0.1}{365}\right)^{365} \cong 11051557816$$

であるから、1年物で運用するよりも5,000万円超も多く利子を稼ぎだすことができる。もっとも、現実には、端数を含めた元利合計の再運用を引き受けてくれる奇特な相手先がいつも見つかるとは限らないし、資金貸借の仲介に短資会社を利用すれば取引手数料もチャージされるので、数式どおりにはいかない。しかしながら、複利回数の極限という数学的想定に近い取引環境が現実にも存在し、それが一国の資金需給の根幹であるオーバーナイト金融市場である事実は、興味深いといわざるをえない。

■連続複利

さて、このようなオーバーナイト資金需給を、さらに数学的に理想化したのが連続複利という概念である。

連続複利は、自然対数の底 e によって表現される。そこで、まず e の定義を再確認してみる。

$$e = \lim_{n \to \infty}\left(1+\frac{1}{n}\right)^{n} \cong 2.7182$$

次に、e の値2.7182が、金融取引においてもつ意味を考えてみる。まず、分子の1を金利とみなし100%と書き換えてみる。

$$e = \lim_{n \to \infty}\left(1+\frac{100〔\%〕}{n}\right)^{n} \cong 2.7182$$

そうすると、この式は1円を100%という高率な金利で1年間に無限回再投資した場合の元利合計を表していることが理解できる。単利の場合の元利合計が2円であるのに対して、無限回の再投資では2.7182円となる。この数値2.7182が、複利運用の最大値（極限）である。換言すれば、究極の複利運用を数式で表現したものが自然対数の底 e であるといえる。そして、この複利運用で適用される金利を連続（＝瞬間的な）複利（Continuous Compounding

Yield）と呼ぶ。

図 3-15 のグラフは、1円を 100% で運用した場合の元利合計と、再運用回数つまり複利回数を関係付けたものである。

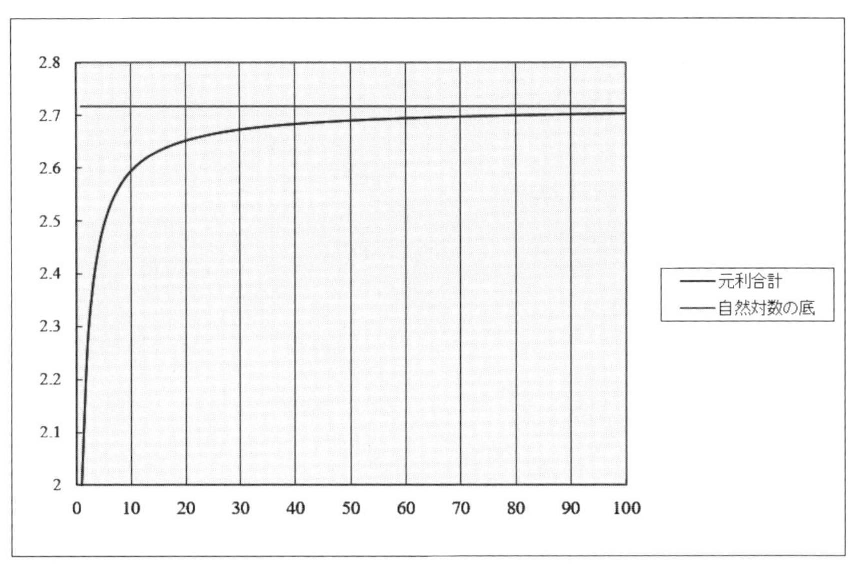

■図 3-15　元利合計と複利回数

このグラフからわかるように、10 回程度の複利運用でかなり連続利子率に近い元利合計に近づいているのがわかる。したがって、1カ月複利を超える複利回数を数学的に近似するのは、連続複利が適当である。実務家からは、近似はあくまで近似であって、我々の知りたいのは、あくまでも精確な元利合計の実額であるという批判がありうるかもしれないが、後述するように、現実に採用されている利回りとの厳密な数学的関係が明らかであるので、精確な実額が算出できる。

連続複利を採用するメリットは、実のところオーバーナイト資金貸借取引を近似することではなく、自然対数の底 e がもつ、微分操作において不変という、きわめて便利な性質を利用したいからなのである。オプション取引のように、高度な数式で表現される場合、この数学的性質がモデルの簡素化に威力を発揮するはずである。

自然対数の底 e が微分操作に関して不変性をもっているかを探ってみる。まず、一般的な指数関数 $y=a^x$ の微分を定義に忠実に実行すると、次のようになる。

$$\frac{dy}{dx}=\lim_{h\to 0}\frac{a^{x+h}-a^x}{(x+h)-x}=\lim_{h\to 0}\frac{a^{x+h}-a^x}{h}$$

ここで指数の場合、例えば $a^4\to a^2a^2$ と分解できるので、

$$a^{x+h}\to a^x a^h$$

とし、

$$\frac{dy}{dx}=a^x\lim_{h\to 0}\frac{a^h-1}{h}$$

を得る。

ここでのポイントは、a^x を括り出したあとに残った $\frac{a^h-1}{h}$ の部分が常に1であるような指数関数を定義しさえすれば、その関数は微分操作の影響をまったく受けないことがわかる。そこで、

$$\frac{a^h-1}{h}=1$$

とし、a について解くと、次のようになる。

$$a=(1+h)^{\frac{1}{h}}$$

ここで、h が限りなくゼロに接近したときの a が求める値となる。ここで、$h=\frac{1}{n}$ とおけば、

$$a=\left(1+\frac{1}{n}\right)^n$$

となるので、定義として登場する自然対数の底 e に帰着する。この場合、n は h の逆数なので限りなく無限大に近づくことになる。つまり、e は次のようになる。

$$e = \lim_{n \to \infty} \left(1 + \frac{1}{n}\right)^n \cong 2.7182$$

ところで、このケースでは常に金利が 100% の場合なので非現実である。そこで連続利子率を r_{cont} とすれば、

$$e^{r_{cont}} = \lim_{n \to \infty} \left(1 + \frac{r_{cont}}{n}\right)^n$$

となる。

さて、次に問題となるのは、実際に市場で取引されている金利は、連続複利ではないという事実である。そのため、市場で観測される金利を、連続複利に変換する必要がある。ここで、ユーロ資金貸借市場（Euro Loan & Deposit Markets）の取引慣習であるユーロ・マネー・マーケット・ベイシス金利を r_{EMM} とすれば連続利子率との関係は、

$$e^{\frac{d}{365} r_{cont}} = 1 + \frac{d}{360} r_{EMM}$$

となる。つまり左辺は、（365 日実日数ベースの）連続利子率を適用した元利合計、右辺はユーロ・マネー・マーケット・ベイシスでの元利合計である。ここでまず連続複利を与件とすれば、上の式を次のように変形してユーロ・マネー・マーケット・ベイシスへ変換できる。

$$r_{EMM} = \left(e^{\frac{d}{365} r_{cont}} - 1\right) \frac{360}{d}$$

逆のケースでは、まず両辺の自然対数をとり、

$$\log e^{\frac{d}{365}r_{cont}} = \log\left(1+\frac{d}{360}r_{EMM}\right)$$

とした上で、さらに変形すると、

$$\frac{d}{365}r_{cont} = \log\left(1+\frac{d}{360}r_{EMM}\right)$$

となるので、ユーロ・マネー・マーケット・ベイシスから連続複利への変換は、

$$r_{cont} = \left[\log\left(1+\frac{d}{360}r_{EMM}\right)\right]\frac{365}{d}$$

となる。

第4章

リスク・パラメータの古典力学

「同じ現象については、できるかぎり、同じ原因を用いて説明すべきなのだ。」（ニュートン）

金融商品の価格を変化させる要因を、リスク・ファクターと呼ぶ。デリバティブ取引だけでなく、金融リスク管理においては、現在価格の評価だけでなく、リスク・ファクターの変化に対する価格の弾力性（Elasticity）がきわめて重要である。金融市場では、このような価格弾力性の測定手法を、リスク・ファクターに対する感応度分析（Sensitivity Analysis）と呼ぶ。経済学の価格弾力性がそうであるように、価格感応度分析には、古典力学（Classical Dynamics）のフレームワークが援用される。オプション価格は、多くのリスク・ファクターに影響され、リスク・ファクターにはギリシャ文字（Greeks）を使った名称が付けられている。余談ながら、奇妙なことに、ボラティリティーのリスク・ファクターであるベガ（Vega）だけはギリシャ文字ではない。1980 年代にはギリシャ文字カッパ（K、Kappa）と呼ばれていたボラティリティーのリスク・ファクターが、なぜベガになったのかは定かではない。

4-1）債券価格における感応度分析の歴史

ゼロ・クーポン・イールドによる割引方法が本格的に実務に浸透したのは、1980 年代も後半になってからである。それ以前の固定利付債券価格は、内部収益率（Internal Rate of Return）y によって次のように表されていた。

$$PV = \frac{c}{1+y} + \frac{c}{(1+y)^2} + \cdots + \frac{c}{(1+y)^t} + \cdots + \frac{100+c}{(1+y)^T}$$

固定利付債券価格と、内部収益率の関係をこのように定式化したのは、貨幣交換恒等式で有名な、かの I. フィッシャー（I. Fisher, 1867 〜 1947）である。ここで固定利付債の内部収益率 y は、最終利回り（YTM：Yield to Maturity）と呼ばれる。ここではまず、アメリカ合衆国で 1930 年代に定位した債券分析の歴史を辿ってみる。

19 世紀中盤以来、広大なアメリカ合衆国では、経済発展を支えるインフラとして、鉄道敷設がきわめて重要な産業であった。鉄道会社は、鉄道敷設事業をファイナンスするため、長期の社債を発行した。この場合、投資家側は、固定収入（Fixed Income）が確保できる社債に投資するだけでなく、株式投資を選択することも可能であった。

ここで長期の固定利付債の場合、満期が名目的に定められていたとしても、鉄道会社側は満期以前に償還することができた（期限前償還条項)。満期以前に債券が償還された場合、投資家は当初期待していた利回りを享受できない。つまり、固定利付債は「看板に偽りあり」の可能性があったのである。同時に、同じような満期でクーポンの異なる固定利付債をどのように比較・選択すればよいのかという問題もあった。

今日から見れば、期限前償還はオプション・プライシング（コーラブル債）の問題であるから、1930年代では解決が困難であったことがわかる。しかしながら、債券満期とクーポン水準の関係には、それなりの解決が与えられた。マーコレー（F. Macaulay）は1938年に発表した債券と株式の比較研究の中で、同じ満期の固定利付債であっても、クーポン水準によっては投資効果が異なることを、次のような式で表現できると主張した。

$$MacaulayDuration = \frac{1 \cdot \dfrac{c}{1+y} + 2 \cdot \dfrac{c}{(1+y)^2} + \cdots + N \cdot \dfrac{(100+c)}{(1+y)^T}}{\dfrac{c}{1+y} + \dfrac{c}{(1+y)^2} + \cdots + \dfrac{100+c}{(1+y)^T}}$$

$$= \frac{1 \cdot \dfrac{c}{1+y} + 2 \cdot \dfrac{c}{(1+y)^2} + \cdots + N \cdot \dfrac{100+c}{(1+y)^T}}{PV}$$

外見上は込み入った数式であるが、本質的には将来支払われるキャッシュ・フローを、時間で加重して、債券の現在価値で割ったものである。一言で表現すれば、キャッシュ・フローの重心にほかならない。

ここで単純化のため、内部収益率部分を無視して、時点 t のキャッシュ・フローを Cf_t とおけば、これは債券のキャッシュ・フローを、時間で加重平均したものとなる。これを債券価格分析では平均残存期間（Average Life of Bond）と呼ぶ。

$$AverageLife = \frac{\sum_{t=1}^{T} t \cdot Cf_t}{\sum_{t=1}^{T} Cf_t}$$

この考えに従えば、同じ満期の債券であってもクーポン水準によって、総キャシュ・フローの平均が異なることがわかる。**図 4-1** は、年1回払いの5年物固定利付債において、クーポンが5円の場合と10円の場合の平均残存期間を計算したものである。

Average Life of Fixed Income Bonds

Term	CashFlow	Weighted-CashFlow
1	5	5
2	5	10
3	5	15
4	5	20
5	105	525
SUM	125	575
	Average Life	4.600

Term	CashFlow	Weighted-CashFlow
1	10	10
2	10	20
3	10	30
4	10	40
5	110	550
SUM	150	650
	Average Life	4.333

■図 4-1　クーポン水準が異なる同じ満期の債券の平均残存期間

図 4-2 はそのイメージである。

マーコレーの定式化は、債券の平均残存期間を、最終利回りで割り引いたものである。彼の企ては、固定利付債の「実質的な」満期を求める試みであったといえる。しかしながら、マーコレーによる先駆的な固定利付債の価格変動分析が、金融の実務に本格適用されるには長い時間を要した。なぜなら、今日のように、実務にコンピューターが普及していない時代には、債券利回り計算

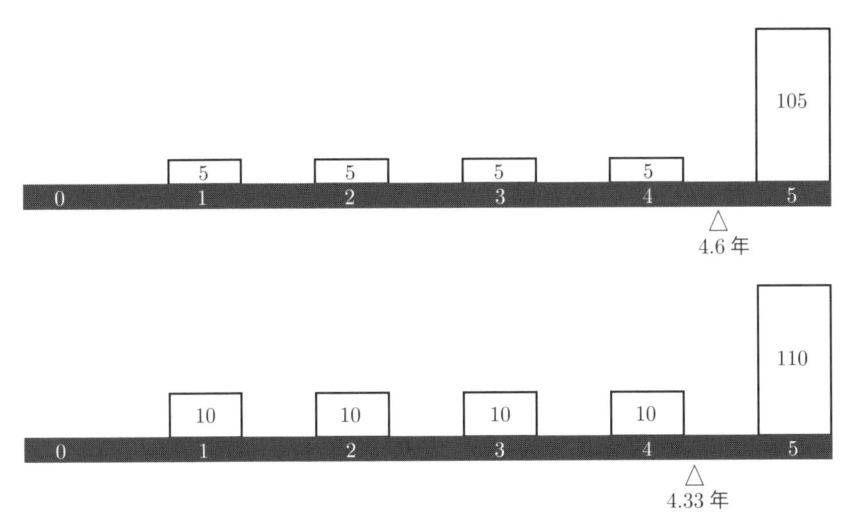

■図 4-2　シーソーにたとえた平均残存期間のイメージ

は、繰り返しによる退屈な作業であったからである。

ところが、1970 年代になると、ホーマー（S. Homer）とリーボビッツ（M. L. Leibowitz）が「債券投資分析の基礎」（“Inside the Yield Book” Prentice-Hall, 1972）を著し、債券保有期間の実効利回り（Effective Yield）という概念が提唱され、満期保有とは違った視点から、債券投資効果を考える機運が生まれた。同じころ、フィッシャー（L. Fisher）やワイル（R. Weil）といった人たちは、マーコレーのデュアレーション概念を、数学的に洗練することで、利回りに対する債券価格変動性の指標を導き出した。なぜ、実効的な債券満期を知るための指標が、債券変動性の指標になりうるかは、**図 4-3** から理解できる。

Interest Rate Sensitivity			
Interest Rate	1	5	10
5.0	95.238	78.353	61.391
5.1	95.147	77.981	60.810
Loss	(0.091)	(0.372)	(0.582)
		4.106	6.419

■図 4-3　5% が 5.1% に変化した場合の価格変化

図 4-3 は、満期が 1 年、5 年、10 年のゼロ・クーポン債価格が、金利 5% から 5.1% に上昇した場合の損失額を表している。同じ金利上昇に対して、1 年物は 0.091 円の下落であるのに対して、10 年物は 0.582 円も下落している。このことから理解できるように、債券利回りに対する債券価格変動性は、その満期と表裏一体の関係にあるといえる。

そこで、最終利回りに対する債券の価格弾力性を、次のような手順で規定してみる。まず、時点 t におけるキャッシュ・フローを Cf_t とすれば、債券の現在価格は、

$$P = \sum_{t=1}^{T} Cf_t (1+y)^{-t}$$

である。そこで、最終利回り y の微小変動 dy に対する債券価格の変動率を 1 次微分係数として定義する。すなわち、

$$\frac{dP}{dy} = \sum_{t=1}^{T} Cf_t t (1+y)^{-(t-1)}$$

である。**図 4-4** から、最終利回りを変数とした債券価格関数の傾きであることが理解できる。

ここで、常に正の値である残存期間＝デュレーションとの整合性を確保しつつ、債券価格の絶対水準に対する変動性の指標としても有益なように、$-\frac{1}{P}$ を掛けて、新しいデュレーション概念を定義する。

$$ModifiedDuration = -\frac{1}{P} \sum_{t=1}^{T} Cf_t t (1+y)^{-(t-1)}$$

これを修正デュレーション（Modified Duration）と呼ぶ。修正デュレーションにおいては、債券の残存期間という一義的な意味から、価格変動性の指標に修正されたというわけである。ここで、

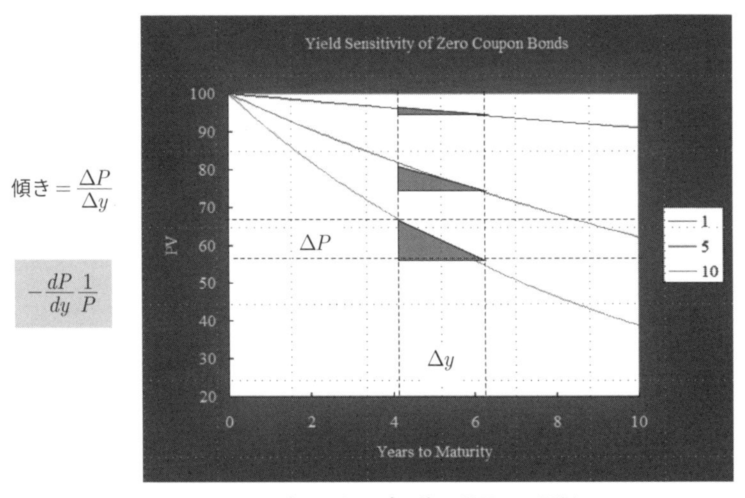

■図 4-4　ゼロ・クーポン債と利回りの関係

$$ModifiedDuration = -\frac{\sum_{t=1}^{T} Cf_t t (1+y)^{-t}}{P} \frac{1}{1+y}$$

と変形すれば、

$$MacaulayDuration = -\frac{\sum_{t=1}^{T} Cf_t t (1+y)^{-t}}{P}$$

であるから、両者の関係は、

$$ModifiedDuration = \frac{1}{1+y} MacaulayDuration$$

となる。

4-2）1次微分係数の意味

前節では、1970年代になって、債券の価格弾力性の指標として、微分概念が導入された経緯について解説した。1970年代はブラック・ショールズ・マートン・モデルの登場ともあいまって、微積分を駆使した分析手法が、金融実務においても利用され始めた時期であった。そこで本節では、価格弾力性に限定することなく、より広い視野で微分概念を考察することにしよう。

変化の分析は、比の計算から始まる。例えば、経過時間を Δt とし、その間の位置変化を $\Delta X(t)$ とすれば、時間あたりの位置変化は、両者の比として速度（Velocity）が定義される。

$$Velocity = \frac{\Delta X(t)}{\Delta t}$$

ここで時間を利回り、位置を債券価格に置き換えれば、債券の価格弾力性となり、数学的には同じであることがわかる。ここで古典力学の速度概念とは、経過時間 Δt がかぎりなくゼロに接近した場合の速度、すなわち瞬間的な速度 $\frac{dX(t)}{dt}$ として定義される。瞬間的な速度といえば、連続（＝瞬間的）複利と同じように、きわめて抽象的な概念であるが、連続複利がそうであるように、究極の抽象性は、幅広い応用可能性を秘めている。古典力学の諸概念が、まったく別の分野に適用できるのは、その抽象性・普遍性のおかげであるといえる。

ここでは、なぜ瞬間的な速度といった抽象概念が導入されなければならないのか、その理由を探ってみる。**図4-5**を見てみよう。

位置変化を、経過時間で割れば速度であるが、図4-5から明らかなように、経過時間に幅がある場合、目的地までの経路は無数に存在する。この場合、速度はあくまでも平均的な速度であり、実際の速度は不明である。ある地点までは、ゆっくり走行し、最後でスパートをかける場合もあるからだ。そこで、速度を一義的に確定するために、経過時間を限りなくゼロに近づけるという理想化をするわけである。

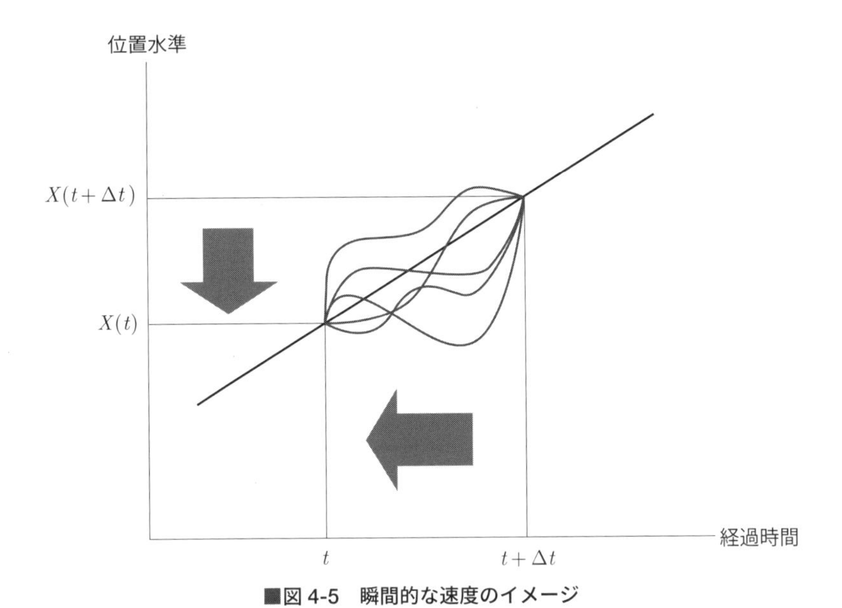

■図 4-5　瞬間的な速度のイメージ

さて、価格弾力性に対応する、古典力学概念は速度だけではない。分析の対象を、地形や温度の分布とすれば、それは等高（温）線の勾配（Gradient）の分析であるといえる。したがって、速度概念も、時間に対する空間の勾配と解釈できるだろう。

4-3）価格変化の２次的影響

前節では、価格弾力性という概念が、古典力学における速度・勾配に相当し、それは１次微分係数で表現できることを明らかにした。また、債券の価格弾力性は、債券の残存期間とも密接な関係があることもわかった。しかしながら、残存期間と価格弾力性（＝修正デュアレーション）の関係を一義的に結びつけるわけにはいかないのである。**図 4-6** を見てみよう。

図 4-6 は 30 年後に 100 円が償還されるゼロ・クーポン債の、価格と最終利回りの関係を表したグラフである。残存期間は 30 年であるけれど、修正デュアレーションは、利回り水準によって変化している。

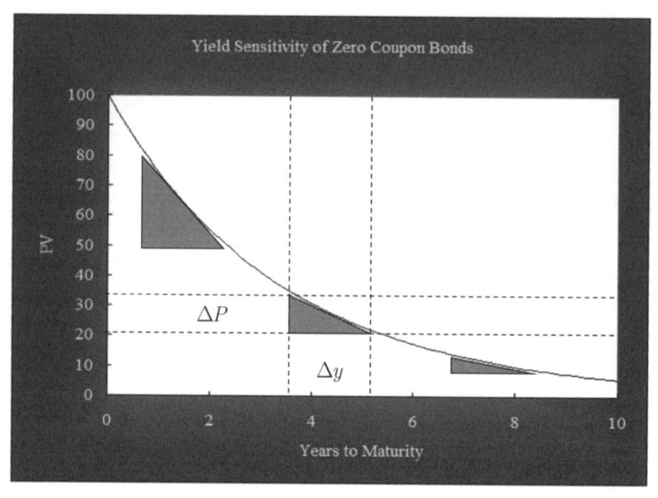

■図 4-6　利回り水準によって異なるデュアレーション

このことは、修正デュアレーションを、債券価格感応度の指標とした場合、1 つの債券に対して利回りの水準に応じて、無数の指標が存在することを意味している。これでは、指標としての意義は低下してしまうので、修正デュアレーションを補助する指標を導入する必要がある。

修正デュアレーションを補助する指標とは、修正デュアレーション自身の変化を見る指標のことである。これは古典力学でいう、加速度概念である。つまり、位置の時間 t に対する 1 次微分係数が速度であったように、

$$\frac{d}{dt}(\text{位置}) \to \frac{d}{dt}X(t) \to \text{速度}$$

速度の時間 t に対する 1 次微分係数が加速度である。

$$\frac{d}{dt}(\text{速度}) \to \frac{d}{dt}\left(\frac{d}{dt}X(t)\right) \to \frac{d^2}{dt^2}X(t) \to \text{加速度}$$

加速度は、位置を基準にすれば、時間 t に対する 2 次微分係数として定義される。つまり、修正デュアレーションの変化とは、債券価格の最終利回りに対する 2 次微分係数のことにほかならない。そこで、これをダラー・コンベキ

シティー（Dollar Convexity）と名付け、次のように定義してみる。ダラーとは（変化の）実額という意味であり、変化率ではないということである。

$$DollarConvexity = \frac{1}{2}\frac{d^2P}{dr^2} = \frac{1}{2}\sum_{t=1}^{T} Cf_t t(t-1)(1+r)^{-(t-2)}$$

となる。ここで価格変化率に対応させると、ボンド・コンベキシティーとなる。

$$Convexity = \frac{1}{2}\frac{d^2P}{dr^2}\frac{1}{P}$$

コンベキシティーは凸性という意味で、その存在意義は債券価格と利回りの関係が凸性をもつことに起因する、価格変動誤差を補正することにある。

さて、ニュートンの後継者と目されていたテイラー（B. Taylor, 1685～1731）は、1715年の「増分法」（Methodus Incrementorum Directa et Inversa）の中で、もととなる関数と微分係数を次のように関係付けた。

$$f(x) = f(a) + (x-a)\frac{f'(a)}{1!} + (x-a)^2\frac{f''(a)}{2!} + \cdots + (x-a)^n\frac{f^{(n)}(\xi)}{n!}$$

これをテイラー級数展開（Taylor Series Expansion）と呼ぶ。テイラー級数展開の眼目は、微分係数が知られている場合、もとの関数を推測できるところにある。これは一部分を観測することで、全体像を把握しようとする経験科学にとっては、きわめて重要な手法であるといえる。**図 4-7** が、テイラー級数展開の物理的意味を示している。

$$f(x)=f(a)+(x-a)\frac{f'(a)}{1!}+(x-a)^2\frac{f''(a)}{2!}+\cdots+(x-a)^n\frac{f^{(n)}(\zeta)}{n!}$$

物理的意味付与⇒現実世界での対応物

$f(x)\rightarrow X(t+\Delta t)\rightarrow \Delta t$ 時間後の位置

$f(x)\rightarrow X(t)\rightarrow t$ 時での位置

$(x-a)\rightarrow \Delta t\rightarrow$ 微小経過時間

$$X(t+\Delta t)=\boxed{X(t)}+\boxed{\frac{dX(t)}{dt}\Delta t}+\boxed{\frac{1}{2}\frac{d^2X(t)}{dt^2}(\Delta t)^2}+\text{誤差}$$

現在位置　1次補正　2次補正

■図4-7　テイラー級数展開の物理的意味

つまり、修正デュアレーションとコンベキシティーは、テイラー級数展開の最初の2つの微分係数に相当するのである。**図4-8**は、1次微分係数による近似誤差が、加速度ファクターである2次微分係数によって補正されている様子を描いている。

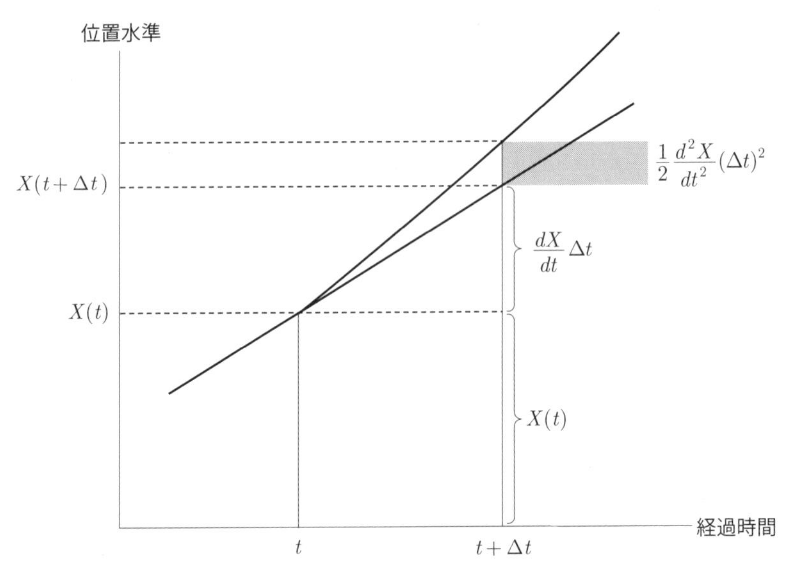

■図4-8　加速度による価格（到達位置）水準のずれ

ところで、もともとのテイラー級数展開は2次微分係数では終らず、無限級数である。したがって、もし忠実に全体像を把握しようとするなら、無限個の微分係数を知る必要にせまられる。しかし、これでは何もわからないことと同じである。ここで逆に、なぜ現実の問題解決においては、最初の2つの微分係数だけをピックアップするだけで近似が可能なのかを問うことにしよう。ここでのキーは、分析区間をできるだけゼロに近づける点である。これが無限小解析の真骨頂である。そこで再びテイラー級数展開式を見る。

$$X(t+\Delta t) = X(t) + \frac{dX(t)}{dt}\Delta t + \frac{1}{2}\frac{d^2X(t)}{dt^2}(\Delta t)^2 + Error$$

この式で、分析区間とはΔtのことである。ここで仮に分析区間Δtが2だったとすると、$(\Delta t)^2$は4であり、$(\Delta t)^n$は2^nとなってしまい、微分係数が高次になればなるほど、その項が全体に与える影響が指数的に増大してしまうのである。ところが、分析区間Δtを狭めて0.1とすれば、$(\Delta t)^2$は0.01だから2次微分係数のインパクトは$\frac{1}{10}$以下に縮減され、分析区間Δtを0.01にしようものなら、$(\Delta t)^2$は0.0001だから$\frac{1}{100}$以下となる。このように分析区間をゼロに近づければ近づけるほど、高次微分のインパクトが急激に減少するというわけである。元来、形而上学（メタ物理学、Meta Physics）と不可分の関係にあたったヨーロッパの近代科学が、現実の世界を計測する実用技術と結び付き、驚くべき発展を遂げたのは、古典力学が発見した無限小解析というツールに負うところが多いということが、このことから理解できる。

次の式では、10年後に100円が償還されるゼロ・クーポン債の金利5%水準における価格が、1 bpの金利上昇によって、どの程度変化するかを、実際に計算した場合と、テイラー級数展開で予測した場合を比較している。

テイラー級数展開による計算と実測の比較

$$P=\frac{100}{(1+r)^{10}}=100\times(1+r)^{-10}$$
$$=100\times(1+0.05)^{-10}\cong\boxed{61.391}$$ 現在価値

$$\frac{dP}{dr}=-10\times100\times(1+r)^{-11}$$
$$=-1000\times(1+0.05)^{-11}\cong\boxed{584.679}$$ 1 次の導関数

$$\frac{d^2P}{dr^2}=-11\times(-10)\times100\times(1+r)^{-11}$$
$$=11000\times(1+0.05)^{-12}\cong\boxed{6125.212}$$ 2 次の導関数

(1) テイラー級数展開による計算

$$\frac{dP}{dr}\Delta r+\frac{1}{2}\frac{d^2P}{dr^2}(\Delta r)^2$$
$$=584.679\times0.0001+0.5\times6125.212\times0.00000001$$
$$\cong-0.058437303$$

(2) 実際の価格変化の計算

$$\frac{100}{(1+0.0501)^{10}}-\frac{100}{(1+0.05)^{10}}\cong-0.058437315$$

4-4）オプション・グリークス

ここでは、リスク感応度分析のフレームワークを、オプション取引に適用してみる。

■デルタ

ブラック・ショールズ・モデルでは、行使価格が与えられた場合、対象資産の現在価格 X、ボラティリティー σ、満期までの期間 t、そして金利 r の 4 つのリスク・ファクターによってプレミアム Π が決定される。

$$\Pi = f(X_0, \sigma, t, r)$$

そのため、これら 4 つのリスク・ファクターすべてに対して、オプション・プレミアムの弾力性をモニタリングする必要がある。このうち、オプション取引のペイオフを見ればわかるように、対象資産価格に対する弾力性には、大きな凸性が認められるので、ここだけ 2 次微分係数を考慮することにする。すると、4 つのリスク・ファクターの微小変化に対する、オプション・プレミアムの変化 $\Delta\Pi$ は、

$$\Delta\Pi \cong \frac{\partial\Pi}{\partial X_0}\Delta X + \frac{1}{2}\frac{\partial^2\Pi}{\partial X_0^2}(\Delta X)^2 + \frac{\partial\Pi}{\partial\sigma}\Delta\sigma + \frac{\partial\Pi}{\partial t}\Delta t + \frac{\partial\Pi}{\partial r}\Delta r$$

で近似できることになる。

ここでまず、対象金融資産価格 X に対するオプション・プレミアムの 1 次の感応度をデルタ（Delta, Δ）と呼び、次のように定義される。

$$\Delta_{Call} = \frac{\partial\Pi_{Call}}{\partial X_0} = N(d_1)$$

$$\Delta_{Put} = \frac{\partial\Pi_{Put}}{\partial X_0} = N(d_1) - 1$$

コール・オプションのデルタの定義は、標準正規累積密度関数そのものである。したがって、デルタを 3 次元グラフで表すと、**図 4-9** のようになる

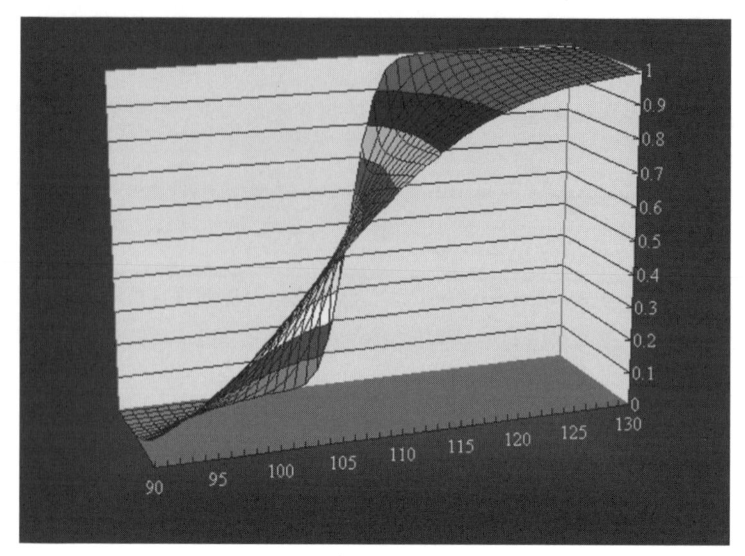

■図 4-9　デルタの 3 次元グラフ

グラフからは、満期に近づくほど標準正規累積密度関数の傾きが険しくなってきているのがわかる。これは、満期接近とともに正規分布の形状が急尖的になっていく様子を表しているのと同時に、デルタの変化度合いが激しくなることを意味する。

デルタの変化度合いは、対象金融資産価格 X に対する 2 次微分係数で定義される。これをガンマ（Gamma, Γ）と呼び、次のように定義される。

$$\Gamma = \frac{\partial^2 \Pi}{{\mathrm{X}_0}^2} = \frac{N'(d_1)}{X_0 \sigma \sqrt{t}}$$

対象資産価格以外のリスク・パラメーターを不変とした場合、対象資産価格の微小変動による、オプション・プレミアムの変化 $\Delta\Pi$ は、

$$\Delta\Pi \cong Delta \times \Delta X + \frac{1}{2} \times \Gamma \times (\Delta X)^2$$

で近似される。**図 4-10** は、100 円で取引されている対象金融資産が、101 円に上昇した場合の、オプション・プレミアム変化の実測値と数式からの計算を

比較したものである。

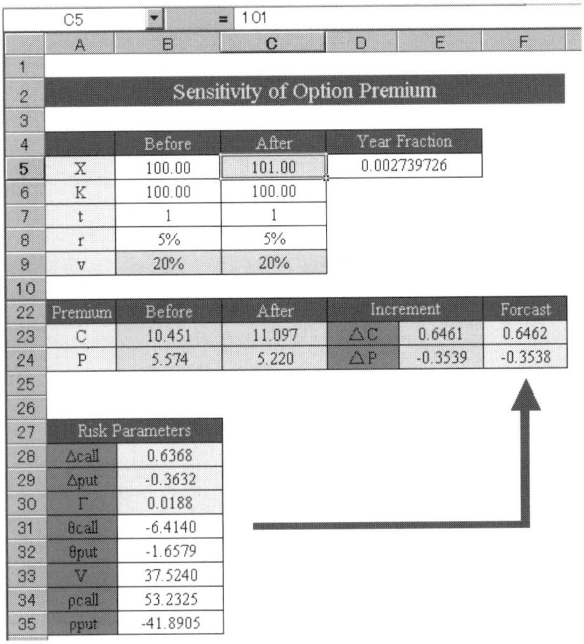

C5 = 101

	A	B	C	D	E	F
1						
2	Sensitivity of Option Premium					
3						
4		Before	After	Year Fraction		
5	X	100.00	101.00	0.002739726		
6	K	100.00	100.00			
7	t	1	1			
8	r	5%	5%			
9	v	20%	20%			
10						
22	Premium	Before	After	Increment		Forcast
23	C	10.451	11.097	ΔC	0.6461	0.6462
24	P	5.574	5.220	ΔP	-0.3539	-0.3538
25						
26						
27	Risk Parameters					
28	Δcall	0.6368				
29	Δput	-0.3632				
30	Γ	0.0188				
31	θcall	-6.4140				
32	θput	-1.6579				
33	V	37.5240				
34	ρcall	53.2325				
35	ρput	-41.8905				

■図 4-10　オプション・グリークスからの計算と実測の比較

■ベガ

次にベガを見てみよう。ベガはブラック・ショールズ・マートン・モデルの基本仮定から考えれば、存在しないリスク・ファクターである。なぜなら、ブラック・ショールズ・マートン・モデルでは、ボラティリティーはプライシングの前提とされているからである。

しかしながら、現実の金融市場では、ボラティリティーこそが関心の対象である。ボラティリティーが既知であれば、オプション・プレミアムは、対象資産による複製コストに一致する。しかしながら、この前提が現実の市場では崩れているのである。見方を変えれば、オプション取引の導入は、相場の上昇・下落に賭けるトレンドのコントロールを可能にしたものの、新たにベガという名のリスクを増やしたともいえるのである。

さて、ベガの定義であるが、ボラティリティーに対する、オプション・プレミアムの感応度であるから、

$$V = \frac{\partial \Pi}{\partial \sigma} = X\sqrt{t}N'(d_1)$$

となる。ガンマと同様にコール・オプション、プット・オプション共通の指標である。**図 4-11** はベガの3次元グラフである。

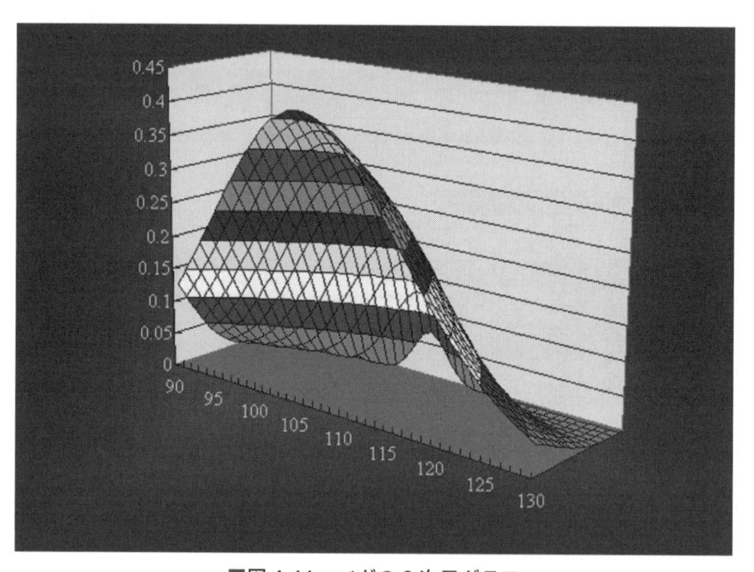

■図 4-11　ベガの3次元グラフ

ベガの基本的特長は、満期までの期間が長いほど大きく、またマネーネスの観点からは、アトザマネーにおいて最大となる。満期までの期間とベガは時間の平方根に比例するといえる。このことは、あとで中長期オプションの問題を検討する際にもう一度取り上げる。

■セータ

時間経過に伴う、オプション・プレミアムの変化率をセータ（Theta）と呼び、ブラック・ショールズ・モデルの（配当を考慮しないヨーロピアン）コー

ル・オプションでは、

$$\Theta_{Call} = \frac{\partial \Pi_{Call}}{\partial t} = -\frac{X_0 N'(d_1)\sigma}{2\sqrt{t}} - rKe^{-rt}N(d_2)$$

で定義される。これを 3 次元グラフで表現したのが**図 4-12** である。

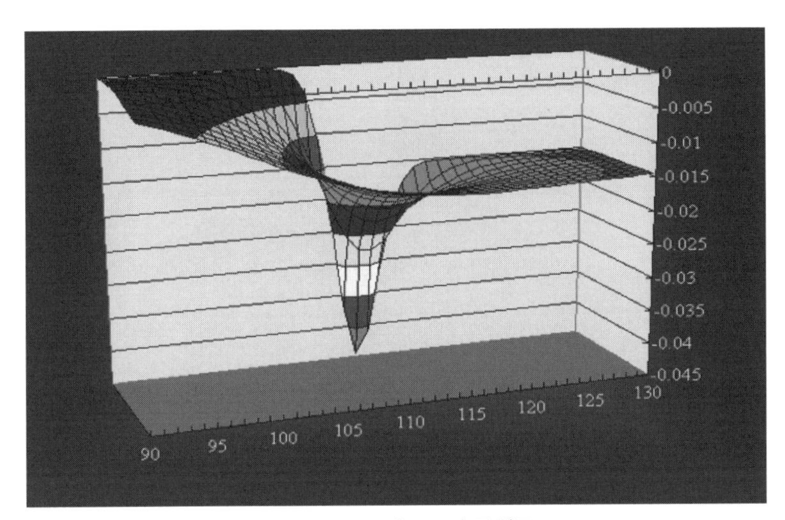

■図 4-12　セータの 3 次元グラフ

オプション取引では、満期に接近すればするほど、潜在的な価格変動の可能性が低下してくるので、セータは、基本的にはオプション保有者に不利に働くといえる。このことから、セータにはタイム・ディケイ（Time Decay）という別名がある。

セータの注目すべき特徴は、満期直前のアトザマネー近辺での挙動である。さながらブラック・ホールが存在する重力場のような様相を呈しているのがわかる。このことは、満期直前のアトザマネー近辺のオプション価値は、対象資産の価格が変動しない場合、まさにブラック・ホールに近隣の惑星が引きずり込まれるように、急激に減少してしまうことを意味している。このように、タイム・ディケイは、オプション保有者にきわめて不利な性質である。実は、この性質の見返りとして、オプション保有者に与えられる特権がガンマなのである。ガンマを 3 次元グラフで表現したのが**図 4-13** である。

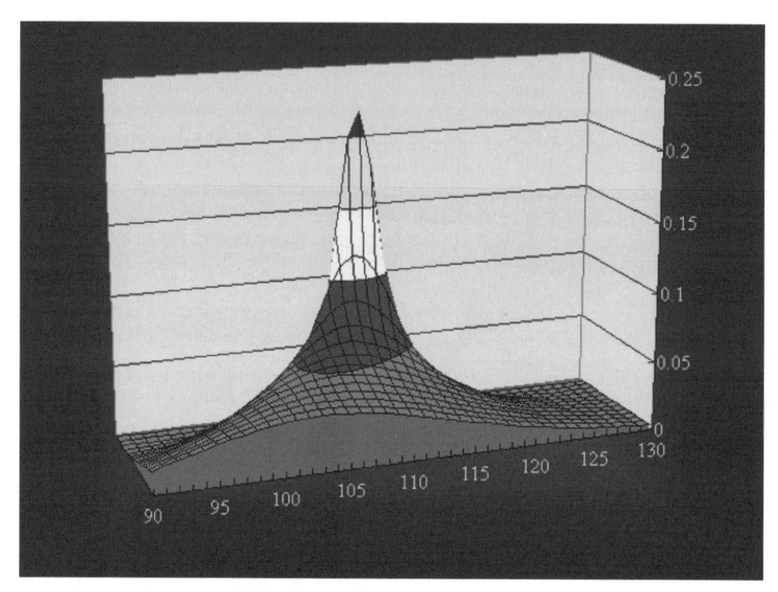

■図 4-13　ガンマの 3 次元グラフ

若干の非対称性はあるが、セータとは逆にオプション保有者に有利な性質であることが、一目瞭然である。このグラフからは、セータとは正反対に満期直前のアトザマネー近辺のオプション価値が、若干の対象資産価格変動であっても、起死回生する可能性があることを示している。セータとガンマの関係のみに着目すれば、オプション取引は、時間経過と潜在的価格変動という、両立しえない 2 つのリスク・ファクターのせめぎあいと考えることができる。**図 4-14** は、時間だけが 1 日経過した場合のオプション価値を計算したものである。

C7 = =+B7-D5

	A	B	C	D	E	F
1						
2	Sensitivity of Option Premium					
3						
4		Before	After	Year Fraction		
5	X	100.00	100.00	0.002739726		
6	K	100.00	100.00			
7	t	1	0.997260274			
8	r	5%	5%			
9	v	20%	20%			
10						
22	Premium	Before	After	Increment		Forcast
23	C	10.451	10.433	△C	-0.0176	-0.0176
24	P	5.574	5.569	△P	-0.0045	-0.0045
25						
26						
27	Risk Parameters					
28	Δcall	0.6368				
29	Δput	-0.3632				
30	Γ	0.0188				
31	θcall	-6.4140				
32	θput	-1.6579				
33	V	37.5240				
34	ρcall	53.2325				
35	ρput	-41.8905				

■図 4-14　セータの計測

プット・オプションのセータは、

$$\Theta_{Put} = \frac{\partial \Pi_{Put}}{\partial t} = -\frac{X_0 N'(d_1)\sigma}{2\sqrt{t}} + rKe^{-rt}N(-d_2)$$

で定義される。

金利に対するオプション・プレアムの感応度がローであり、ブラック・ショールズ・マートン・モデルのコール・オプションでは、

$$\rho_{Call} = \frac{\partial \Pi_{Call}}{\partial r} = Kte^{-rt}N(d_2)$$

で定義される。簡単にいえば、資金調達コストの上昇が、オプション・プレミアムに及ぼす影響を計測するリスク・パラメーターである。デリバティブ理論の解説において、ロー・リスクが詳細に取り上げられることは少ない。また実

務家の中でも、瑣末なリスク・パラメーターだと勘違いしている人も散見される。しかしながら、理論的にも、実務的にも、ローはオプション取引において重要な役割を果たしていることを認識すべきである。

まず、短期のオプション取引では、ローは確かに大きなインパクトを与えない。**図 4-15** は3カ月満期のコール・オプションにおける、各リスク・パラメーターのインパクトを示している。

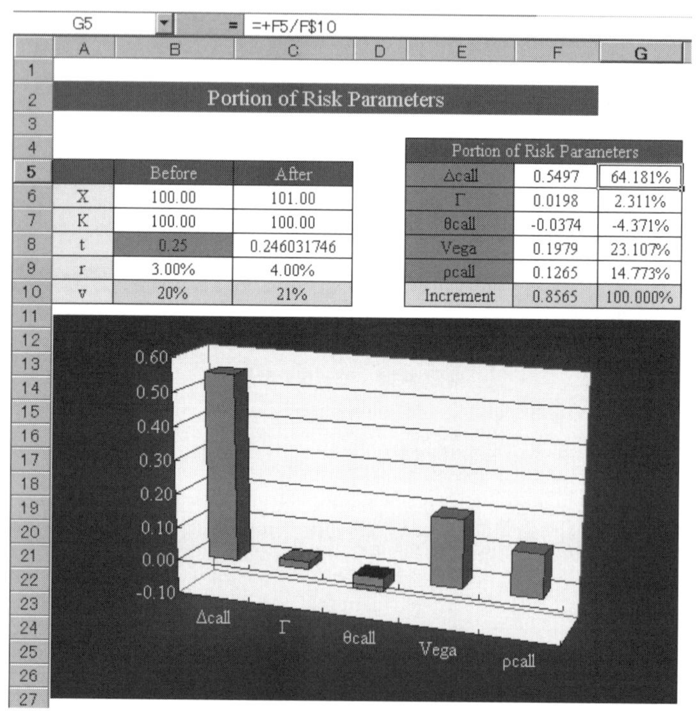

G5 = =+F5/F$10

Portion of Risk Parameters

	Before	After
X	100.00	101.00
K	100.00	100.00
t	0.25	0.246031746
r	3.00%	4.00%
v	20%	21%

Portion of Risk Parameters		
Δcall	0.5497	64.181%
Γ	0.0198	2.311%
θcall	-0.0374	-4.371%
Vega	0.1979	23.107%
ρcall	0.1265	14.773%
Increment	0.8565	100.000%

■図 4-15　短期オプションでの各リスク・ファクターのプレミアムへの影響度

ところが満期を 5 年にしてみると、**図 4-16** のようになる。

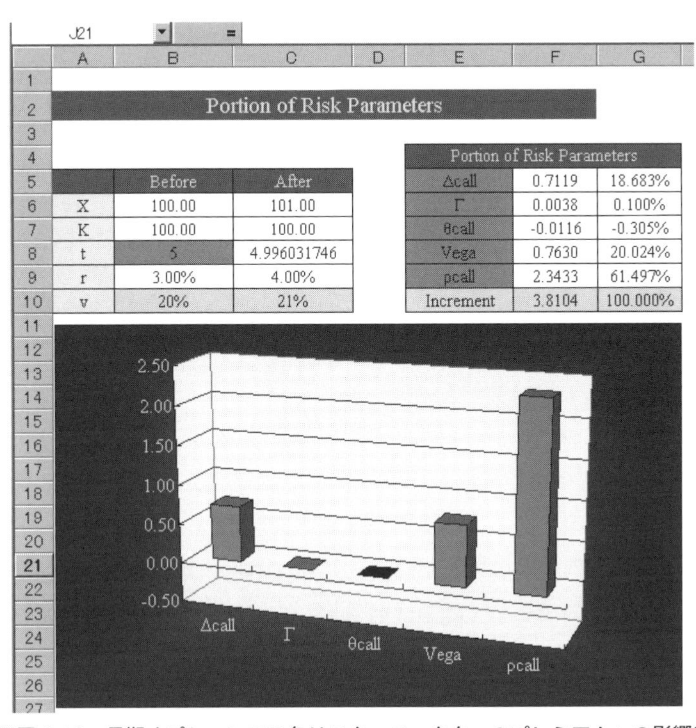

Portion of Risk Parameters

	Before	After
X	100.00	101.00
K	100.00	100.00
t	5	4.996031746
r	3.00%	4.00%
v	20%	21%

Portion of Risk Parameters		
Δcall	0.7119	18.683%
Γ	0.0038	0.100%
θcall	-0.0116	-0.305%
Vega	0.7630	20.024%
ρcall	2.3433	61.497%
Increment	3.8104	100.000%

■図 4-16　長期オプションでの各リスク・ファクターのプレミアムへの影響度

ローが最大インパクトをもつことがわかる。ローは、時間に比例する性質をもっている。ここでベガと比較してみると、ベガのほうは、時間の平方根に比例していることがわかる。したがって、オプション満期が長くなればなるほど、ロー・リスクの管理が重要になるのである。

中長期外国為替オプション取引において、注意しなければならないのは、ロー・リスクやベガ・リスクの比重が時間の経過とともに増大するという事実である。ここで､ボラティリティー一定の仮定を崩して確率ボラティリティー・モデル（Stochastic Volatility Model）を採用する場合と、金利一定の仮定を放棄して確率的金利変動モデル（Stochastic Interest Rate Model）を導入する場合がある。

■実務的問題

次に、現物国債市場における、特殊な実務的問題に移ろう。ロー・リスクが短期オプション取引に大きなインパクトを与えないのは、短期間に、資金調達コストが急激に変化する可能性は少ないからである。しかしながら、現物国債を対象とするOTCオプション取引のようなケースでは、資金調達にレポ取引を利用するので注意が必要である。いま、債券レポ取引を復習してみると、債券を担保として資金調達を実行するために、無担保の資金調達よりも、債券の担保価値分金利水準が低い点がある。この担保価値は債券貸借料と考えることができる。したがって、無担保金利から債券貸借料率を引いた金利が、債券レポ取引による、実質調達金利である。これをレポ・レートと呼ぶ。

ところが、ある銘柄の債券需給が大規模な空売りや、買占めによって逼迫してくると、その銘柄の貸借料率が急騰し、その結果レポ・レートが急低下することがある。これが、レポ・スペシャルネス（Repo Specialness）と呼ぶ現象である。例えば、1996年秋、9月限の日本国債先物の最安受渡銘柄は発行量の少ない、161回債や163回債であった。そのために両銘柄の貸借料率が急騰したことがあった。当時、円の短期金利は0.5%程度であったが、貸借料率は、一部の取引で3,500 bpつまり35%まで跳ね上がったといわれている。これはレポ・レートに換算すれば、実にマイナス34.5%の調達金利である。このように、デリバティブ取引であっても、対象現物資産の需給を考慮しなければ、思わぬ落とし穴に落ちるのである。**図4-17**は3カ月満期のオプションの調達金利0.5%がマイナス35%に変化した場合の、リスク・パラメーターのインパクトである。

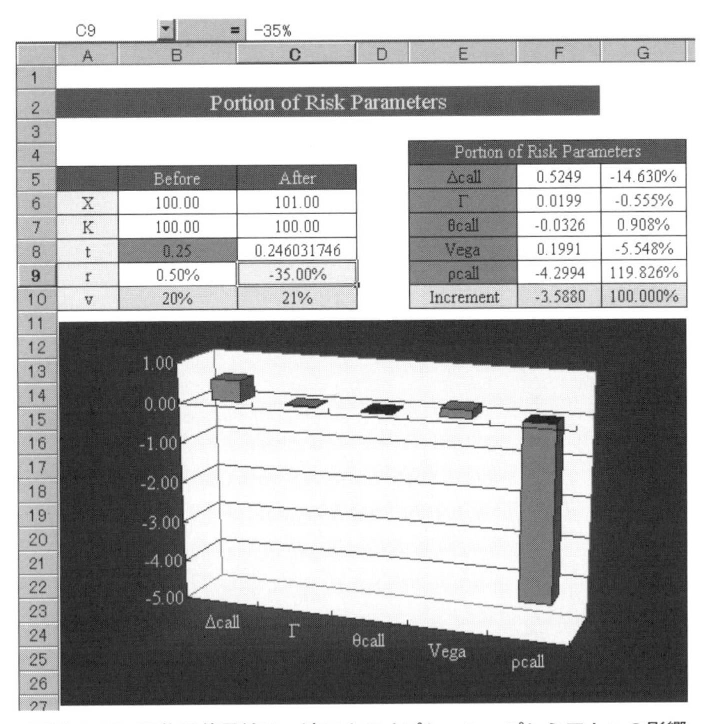
C9 = -35%

Portion of Risk Parameters

	Before	After
X	100.00	101.00
K	100.00	100.00
t	0.25	0.246031746
r	0.50%	-35.00%
v	20%	21%

Portion of Risk Parameters		
Δcall	0.5249	-14.630%
Γ	0.0199	-0.555%
θcall	-0.0326	0.908%
Vega	0.1991	-5.548%
ρcall	-4.2994	119.826%
Increment	-3.5880	100.000%

■図 4-17　現物国債需給ひっ迫によるオプション・プレミアムへの影響

第5章

代表的なオプション取引

「理性はみずからの原理を片手に持ち、その原理によって考案した実験を、もう一方の手に持って自然へ赴く。」（カント）

本章では、OTCデリバティブ市場残高の大半を占める、3つのオプション取引について解説する。もっとも高い流動性を有するオプション市場は、外国為替オプション市場である。この市場では標準的なヨーロピアン・オプションだけでなく、エキゾチック・オプションと呼ばれる、経路依存型のオプションも取引されている。またインター・ディーラー市場での取引方法も、ほかのオプション市場とは異なり、初めにボラティリティーを決定してから、プレミアムが計算される。取引所取引のように、行使価格別にプレミアムが提示されているわけではない。短期外国為替市場で利用される共通モデルは、ブラック・ショールズ・マートン・モデルを変形した、ガーマン・コールヘーゲン・モデル（Garman Kohegan Model, 1983）である。

次に重要なオプション市場は、スワプション市場とキャップ&フロアー市場である。これら2つのオプション市場は、金利スワップ市場ときわめて密接な関係がある。スワプション取引によって、金利スワップ取引は満期の短縮・延長が可能になるので、コール条項によって早期償還される債券には、スワプションが内包されていることになる。キャップ（そしてフロアー）市場は、金利スワップ取引において、変動金利LIBORに上限（下限）を設定できる。これら2つの取引にも、ブラック・ショールズ・マートン・モデルの変形モデルが利用されることが多い。このモデルは、1976年にブラックが商品先物取引に適用するために開発した修正ブラック・モデル76（Modified Black Model, 1976）である。

5-1）ガーマン・コールヘーゲン・モデル

外国為替オプションの標準的なプライシング・モデルは、ガーマン・コールヘイゲン・モデルと呼ばれる。

1973 年に発表された、最初のブラック・ショールズ・マートン・モデルは、配当が存在しない株式を対象資産としたものであった。しかしながら、配当なしの株式は非現実的であるし、BIS のデリバティブ残高統計から明らかなように、現実のオプション取引で対象とされる金融資産は、外国為替や金利である。外国為替や金利を対象資産としたオプション取引に対応するために、ブラック・ショールズ・マートン・モデルは、発表後、さまざまな微調整がなされた。微調整のポイントは、対象資産によって異なるフォワード価格を、ブラック・ショールズ・マートン・モデルにどのように組み込むかという問題である。

1960 年代に、サミュエルソンやスプリンケルが開発したオプション・モデルと、ブラック・ショールズ・マートン・モデルが大きく異なるポイントは、資産価格の満期時における平均（将来）価格を、契約時点でどのように推測するかということであった。サミュエルソンらが、あくま実証経済学の立場から、金融資産の期待収益率 α にこだわっていたのに対し、ブラック・ショールズそしてマートンは、規範科学の立場から、資産価格の満期時における平均価格は、過去データなどで推定される推定値ではなく、裁定メカニズム（キャリー・コスト計算）によって決定されるフォワード価格であると考えた。一方、サミュエルソンの実証主義的オプション・モデルは、資産価格の期待収益率 α が、市場で観測可能ではないという、実証主義の禁則に自ら抵触して、そこから抜け出せなくなってしまったのである。さて、何度も繰り返すことになるが、サミュエルソンらとブラック・ショールズを分かつ分水嶺は、満期時資産価格の平均値であった。

$$X_0 e^{\alpha t} \rightarrow X_0 e^{rt}$$

ここで、外国為替の先渡価格 F について復習しておく。次の式が成り立つ。

$$X_0\left(1+\frac{d}{360}r_{JPY}\right)=F\left(1+\frac{d}{360}r_{USD}\right)$$

連続複利ベースのディスカウント・ファクター表示に切り替えると、

$$\frac{X_0}{Df^{JPY}}=\frac{F}{Df^{USD}}$$
$$X_0e^{r_{JPY}t}=Fe^{r_{USD}t}$$

であるから、

$$\log X_0+r_{JPY}t=\log F+r_{USD}t$$
$$\log\left(\frac{F}{X_0}\right)=(r_{JPY}-r_{USD})t$$
$$F=X_0e^{(r_{JPY}-r_{USD})t}$$

となる。ここで、配当を考慮しないブラック・ショールズ・モデルにおける、コール・オプションの満期価値は、

$$C_0e^{rt}=X_0e^{rt}N(d_1)-KN(d_2)$$

であったので、対象金融資産である株式を外国為替に置き換えると、

$$C_0e^{rt}=X_0e^{(r-r_F)t}N(d_1)-KN(d_2)$$
$$C_0=X_0e^{-r_Ft}N(d_1)-Ke^{-rt}N(d_2)$$

となる。同様に標準正規分布関数の変数も置き換えられて、

$$d_1=\frac{\log\frac{X_0}{K}+\left(r-r_F+\frac{\sigma^2}{2}\right)t}{\sigma\sqrt{t}}$$

となる。これがブラック・ショールズ・モデルの外国為替取引バージョンである、ガーマン・コールヘイゲン・モデル（Garman-Kholhagen Model, 1983）である。

ここで、しばしば誤解されがちな用語を区別しておこう。それはATMフォ

ワード・ストライクとデルタ・シンメトリック・ストライク（デルタ・ニュートラル・ストライク）である。両者は短期のオプションでは大きな問題にはならないが、中長期オプションでは無視しえない誤差が生じるので注意が必要である。まずATMフォワード・ストライクは、行使価格がフォワード価格であるオプションである。

$$F = X_0 e^{(r - r_F)t} = K$$

しかし、ATMフォワードは、スポット・デルタが50%ではない。そこで、デルタが50%の行使価格を計算してみる。

$$N\left(d_1\right)^{-1} = \frac{\log \frac{X_0}{K} + \left(r - r_F + \frac{\sigma^2}{2}\right)t}{\sigma\sqrt{t}}$$

$$\sigma\sqrt{t}N\left(d_1\right)^{-1} = \log \frac{X_0}{K} + \left(r - r_F + \frac{\sigma^2}{2}\right)$$

と変形すると、デルタ50%とは平均0、標準偏差1の標準正規分布の平均値であるから、左辺がゼロのケースがデルタ50%の行使価格水準（デルタ・シンメトリック・ストライク）であることが理解できる。したがって、左辺をゼロとすると、

$$0 = \log X_0 e^{\left(r - r_F + \frac{\sigma^2}{2}\right)t} - \log K$$

$$0 = \log F e^{\frac{\sigma^2}{2}t} - \log K$$

となり、デルタ・シンメトリック（ニュートラル）・ストライクは、

$$F e^{\frac{\sigma^2}{2}t} = K$$

となり、ATMフォワード・ストライクとは異なる。短期オプション市場で、ブローカーがデルタ50%ストライクという場合、ATMフォワード・ストライクの場合があるが、厳密にいえば間違いである。

次に、現実の外国為替オプション市場に目を移してみる。ドル円外国為替オプション市場の建値（たてね）である（**図 5-1**）。先物オプションと異なり、行使価格もプレミアムを明示されることはなく、満期までの期間（Time to Maturity）と年換算ボラティリティー（Annualized Volatility）が表示されている。同時に RR や FLY といった表現が見受けられる。

GFI - FX Option Volatility & Revaluation

04/12　06:40 GMT　REUTERS FX OPTIONS-GFI POWERED BY FENICS　04/12 01:40　282
COVERAGE:　ASIA/EUROPE/USA　REVALUATION PAGE 3761
[USD/JPY] SPOT　111.82 - 111.84　06:39 GMT　" " - CALLS UP　"-" - PUTS

	ATMF BID/ASK	25% DELTA RR	10% DELTA RR	25% DELTA FLY	10% DELTA FLY
1WK	4.200/ 4.700	-0.900/-0.400	-2.125/-0.325	0.050/ 0.350	0.212/ 1.212
2WK	4.350/ 4.750	-1.075/-0.475	-2.175/-0.875	0.012/ 0.412	0.412/ 1.012
1MO	4.500/ 4.900	-1.200/-0.700	-2.300/-1.600	0.037/ 0.437	0.575/ 0.975
2MO	4.900/ 5.300	-1.325/-0.825	-2.575/-1.775	0.162/ 0.325	0.612/ 1.012
3MO	5.200/ 5.600	-1.375/-0.975	-2.725/-2.025	0.187/ 0.337	0.662/ 1.062
6MO	5.800/ 6.200	-1.550/-1.150	-3.075/-2.375	0.212/ 0.387	0.800/ 1.200
9MO	6.150/ 6.550	-1.650/-1.250	-3.300/-2.600	0.250/ 0.437	0.900/ 1.300
1Y	6.450/ 6.850	-1.700/-1.300	-3.375/-2.675	0.262/ 0.425	0.950/ 1.450
2Y	7.000/ 7.400	-2.050/-1.650	-4.075/-3.275	0.175/ 0.575	1.237/ 1.637
3Y	7.300/ 7.700	-2.450/-2.050	-4.575/-4.075	0.075/ 0.475	1.275/ 1.775
5Y	7.650/ 8.250	-2.850/-2.450	-5.925/-5.425	-0.037/ 0.362	1.537/ 1.937
10Y	10.400/10.900	-4.850/-4.350	-9.250/-8.450	-0.575/-0.075	1.325/ 1.925
15Y	12.350/12.950	-4.775/-3.875	-9.375/-8.275	-0.700/ 0.200	1.000/ 1.900

■図 5-1　ドル円外国為替オプション市場のブローカー画面
（データソース　GFI/REUTERS）

図 5-1 で RR とは、リスク・リバーサル（Risk Reversal）の略語で、コール・オプションとプット・オプションを逆方向で一括取引する形式であり、FLY とはバタフライ（Butterfly）の略で、同じ種類のオプションをインザマネー、アトザマネー、アウトオブザマネーの 3 つの行使価格水準で 1:2:1 の割合で成約する取引である。また 25% や 10% というのは、オプション・プライシング・モデルにおける対象資産のヘッジ数量にあたる標準正規分布関数 $N(d_1)$ の値である。この数値は、デルタ（Delta, Δ）と呼ばれ、オプションのヘッジにかかわる重要なパラメータとみなされている。したがってデルタの逆関数である $N(d_1)^{-1} = d_1$ が行使水準を規定することになる。これをマネーネス（Moneyness）と呼ぶ場合がある。なぜ 25% や 10% のマネーネスといった抽象的な行使水準で表示されるかといえば、外国為替の現在価値水準は、常時変動しているので、具体的な行使価格とプレミアムを同時に提示することが困難であるからである。

$$N(d_1)^{-1} = \frac{\log\left(\dfrac{X_0}{K}\right) + \left(r_d - r_f + \dfrac{\sigma^2}{2}\right)t}{\sigma\sqrt{t}}$$

次に、無数に存在するオプションの組み合わせ戦略から、なぜリスク・リバーサルとバタフライがピック・アップされているのかを解説しよう。オプション・プライシング・モデルでは、ボラティリティーがもっとも重要な入力変数であるが、実際には満期までのボラティリティーは、神のみぞ知る数値である。したがって、私たちが市場で観測可能なボラティリティーは、ほかの市場参加者の主観的ボラティリティーでしかない。ここでほかの市場参加者の主観的ボラティリティー水準を推測するには、彼らが市場で取引しているオプション・プレミアムから、オプション・モデルを利用して逆算すればよい。このようにして計算されたボラティリティーをインプライド・ボラティリティー（Implied Volatility）と呼ぶ。このインプライド・ボラティリティーは、市場参加者の主観を反映しているので、行使価格水準によって異なるし（スマイルと呼ぶ）、同じ行使価格水準であってもコールとプットで異なる（スキューと呼ぶ）。ここでスマイルの程度をチェックするのに適しているのが、バタフライ取引であり、相場の歪具合（スキュー）を観測できるのが、リスク・リバーサル取引である。

デルタ 50% でリスク・リバーサルを合成した場合、理論的にはプット・コール・パリティーからフォワード外国為替が複製される（**図 5-2**）。

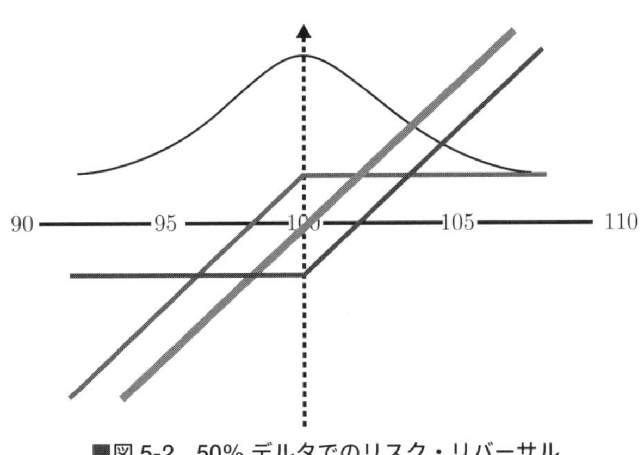

■図 5-2　50% デルタでのリスク・リバーサル

ここで理論的には同じであるはずのコールとプットのボラティリティーが異なっている場合は、オプションによって複製されたフォワード外国為替レートは、市場で取引されているフォワード外国為替レートとは一致しないので、裁定の余地が出てくる。

図5-3はデルタ25%のリスク・リバーサルである。

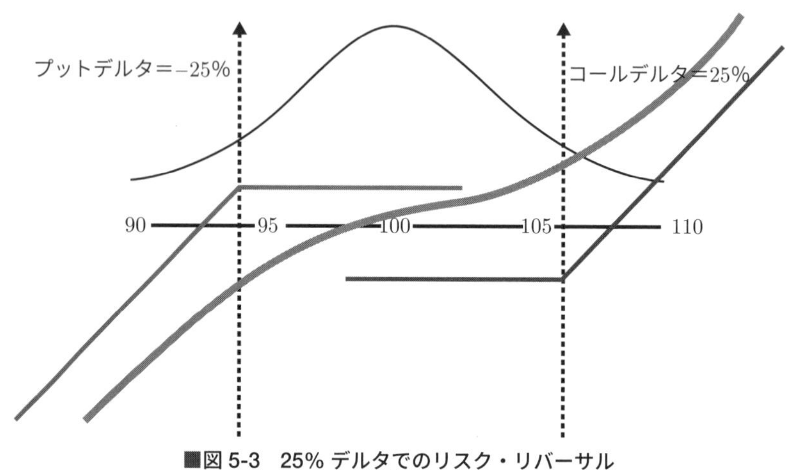

■図5-3　25%デルタでのリスク・リバーサル

損益図から理解できるように、幅をもったフォワード外国為替が複製されている。そのため、リスク・リバーサルは、しばしばレンジ・フォワード（Range Forward）と呼ばれることがある。

次にバタフライのイメージである。バタフライは3つのコールあるいはプットの合成によって複製される（**図5-4**）。

次に3つのプット・オプションによる25%バタフライの複製である（**図5-5**）。

バタフライは、相場のトレンドではなく、相場の変動に賭ける戦略である。

次に、図5-1のブローカー画面ではボラティリティー水準は50%デルタしか表示されていない。そこで25%デルタのボラティリティー水準を計算してみる。まず25%コール・デルタおよび25%プット・デルタと25%リスク・リバーサルの関係は、市場慣行として、

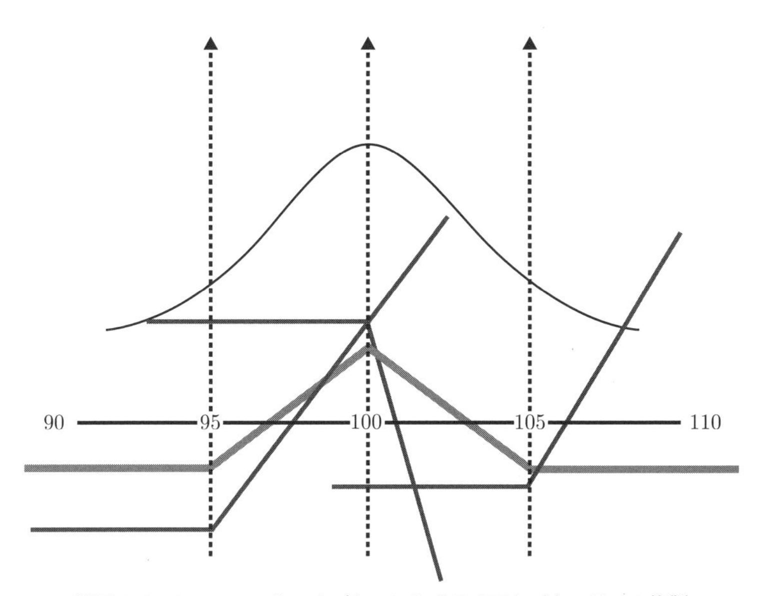

■図 5-4　3 つのコール・オプションによる 25% バタフライの複製

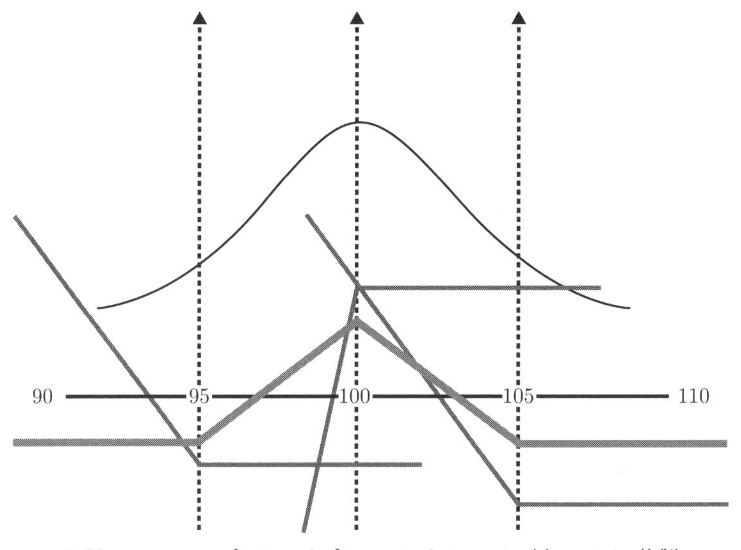

■図 5-5　3 つのプット・オプションによる 25% バタフライの複製

$$RR25\% = Vol(Call25\%) - Vol(Put25\%)$$

25% バタフライとの関係は、

$$FLY25\% = \frac{Vol(Call25\%) + Vol(Put25\%)}{2} - Vol(ATM)$$

となっている。この関係式を利用して1年満期の外国為替オプションのボラティリティーを求めてみよう。利用する数値は**図 5-6** の 1Y の行である。

FX Option Implied Volatilities Indication									
Term	Delta Neutral	25% RR			25%FLY	10% RR			10%FLY
1W	9.75	0.50	-1	P	0.25	0.85	-1	P	0.85
1M	8.85	0.60	-1	P	0.25	1.02	-1	P	0.82
2M	8.90	0.85	-1	P	0.275	1.44	-1	P	0.90
3M	8.90	1.00	-1	P	0.275	1.72	-1	P	1.00
6M	9.00	1.40	-1	P	0.30	2.45	-1	P	1.25
1Y	9.00	1.65	-1	P	0.30	2.97	-1	P	1.40

	10%Put	25%Put	DSS	25%Call	10%Call
1W	11.025	10.250	9.75	9.750	10.175
1M	10.180	9.400	8.85	8.800	9.160
2M	10.520	9.600	8.90	8.750	9.080
3M	10.760	9.675	8.90	8.675	9.040
6M	11.475	10.000	9.00	8.600	9.025
1Y	11.885	10.125	9.00	8.475	8.915

■図 5-6　1年満期の外国為替オプションのボラティリティー

デルタ 25% コール・ボラティリティーを x、デルタ 25% プット・ボラティリティーを y とおくと、

$$-1.65 = x - y$$

$$0.30 = \frac{x+y}{2} - 9.00$$

となり、25% コール・ボラティリティーは 8.475%、25% プット・ボラティリティーは 10.125% という結果となる（**図 5-7**）。

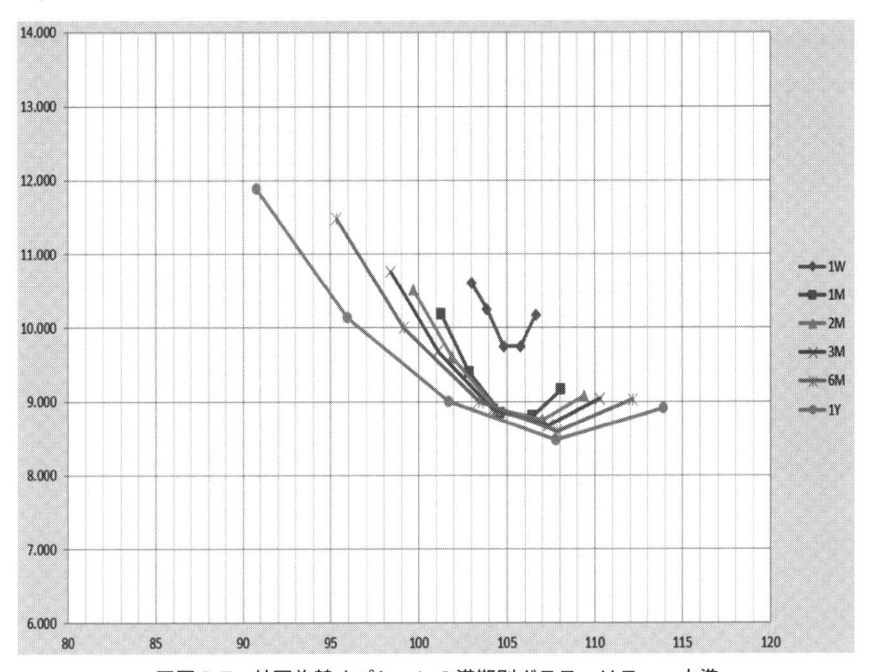

■図 5-7　外国為替オプションの満期別ボラティリティー水準

さて、理論的には一定と仮定されていたボラティリティーに、スマイルやスキューが存在するということは、オプション・プライシングの実務上で問題を引き起こす。なぜなら、デルタ 50% 水準のボラティリティーで計算したオプション・プレミアムと、デルタ 25% 水準で計算されたオプション・プレミアムは異なるからである。例えば、次章で解説するバリア・オプションは、バリアがデルタ 50% からかけ離れた価格水準に設定される。したがって、外国為替オプションのトレーダーは、ボラティリティー一定という非現実な仮定を放棄して、ボラティリティーを変数と考えなければならない。つまり、ボラティリティーに対する新たなリスク・パラメータを追加する必要が出てくる。そこで、2 つのリスク・パラメータを定義してみる。まず、対象資産が変化した場合の、ベガ V の感応度バンナ（Vanna）を次の式で定義する。

$$
\begin{aligned}
Vanna &= \frac{\partial V_{Call}}{\partial X}\left(= \frac{\partial^2 \Pi_{Call}}{\partial V \partial X}\right) \\
&= N\left(d_1\right)e^{-r_f t}\left(\sqrt{t} - \frac{d_1}{\sigma}\right) \\
&= -\frac{d_2}{X\sigma\sqrt{t}} V_{Call}
\end{aligned}
$$

そして、ボラティリティーが変化した場合の、ベガ V の感応度ボルガ（Volga）を次の式で定義する。

$$
\begin{aligned}
Volga &= \frac{\partial V_{Call}}{\partial \sigma}\left(= \frac{\partial^2 \Pi_{Call}}{\partial V_{Call}^2}\right) \\
&= X\sqrt{t}N\left(d_1\right)e^{-r_f t}\,\frac{d_1\,d_2}{\sigma} \\
&= V_{Call}\,\frac{d_1\,d_2}{\sigma}
\end{aligned}
$$

ボルガは、いわばベガのベガである。

ここで対象資産が、急速に変化した場合を想定してみる。ボラティリティーが、価格水準に対して不変であるならば、デルタ・ヘッジによって、理論上は完全なリスク・ヘッジができる。しかしながら、現実のボラティリティー構造には、実データから理解できるように、スマイルが存在するので、実際のコストはもっと高いはずである。すなわち、ヘッジは不十分である。このリスクを管理するパラメータが、バンナである。次に、対象資産の変化はないが、ボラティリティーが急上昇したケースを考えてみる。オプション・プレミアムは、当初のボラティリティーで計算されているので、理論では想定外の損失が生じる。このリスクを管理するのがボルガである。

つまり、対象資産やそのボラティリティーが、刻一刻と変化する現実のオプション市場では、単一のボラティリティーだけに頼ることはできないのである。このリスクを回避するために、OTC 外国為替オプション市場では、デルタ 50% 以外にもデルタ 25% やデルタ 10% のボラティリティーが建値されているのである（ブローカー画面参照）。

さて、現実の市場では、過少評価になるデルタ50%ボラティリティーだけのオプション・プライシングを、3つの行使価格水準のオプションによって修正してみよう。このオプション・プライシング手法をバンナ・ボルガ法と呼ぶ。

まず、教科書的なオプション解説では、ヘッジ・ポートフォリオΠの価値は、1つオプションC（行使価格K）と対象資産Xから構成されていた。このヘッジ・ポートフォリオの収益率が無リスク収益率に一致するポイントが、フェアなオプション・プレミアムである。これがオプション・プライシングの論理であった。

$$HedgePortfolio = \Pi_{Call} = C_K - \Delta X$$

このヘッジ・ポートフォリオは、3つの行使価格のオプションによって、次のように修正される。

$$HedgePortfolio = \Pi_{Call} = C_K - \Delta X - \sum_{i=1}^{3} w_i C_i$$

ここでwは、行使価格Kのオプション・プレミアムを修正するためのオプションのウエイトである。このヘッジ・ポートフォリオの微小価値変化は、

$$d\Pi_{Call} = dC_K - \Delta dX - \sum_{i=1}^{3} w_i dC_i$$

であるから、伊藤のレンマによって、

$$\begin{aligned} d\Pi_{Call} = & \left(\frac{\partial C_K}{\partial X} - \Delta - \sum_{i=1}^{3} w_i \frac{\partial C_i}{\partial X} \right) dX + \frac{1}{2} \left(\frac{\partial^2 C_i}{\partial X^2} - \sum_{i=1}^{3} w_i \frac{\partial^2 C_i}{\partial X^2} \right) dXdX \\ & + \left(\frac{\partial C_K}{\partial t} - \sum_{i=1}^{3} w_i \frac{\partial C_i}{\partial t} \right) dt + \left(\frac{\partial C_K}{\partial \sigma} - \sum_{i=1}^{3} w_i \frac{\partial C_i}{\partial \sigma} \right) d\sigma \\ & + \frac{1}{2} \left(\frac{\partial^2 C_i}{\partial \sigma^2} - \sum_{i=1}^{3} w_i \frac{\partial^2 C_i}{\partial \sigma^2} \right) d\sigma d\sigma + \left(\frac{\partial^2 C_i}{\partial X \partial \sigma} - \sum_{i=1}^{3} w_i \frac{\partial^2 C_i}{\partial X \partial \sigma} \right) dXd\sigma \end{aligned}$$

を得る。右辺の第1項から、デルタ、ガンマ、セータ、ベガ、ボルガ、バンナと並んでいる。これが、3つのオプションで構成された、新しいヘッジ・ポー

トフォリオの微小価値変化である。

ここでオプション・プライシングに必要な数値は、個々のオプションのウエイト w である。これを3つの連立方程式で解くことにする。行使価格 K のベガ V と3つのベガの関係は、

$$V_K = w_1 V_1 + w_2 V_2 + w_3 V_3$$

となる。ここで混乱を避けるために、これまで使っていた、d_1 を d^+、d_2 を d^- と表記を変更してボルガで考えると、

$$V_K d_K^+ d_K^- = w_1 V_1 d_1^+ d_1^- + w_2 V_2 d_2^+ d_2^- + w_3 V_3 d_3^+ d_3^-$$

となる。そしてバンナは、

$$V_K d_K^- = w_1 V_1 d_1^- + w_2 V_2 d_2^- + w_3 V_3 d_3^-$$

となる。3×3行列で表現すると、

$$\begin{bmatrix} V_1 & V_2 & V_3 \\ V_K d_K^+ d_K^- & V_K d_K^+ d_K^- & V_K d_K^+ d_K^- \\ V_K d_K^- & V_K d_K^- & V_K d_3 \end{bmatrix} \begin{bmatrix} w_1 \\ w_2 \\ w_3 \end{bmatrix} = V_K \begin{bmatrix} 1 \\ d_K^+ d_K^- \\ d_K^- \end{bmatrix}$$

であるから、逆行列を利用して3つのオプションのウエイトが計算できる。計算は煩雑になってしまうので、本書ではこれ以上の展開はしない。ウエイトが計算できれば、行使価格 K のオプションは、オプション・ブローカーが表示している数値によって、現実の市場に合致したオプション・プライシングが可能になる。

$$C_K^{Market} = C_K + \sum_{i=1}^{3} w_i \left(C_{K_i}^{Market} - C_K \right)$$

やや技術的な問題になるが、**図5-8** にあるように、極端なスキューが存在する場合、対称的なスマイルから計算されたデルタの行使価格水準とずれが生

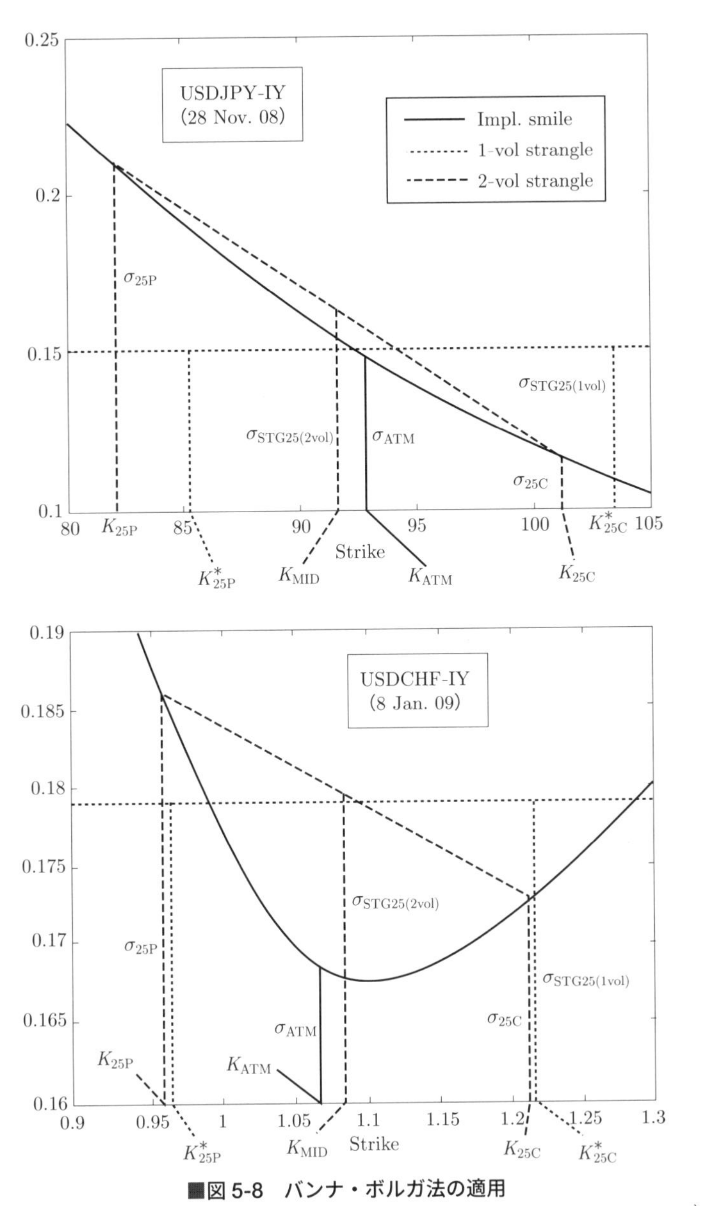

■図 5-8　バンナ・ボルガ法の適用

（データソース　Vanna-Volga methods applied to FX derivatives, 2010 May）

じる。特にドル円外国為替オプション市場では、円高方向のボラティリティーが極端に高いのが常態であるので、注意が必要である。

5-2）金利キャップ&フロアー（短期金利オプション）

次に短期金利（LIBOR）のオプションを考えてみる。OTC短期金利（LIBOR）オプションが単独で取引されることはあまりない。そういう場合は短期金利先物オプションが利用される。OTC短期金利オプションは、金利スワップの変動金利側のヘッジというきわめて重要な役目がある。したがって、OTC短期金利オプションはポートフォリオとして利用される。金利上限を利払いごとにヘッジする短期金利オプションのポートフォリオをキャップと呼び、下限保証をフロアーと呼ぶ。

フォワードLIBOR取引とは、FRA'sであるから、FRS'sオプションである。FRA'sにはキャリー・コストがないので、ブラック・ショールズ・マートン・モデルは次のように変形される。

$$X_0 e^{rt} \rightarrow R_{FRA}$$

したがって、FRA'sのコール・オプションは、

$$C_0 e^{rt} = R_{FRA} N(d_1) - KN(d_2)$$

となる。同時に標準正規累積密度関数 $N(d_1)$ や $N(d_2)$ の変数も改訂しなければならない。

$$R_{FRA} = X_0 e^{rt}$$

であったので、両辺の対数をとれば、

$$\log R_{FRA} = \log X_0 + rt$$

となる。ここで、配当なしのブラック・ショールズ・マートン・モデルのマネーネス部分は、

$$d_1 = \frac{\log\left(\dfrac{X_0}{K}\right) + \left(r + \dfrac{\sigma^2}{2}\right)t}{\sigma\sqrt{t}}$$

であったので、これを、次のように変形する。

$$d_1 = \frac{\log X_0 - \log K + rt + \dfrac{\sigma^2}{2}t}{\sigma\sqrt{t}}$$

そして、rt 部分が消去されて $N(d_1)$ は、

$$d_1 = \frac{\log R_{FRA} - \log K + \dfrac{\sigma^2}{2}t}{\sigma\sqrt{t}} = \frac{\log\left(\dfrac{R_{FRA}}{K}\right) + \dfrac{\sigma^2}{2}t}{\sigma\sqrt{t}}$$

と書き換えることができる。$N(d_2)$ も同じ手続きをして整理すれば、

$$C_0 e^{rt} = R_{FRA} N\left[\frac{\log\left(\dfrac{R_{FRA}}{K}\right) + \dfrac{\sigma^2}{2}t}{\sigma\sqrt{t}}\right] - KN\left[\frac{\log\left(\dfrac{R_{FRA}}{K}\right) - \dfrac{\sigma^2}{2}t}{\sigma\sqrt{t}}\right]$$

と変形できる。

これはブラックが、1976 年に先物取引にブラック・ショールズ・モデルを適用するために修正したキャリー・コスト・ゼロのオプション・モデルであり、修正ブラック・モデル 76（Modified Black Model, 1976）と呼ばれる。金利を対象としたオプションは、先物取引と同じように、キャリー・コストが存在しないので、修正ブラック・モデル 76 は現在でも広く利用されている。

ところが、FRA's オプションは、ブラック・ショールズ・マートン・モデルを単に変形した修正ブラック・モデル 76 を直接利用するだけでは十分ではない。なぜなら、先物取引ではオプション満期 t と、決済日が一致しているのが普通だが、FRA's オプションの場合は、資金貸借取引であるから、形式

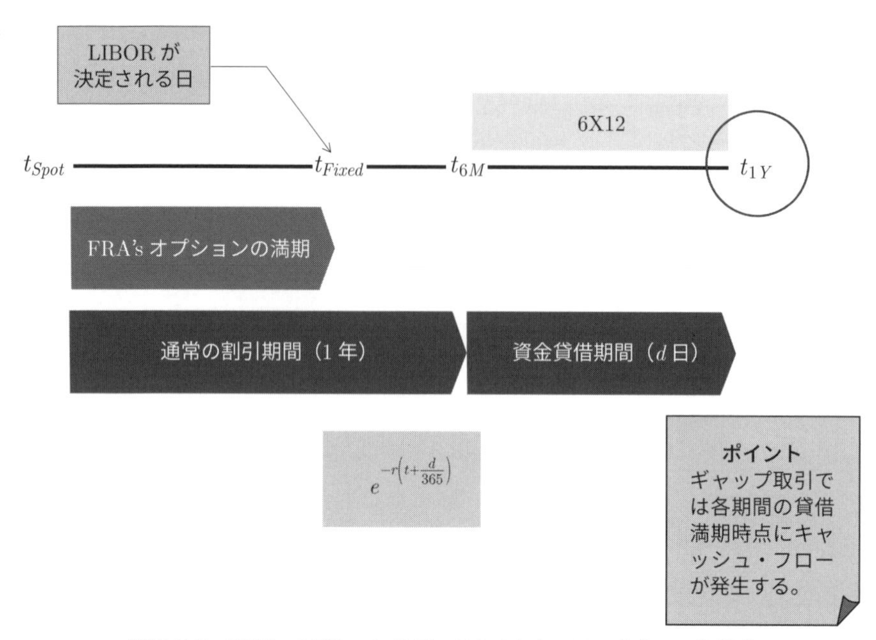

■図 5-9　FRA's オプションのディスカウント・ファクターの注意点

的にはオプション満期日から、資金貸借期間がスタートするからである（**図 5-9**）。

したがって、金利支払いが発生するのは、貸借期間の満期日である。そのため、適用するディスカウント・ファクターは、オプション満期時点ではなく、貸借期間満期日を適用しなければならない。また金利は、年率表示であるので、期間に合わせて按分する必要がある。ここで、資金貸借日数を d とすれば、貸借満期日のディスカウント・ファクターは、

$$e^{-r\left(t+\frac{d}{365}\right)}$$

であるから、

$$C_0 = \frac{d}{360} e^{-r\left(t+\frac{d}{365}\right)} \left[R_{FRA} N(d_1) - KN(d_2) \right]$$

となる。これが FRA's を対象にしたコール・オプションである。ところで現

実の OTC 市場では、FRA's オプションは、単一で取引されるというよりも、比較的長い期間を一括で取引される場合が多い。ここで、短期金利のコール・オプションを連結した取引を金利キャップ（Interest Rate Cap）、プット・オプションを金利フロアー（Interest Rate Floor）と呼ぶ。また、単独の短期金利オプションをキャップレット（Caplet）およびフロアーレット（Floorlet）と呼ぶ。**図 5-10** はそのイメージである。

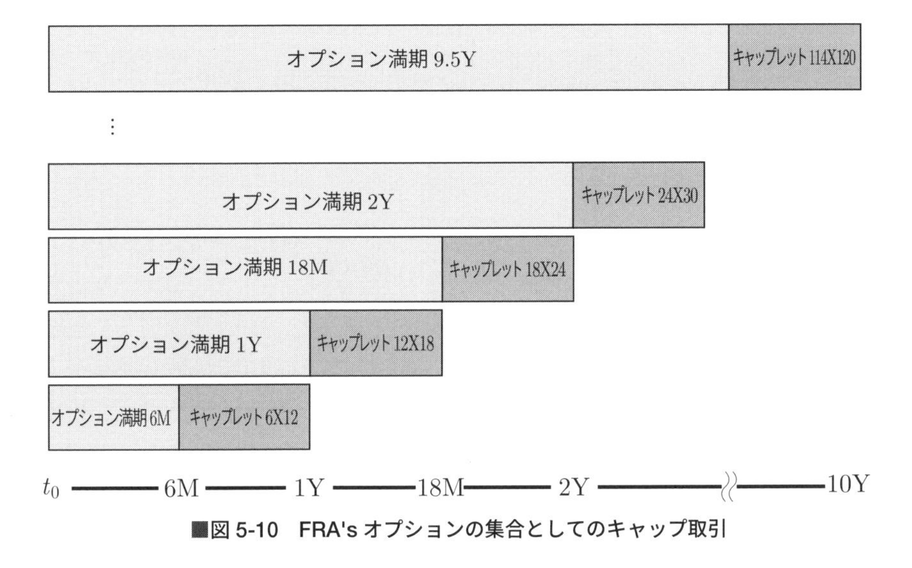

■図 5-10　FRA's オプションの集合としてのキャップ取引

図 5-11 の画面は、インター・ディーラー・ブローカーが金融情報ベンダーに提示している行使金利別のキャップ・ボラティリティーである。

ここで注意が必要なのは、インター・ディーラー・ブローカーが提示するキャップ＆フロアーのボラティリティーは、あくまで個別の FRA's オプションのボラティリティーではなく。キャップ全体のフラット・ボラティリティー（Average Volatility/Flat Volatility）である点である（**図 5-12**）。

ICAP028

ICAP28　　ICAP LONDON

< JPY >

JPY CAP/FLOOR IMPLIED VOLATILITIES MID

	ATM	0.25	0.50	0.75	1.00	1.50	2.00	2.50	3.00	4.00	5.00
1Y	41.67	49.00	45.00	42.20	40.40	40.40	40.40	40.40	40.40	40.40	40.40
2Y	44.84	51.00	47.00	44.70	42.70	40.20	39.20	38.70	38.20	38.20	38.20
3Y	44.03	51.00	47.00	44.30	42.60	40.00	39.00	38.50	38.00	37.80	37.30
4Y	42.80	50.50	46.50	43.90	41.70	39.50	38.00	37.50	36.80	36.60	36.30
5Y	41.78	50.50	46.50	43.60	41.50	38.90	37.40	36.90	36.40	36.10	35.90
6Y	40.40	49.50	45.50	42.80	40.80	38.10	36.30	35.50	34.80	34.40	34.00
7Y	39.08	48.50	44.50	42.00	40.10	37.20	35.30	34.20	33.20	32.70	32.20
8Y	37.63	48.20	44.20	41.40	39.40	36.10	34.00	33.00	32.10	31.40	30.60
9Y	35.98	47.80	43.80	40.70	38.80	34.90	32.80	31.80	31.00	30.20	29.10
10Y	34.22	47.50	43.50	40.10	38.10	33.80	31.50	30.60	29.90	28.90	27.50

JPY CAP/FLOOR(3M) IMPLIED VOLATILITIES MID

	ATM	0.25	0.50	0.75	1.00	1.50	2.00	2.50	3.00	4.00	5.00
1Y	43.25	50.70	46.10	43.40	41.90	40.90	40.30	40.00	39.70	39.70	39.70

■図 5-11　ブローカーが提示する行使金利別のキャップ＆フロアー・ボラティリティー（データソース　ICAP/QUICK）

Caplet&Floorlet Pricing

Today	2-Apr-19
Spot Date	4-Apr-19

Caplet&Floorlet Term	Time to Exercise	Implied 6M LIBOR	Strike Rate (1.0000%)	Volatility	Caplet Premium	Floorlet Premium		Cap Premium	Floor Premium
6 × 12	0.501	0.9531%	1.0000%	50.00%	5.80	8.17	1Yvs6L	5.80	8.17
12 × 18	1.003	0.4936%	1.0000%	50.00%	0.62	26.10		6.42	34.27
18 × 24	1.504	0.7412%	1.0000%	50.00%	5.18	18.08	2Yvs6L	11.60	52.35
24 × 30	2.003	0.8067%	1.0000%	50.00%	8.19	17.84		19.79	70.19
30 × 36	2.504	0.9382%	1.0000%	50.00%	13.25	16.30	3Yvs6L	33.04	86.50
36 × 42	3.003	1.0211%	1.0000%	50.00%	17.27	16.23		50.30	102.72
42 × 48	3.504	1.1969%	1.0000%	50.00%	24.48	14.85	4Yvs6L	74.78	117.57
48 × 54	4.003	1.2564%	1.0000%	50.00%	27.86	15.34		102.64	132.91
54 × 60	4.504	1.3685%	1.0000%	50.00%	33.06	15.19	5Yvs6L	135.70	148.10
60 × 66	5.005	1.4433%	1.0000%	50.00%	36.78	15.45		172.48	163.55
66 × 72	5.507	1.5784%	1.0000%	50.00%	42.60	15.13	6Yvs6L	215.08	178.67
72 × 78	6.005	1.6399%	1.0000%	50.00%	45.88	15.58		260.96	194.26
78 × 84	6.507	1.7719%	1.0000%	50.00%	51.40	15.37	7Yvs6L	312.37	209.63
84 × 90	7.005	1.8307%	1.0000%	50.00%	54.45	15.82		366.81	225.44
90 × 96	7.507	1.9687%	1.0000%	50.00%	59.98	15.62	8Yvs6L	426.79	241.06
96 × 102	8.005	2.0361%	1.0000%	50.00%	63.21	15.98		490.00	257.05
102 × 108	8.507	2.1312%	1.0000%	50.00%	67.11	16.11	9Yvs6L	557.11	273.16
108 × 114	9.008	2.1692%	1.0000%	50.00%	68.64	16.49		625.75	289.65
114 × 120	9.510	2.2221%	1.0000%	50.00%	70.29	16.69	10Yvs6L	696.04	306.34
					696.04	306.34			

■図 5-12　ボラティリティー一定で計算されたキャップ・プライシング

例えば、6カ月LIBORに対する10年物キャップ取引は、6X12キャップレットに始まり、114X120 キャップレットに終わる、19 個の 6 カ月キャップレット（＝ FRA's オプション）の集合体である。ボラティリティーにも期間構造が存在するので、単一の金利オプションを評価する場合は、図 5-12 の Excel シートでの計算では不適切である。

キャップのフラット・ボラティリティーから、個別のキャップレット・ボラティリティーを計算する作業を、キャップ・ボラティリティー・ブートストラッピングと呼ぶ。ブートストラッピングでは、3M LIBOR なら 3M ごと、6M LIBOR なら 6M ごとのキャップ・プレミアムを計算する必要があるが、入手可能なデータは十分でないケース（1 年ごと）が多い。そこで、その期間のボラティリティーを一定とみなして計算する手法を、コンスタント・フォワード・ボラティリティー法と呼ぶ（**図 5-13**）。

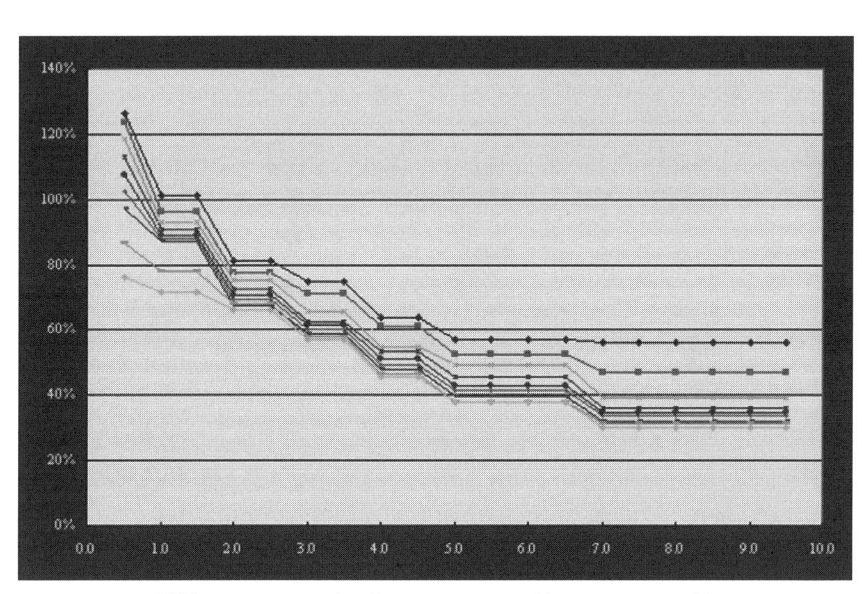

■図 5-13　コンスタント・フォワード・ボラティリティー法

観測できない、例えば、2.5 年のキャップ・ボラティリティーを 2 年と 3 年のキャップ・ボラティリティーから按分する方法を、ピースワイズ・リニア・スポット・ボラティリティー法と呼ぶ（**図 5-14**）。

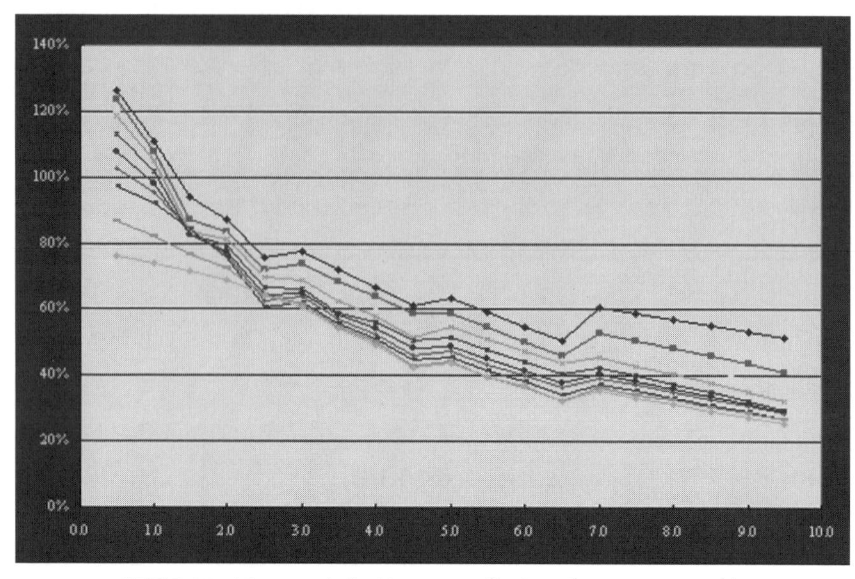

■図 5-14　ピースワイズ・リニア・スポット・ボラティリティー法

解析的な近似解法としては、ベガ法がある。これはフラット・ボラティリティーとキャップレット・ボラティリティーの差を十分近いと仮定して、テイラー級数展開で近似する手法である。したがって、短期ボラティリティーと長期ボラティリティーに大きな落差があるケースでは、適用にあたって注意が必要である。

市場で入手できるフラット・ボラティリティーは、個別のキャップレット・ボラティリティーの総和である。ここで、フラット・ボラティリティーと個別のキャップレット・ボラティリティーのずれを、テイラー級数展開の１次微分係数で近似すると次のようになる。

$$
\begin{aligned}
Cap(\sigma) &= \sum_{i=1}^{N} Caplet_i(\sigma_i) \\
&\cong \sum_{i=1}^{N} \left[Caplet_i(\sigma) + \frac{\partial Caplet_i(\sigma_i)}{\partial \sigma_i}(\sigma_i - \sigma) \right]
\end{aligned}
$$

1 次微分係数はベガであるから、

$$
\begin{aligned}
Cap(\sigma) &= \sum_{i=1}^{N} Caplet_i(\sigma_i) \\
&\cong \sum_{i=1}^{N} [Caplet_i(\sigma) + Vega_i(\sigma_i - \sigma)]
\end{aligned}
$$

と書き換えてみる。

ここで個別のキャップレット・ボラティリティーの総和が、キャップのフラット・ボラティリティーに一致する条件は、ベガの部分がゼロであるから、次のような整理ができる。

ベガ法の考え方

$$\sum_{i=1}^{N} Capler_i(\sigma_i) \cong \sum_{i=1}^{N} [Capler_i(\sigma) + \boxed{Vega_i(\sigma_i - \sigma)]}$$

$$\sum_{i=1}^{N} Vega_i(\sigma_i - \sigma) \cong 0$$

$$\sigma = \frac{\sum_{i=1}^{N} Vega_i\,\sigma_i}{\sum_{i=1}^{N} Vega_i}$$

ベガ法もディスカウント・ファクターを金利スワップ・レートの固定金利（フラット金利）から導出したときと同じように、6 カ月満期のような期近のボラティリティーから順を追って計算していく手法（ブートストラッピング）である（**図 5-15**）。

H6 ▾ = =+(E6*SUM(G$4:G6)-SUM(I$4:I5))/G6

A	B	C	D	E	F	G	H	I	J

Caplet&Floor	Flat Volatility	Cap Premium	Vega	Implied 6M Volatility	
6 x 12	118.50%	0.32	0.014	118.50%	0.0167502
12 x 18	106.25%	1.94	0.061	103.42%	0.0632237
18 x 24	94.00%	3.48	0.117	86.15%	0.1011725
24 x 30	87.50%	9.77	0.247	82.44%	0.2040243
30 x 36	81.00%	15.71	0.394	73.73%	0.290152
36 x 42	77.25%	42.10	0.672	72.60%	0.4879518
42 x 48	73.50%	67.86	0.973	67.69%	0.658439
48 x 54	70.00%	107.40	1.332	63.49%	0.8458328
54 x 60	66.50%	145.53	[illegible]	[illegible]	[illegible]
60 x 66	64.50%	199.01	[illegible]	[illegible]	[illegible]
66 x 72	62.50%	251.88	[illegible]	[illegible]	[illegible]
72 x 78	60.50%	316.23	[illegible]	[illegible]	[illegible]
78 x 84	58.50%	379.08	[illegible]	[illegible]	[illegible]
84 x 90	57.08%	452.33	[illegible]	[illegible]	[illegible]
90 x 96	55.67%	524.64	[illegible]	[illegible]	[illegible]
96 x 102	54.25%	600.80	[illegible]	[illegible]	[illegible]
102 x 108	52.83%	676.66	[illegible]	[illegible]	[illegible]
108 x 114	51.42%	755.38	[illegible]	[illegible]	[illegible]
114 x 120	50.00%	832.18	[illegible]	[illegible]	[illegible]

$$\sigma_{2YFlat} = \frac{v_1\sigma_1 + v_2\sigma_2 + v_3\sigma_3}{v_1 + v_2 + v_3}$$

$$\sigma_3 = \frac{\sigma_{2YFlat}(v_1 + v_2 + v_3) - (\sigma_1 v_1 + \sigma_2 v_2)}{v_3}$$

■図 5-15　ベガ法

5-3）スワプション

本章の最後は、フォワード金利スワップに対するオプションであるスワプション・プライシング・モデルである。スワプションの基本取引は、コール・オプションに相当するペイヤーズ・オプション（Payer's Option）と、プット・オプションであるレシーバーズ・オプション（Receiver's Option）である。スワプションも、金利オプションであるから、基本的には修正ブラック・モデル 76 のフレームワークでモデル化ができる。

■ペイヤーズ・スワプション

スワプションでは、行使レート K とオプション満期時に実現する金利スワップ R との差額の現在価値がそのプレミアムとなる。ここで N 回金利を交換するフォワード金利スワップに対するペイヤーズ・スワプションを考えてみよう（図 **5-16**）。

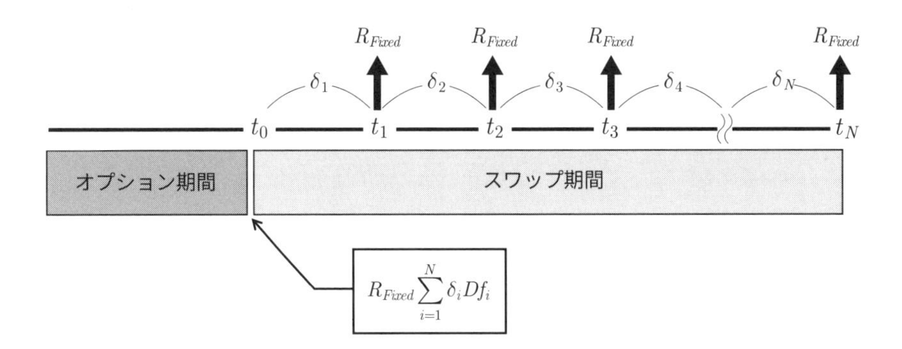

■図 5-16　*N* 回の金利交換をする金利スワップのイメージ（固定金利支払い側）

図 5-16 から理解できるように、オプション満期時に行使レート K と比較される固定金利 R は、その後 N 期間にわたって支払われる固定金利の現在価値であるから、ペイヤーズ・オプションは次のように定式化できる。

$$PV(PayersOption) = \max\left[R_{SWAP}\sum_{i=1}^{N}\delta_i Df_i - K\right]$$
$$= \sum_{i=1}^{N}\delta_i Df_i \max[R_{SWAP} - K]$$

である。ここで max の内部は、修正ブラック・モデル 76 にほかならないから、

$$PayersOption = \sum_{i=1}^{N}\delta_i Df_i\left[R_{SWAP}N\left[\frac{\log\left(\frac{R_{SWAP}}{K}\right)+\frac{\sigma^2}{2}t}{\sigma\sqrt{t}}\right] - KN\left[\frac{\log\left(\frac{R_{SWAP}}{K}\right)-\frac{\sigma^2}{2}t}{\sigma\sqrt{t}}\right]\right]$$

を得る。ここでマネーネス部分を略式にすれば、次のようになる。

$$PayersOption = \sum_{i=1}^{N}\delta_i Df_i[R_{SWAP}N(d_1) - KN(d_2)]$$

また、レシーバーズ・オプションは修正ブラック・モデル 76 のプット・オプションであるから、次のようになる。

$$ReceiversOption = \sum_{i=1}^{N} \delta_i Df_i \left[KN(-d_2) - R_{SWAP} N(-d_1) \right]$$

■スワプション市場でのプライシング

次に実際のスワプション市場でのプライシングを解説しよう。まずブローカーが提示するスワプションのボラティリティー画面である（**図 5-17**）。

図 5-17 は、列がスワプション満期で、行が対象となる金利スワップ期間である。例えば、スワプション満期が 1 年の 5 年物スワプション（1year into 5year Swaption）のボラティリティーは 40.95% である。

しかしながら、外国為替オプション取引とは異なり、スワプション取引ではボラティリティーではなく、プレミアムを決定する。基本的には、行使レートが ATM のストラドルのプレミアムが取引の基準になる（コールとプットの合計プレミアム）。**図 5-18** が ATM ストラドルのプレミアム画面である。

SMKR053

SMKR053　SwapMarker　06/09 JST08:56
SMKR53　(c) 2009 Tullett Prebon Information　08-Jun-2009 07:05 GMT
JPY Interest Rate Swaption Volatilities

EXP	1Y	2Y	3Y	4Y	5Y	7Y	10Y	15Y	20Y
1M	30.24	34.64	40.96	42.91	44.67	43.93	40.21	35.78	34.38
3M	33.44	37.15	42.23	42.9	43.49	42.29	38.15	33.76	32.22
6M	37.17	39.25	42.53	42.32	42.31	40.45	36.23	32.2	30.77
9M	39.41	40.56	42.28	41.82	41.78	39.23	34.62	30.91	29.59
1Y	40.14	40.86	41.51	40.95	40.95	37.92	33.13	29.74	28.55
18M	39.57	40.11	40.15	39.54	39.28	36.03	31.86	28.68	27.52
2Y	38.54	38.62	38.61	38	37.61	34.45	30.71	27.84	26.63
3Y	36.19	36.24	35.61	34.59	33.74	31.09	28.37	26.11	25.5
4Y	34.95	34.23	32.95	31.64	30.52	28.53	26.59	24.89	24.7
5Y	33.72	32.06	30.4	28.96	27.94	26.46	25.1	23.83	23.99
7Y	28.69	27	25.94	25.14	24.47	23.69	22.7	22.27	22.68
10Y	24.04	23.36	22.82	22.3	21.78	21.22	20.74	21.06	21.98

■図 5-17　スワプション・ブローカーが提示するボラティリティー画面
（データソース　タレット・プレボン /QUICK）

SMKR054

SMKR054　　SwapMarker　　06/09 JST08:56
SMKR54　　(c) 2009 Tullett Prebon Information　08-Jun-2009 07:06 GMT
JPY ATM Swaption Straddle Premiums

EXP	1Y	2Y	3Y	4Y	5Y	7Y	10Y
1M	3-6	10-13	19-24	31-36	46-51	76-83	120-129
3M	7-10	20-23	37-42	58-63	82-87	133-140	206-215
6M	12-15	31-34	56-61	84-89	117-122	186-193	284-293
9M	17-20	40-43	72-77	107-112	148-153	228-235	339-348
1Y	21-24	50-53	86-91	127-132	175-180	264-271	384-393
18M	29-32	66-71	114-119	164-171	222-229	329-336	473-483
2Y	36-39	83-88	139-144	198-205	265-272	386-393	547-557
3Y	52-57	116-121	185-191	257-264	333-340	472-480	662-672
4Y	69-74	146-151	225-232	304-312	387-394	540-548	752-762
5Y	84-89	172-178	258-265	343-351	428-436	590-599	822-834
7Y	104-109	205-211	302-309	395-405	486-496	665-677	918-933
10Y	115-121	226-233	332-340	432-444	530-540	725-737	00-1015

■図 5-18　スワプションの ATM ストラドルのプレミアム画面
（データソース　タレット・プレボン /QUICK）

なぜボラティリティーではないかといえば、ここで提示されているボラティリティーは、プレミアムを修正ブラック・モデル 76 によって逆算したインプライド・ボラティリティーであって、市場参加者は必ずしも、スワプションのプライシングに、修正ブラック・モデル 76 を利用しているわけではないからである。金利オプション・プライシングには多くのモデルが提案されており、市場参加者は、各自の考え方や戦略に基づいてスワプションを取引しているのである。したがって、修正ブラック・モデル 76 のボラティリティーは、あくまで市場参加者の共通言語としての参考値にすぎない。

図 5-19 はブローカー・データにリンクしたスワプション・プライシング・シートである。

ここで、ブローカーによって提示されているスワプション・ボラティリティーは、ATM（フォワード・スワップ・レート）におけるストラドルに適用されるインプライド・ボラティリティーである。ストラドルとは、同じ行使価格のコール・オプションとプット・オプションを同量・同方向で契約するオプションの取引である。ここでスキューが存在すると、ペイヤーズ・オプショ

Swaption Pricing

Time to Exercise	Year Fraction(A/365)	Underlying Asset	Forward Swap Par Rate	ATMStrike Rate	Volatility	Payer's Option	Reciver's Option	Straddle
0.5	0.501	5	1.0269%	1.0269%	42.31%	59.54	59.54	119.09
1	1.003	5	1.0874%	1.0874%	40.95%	85.51	85.51	171.01
1.5	1.504	5	1.2031%	1.2031%	39.28%	110.18	110.18	220.36
2	2.003	5	1.3055%	1.3055%	37.61%	130.95	130.95	261.91
2.5	2.504	5	1.4079%	1.4079%	35.68%	148.52	148.52	297.04
3	3.003	5	1.5102%	1.5102%	33.74%	163.59	163.59	327.18
3.5	3.504	5	1.6115%	1.6115%	32.13%	177.98	177.98	355.96
4	4.003	5	1.7051%	1.7051%	30.52%	189.57	189.57	379.14
4.5	4.504	5	1.7952%	1.7952%	29.23%	200.84	200.84	401.69
5	5.005	5	1.8792%	1.8792%	27.94%	209.70	209.70	419.40

■図5-19　ブローカー・データにリンクしたスワプション・プライシング・シート

ンとレシーバーズ・オプションのボラティリティーは必ずしも一致しているわけではないので注意が必要である。

ところで、外国為替オプションでは、ブローカーによってデルタ50%以外に25%（75%）や10%（90%）のデルタ水準でのボラティリティーが提示され、ボラティリティーのスマイルやスキューに対応できた（バンナ・ボルガ法）。キャップ取引では、行使レート別にボラティリティーが表示されている。それではスワプションはどうであろうか。外国為替レートや短期金利（LIBOR）のボラティリティーにスマイルやスキューが存在するのであるから、金利スワップ・レートにもスマイルやスキューが存在する。

次にスワプション市場における実務家の対応策を解説しよう。

スマイルやスキューが存在するのは、ボラティリティーが一定ではなく、価格水準に依存しているか、時間経過に伴って変化するからである。前者に着目したモデルを、局所ボラティリティー・モデル（Local Volatiliy Model）と呼び、後者を確率ボラティリティー・モデル（Stochastic Volatility Model）と呼ぶ。1990年代までに、現実の市場で観測されるスマイルやスキューにフィットするような、さまざまなボラティリティー・モデルが提案された。なかでも1993年のヘストン・モデル（Heston Model）は、確率ボラティリティー・モデルとして、1994年にデュプレ（B. Dupire）が発表したモデルは、局所ボラティリティー・モデルとして有名であるが、2002 年にハーガン（P. Hagan）、クマール（D. Kumar）、レシニフスキー（A. Lesniewski）、ウッドワード（D. Woodward）の連名で公表された、確率ボラティリティー・モデルは、市場で観測されるスマイルやスキューにうまくフィットするモデルとして、急速に実務家に浸透した。このモデルは、SABR（Stochastic $\alpha\beta\rho$、ストカスティック・アルファ・ベータ・ロー）モデルと呼ばれている。

ハーガンらは、現実のスワプション市場のボラティリティー構造にモデルをフィットする、フォワード金利スワップ・レート F とスワプション・ボラティリティー α の関係を次のように定式化した。ここで α は修正ブラック・モデル 76 のボラティリティー σ とは異なる。

$$
\begin{aligned}
&dF = \alpha F^{\beta} dW_1 \\
&d\alpha = \nu\alpha dW_2 \\
&dW_1 W_2 = d\rho
\end{aligned}
$$

この定式化では β によって、かつてコックスが提案した CEV モデル（Constant Elasticiy of Volatility、定弾性ボラティリティー）の特徴が採用されており、さらにフォワード金利スワップ・レートとそのボラティリティーの相関が考慮されている。

実務的観点から考えて、SABR モデルが特筆に値するのは、修正ブラック・モデル 76 との関係を、天体物理学で利用される特異摂動（Singular Perturbation）の漸近展開（Asymptotic Expansion）によって、具体的に計算可能な定式化を達成したことである。この関係式によって実務家は、市場で観察される、修正ブラック・モデル 76 のインプライド・ボラティリティーを利用して、スマイルおよびスキューの影響を管理することが容易になった。ここで、ATM フォワード金利スワップ・レートを F とし、F とは異なる金利スワップ・レート水準を K とすると、レート水準 K の修正ブラック・モデル 76 のボラティリティーは、次のように与えられる。

$$\sigma_B(K,F) = \frac{\alpha\left[1+\left[\frac{(1-\beta)^2}{24}\frac{\alpha^2}{(FK)^{1-\beta}}+\frac{1}{4}\frac{\rho\beta\nu\alpha}{(FK)^{\frac{1-\beta}{2}}}+\frac{2-3\rho^2}{24}\nu^2\right]T+\cdots\right]}{(FK)^{\frac{1-\beta}{2}}\left[1+\frac{(1-\beta)^2}{24}\ln^2\left(\frac{F}{K}\right)+\frac{\frac{(1-\beta)^4}{1920}\ln^4 F}{K}+\cdots\right]}\left(\frac{z}{x(z)}\right)$$

$$z=\frac{\nu}{\alpha}(FK)^{\frac{1-\beta}{2}}\ln\left(\frac{F}{K}\right)$$

$$x(z)=\ln\left[\frac{\sqrt{1-2\rho z+z^2}+z-\rho}{1-\rho}\right]$$

この複雑な近似式はハーガン近似と呼ばれる。ハーガン近似に必要なパラメータは4つであるから、OTCスワプション市場で行使価格の異なる4つの修正ブラック・モデル76のボラティリティー（あるいはプレミアム）が観測できれば、パラメータは逆算（カリブレート）できる。

4つのパラメータの中で、αはSABRモデルのボラティリティー、βは対象資産に対するボラティリティーの弾力性（Elasticity）、νはスマイルの形状、ρはFとαの相関係数である。

かつては、ATMストラドルのボラティリティーしか提示していなかった、OTCスワプション・ブローカーも、最近ではSABRモデルを利用して、ATM以外の行使レートのボラティリティーを提示するようになっている（**図5-20**）。ただし、2012年以降は非伝統的金融政策の影響で、一部の通貨がマイナス金利となっているので、マイナス金利を計算できない修正ブラック・モデル76を、直接適用できない状態が続いている。そのため、市場の実務家は、対数正規ボラティリティー（Log Normal Volatility）を正規ボラティリティー（Normal Volatility）に変換して利用しているのが現実である。マイナス金利に対する対応に関しては、次章で解説する。

TLTL540

TLTL540　JPY Swaption Volatility Smile　(BASIS POINT DEVIATIONS FROM ATM)　タレットプレボン 解説ヘルプ

Option /Tenor	-200	-100	-50	-25	ATM	25	50	100	200	ATM STRIKE
1Y1Y	0.00	64.26	49.64	40.14	31.11	29.28	34.90	48.98	75.25	-0.15
3M2Y	0.00	87.44	62.54	46.92	32.30	36.78	49.68	74.68	118.75	-0.12
2Y2Y	0.00	54.48	43.38	36.50	30.50	29.33	33.25	44.39	66.16	-0.08
1Y5Y	0.00	48.59	36.88	34.61	31.00	34.03	41.17	56.55	84.75	-0.03
5Y5Y	0.00	45.62	38.88	36.31	35.70	41.35	45.17	51.59	63.03	0.30
3M10Y	0.00	84.27	58.23	43.95	37.40	55.11	72.37	104.25	158.77	0.13
1Y10Y	0.00	62.27	46.71	38.75	34.60	42.81	51.52	69.60	101.36	0.17
2Y10Y	0.00	47.82	38.23	34.62	34.67	41.83	48.20	61.07	83.72	0.26
5Y10Y	48.49	48.37	40.20	37.58	38.02	41.75	47.11	56.45	72.96	0.52
10Y10Y	52.16	44.96	40.90	39.97	40.70	42.98	47.04	55.33	70.30	0.88
15Y15Y	43.82	39.69	38.40	39.04	40.86	43.59	47.24	54.62	68.21	0.88
10Y20Y	42.67	38.41	38.98	40.68	43.55	47.21	52.03	60.90	75.21	0.85
5Y30Y	52.18	45.64	48.66	51.53	44.29	47.68	51.30	62.20	85.20	0.73
	-200	-100	-50	-25	ATM	25	50	100	200	

■図 5-20　正規モデルによる ATM 以外のボラティリティー画面
（データソース　タレット＆プレボン /QUICK）

■債券価格のオプション取引

さて、これまで見てきたように、OTC オプション取引では、マイナス金利環境下の現時点でも、依然として 1973 年に発表されたブラック・ショールズ・マートン・モデルの先物バージョンである修整ブラック・モデル 76 が基準となっている。

ここでは金利系オプションの代表格として、債券価格（を対象資産とした）オプション、LIBOR のような短期金利を対象としたオプション（キャップレット）、そして債券価格ではなく債券の最終利回り（YTM）を対象としたオプション（スワプション）を考察してみる。

いずれも修整ブラック・モデル 76 が適用されるが、そこには微妙な相違がある。それは割引方法の相違である。

数理ファイナンスでは、将来の期待値を現在価値へ変換する際に、基準となる金融商品をニューメレール（基準財＝価値尺度）と呼ぶ。適切なニューメレールを適用すれば、現時点で将来のキャッシュ・フローの複製が可能となり、不確実性が除去される。もっとも基本的なニューメレールは、ゼロ・クーポン債券である。基本的には同じニューメレールであるが、銀行間定期預金（マネー・マーケット・アカウント）も重要である。しかしながら、ニューメレールが不適切な場合は不確実性が残ってしまう。この不確実性は、デリバティブ・プライシングにおいては、コンベキシティー調整やタイミング調整という手法で確率的に修正される。これについては、コンスタント・マチュリティー・スワップの章（第7章）で解説する。

まず債券先物オプションを見てみる。債券先物オプションは、債券価格のオプションであるから、金利ボラティリティーではなく、価格ボラティリティーで評価する。

図5-21 はオプション満期と対象資産の関係を示している。

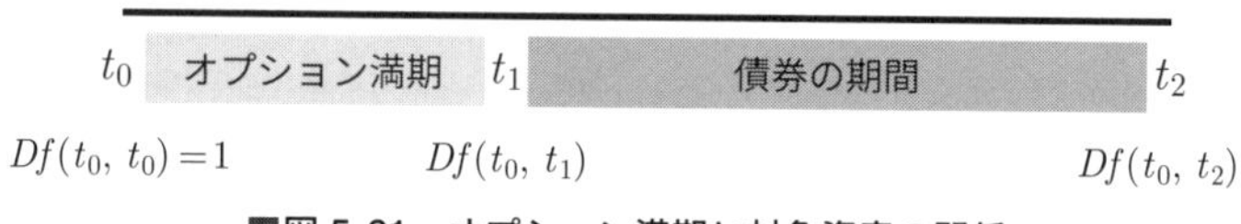

■図5-21 オプション満期と対象資産の関係

債券先物オプションは、オプション満期時の債券価格と行使価格の差額の期待値を、満期時点のディスカウント・ファクターで割り引いて計算される。

$$Call = Df(t_0,t_1)E_{T_1}[\max(P(t_1,t_2)-K,0)]$$

満期時点の債券フォワード価格は、

$$E_{T_1}[P(t_1,t_2)]=F$$

であるから、修正ブラック・モデル76が適用できる。

$$Call = Df(t_0,t_1)[FN(d_1)-KN(d_2)]$$

これは、ほかのあらゆる先物価格のオプションに適用される標準的な計算方法である。

■キャップレット

次にキャップレットについて考える。すでに注意を促したように、短期金利オプションの割引は、オプション満期時のディスカウント・ファクターではなく、短期金利が適用される定期預金の満期時である（**図 5-22**）。

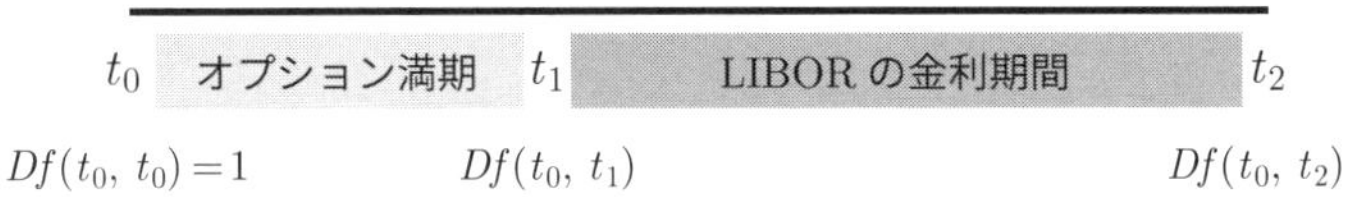

t_0	オプション満期	t_1	LIBOR の金利期間	t_2
$Df(t_0,\ t_0)=1$		$Df(t_0,\ t_1)$		$Df(t_0,\ t_2)$

■図 5-22　キャップレット

したがって、キャップレットの割引は、標準的な修正ブラック・モデル 76 とは異なる。

$$Caplet = Df(t_0, t_2)[R_{FRA}N(d_1) - KN(d_2)]\frac{d}{360}$$

最後にスワプションを考えてみる。スワプションは、オプション満期時のスワップ・レートと行使レートの差によって決定される。これはスワップ・レートを固定年金と考えれば、満期時点の固定年金の現在価値のオプションにほかならない（**図 5-23**）。

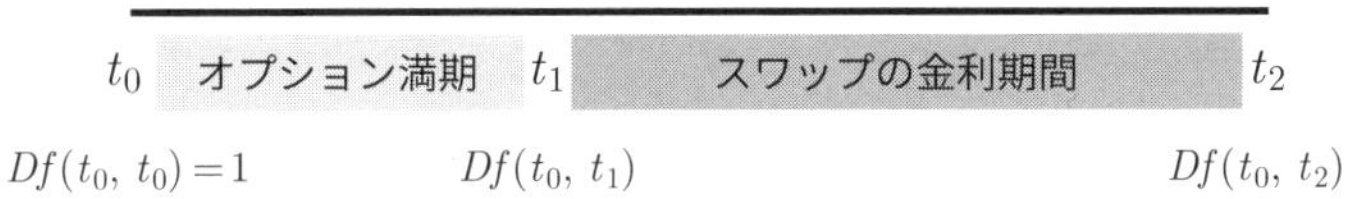

t_0	オプション満期	t_1	スワップの金利期間	t_2
$Df(t_0,\ t_0)=1$		$Df(t_0,\ t_1)$		$Df(t_0,\ t_2)$

■図 5-23　スワプション

したがって、年金ファクターで割り引かれる。年金ファクターでの割引方式は、フォワード・スワップの現在価値をニューメレール（基準商品）にした割引方式（測度）である。将来の複数のキャッシュ・フローを一時点に集約するスワプションのような取引では、年金ファクターによる割引方式が適用される。フォワード・スワップ・メジャーと呼んでもいいかもしれない。

$$PayersOption = \sum_{i=1}^{N} \delta_i Df_i [R_{Fixed}N(d_1) - KN(d_2)]$$

このようにオプション・プライシングにおいては、単に満期時点のディスカウント・ファクターで単純に割り引いてはいけない取引があるので、個々のデリバティブ取引のキャッシュ・フロー構造を正確に把握することが重要である。

第6章

さまざまなオプション取引

「宇宙はつねに実在していたわけではない。」（トマス・アクィナス）

第3章ではオプション取引の基本的な考え方を解説し、第5章ではOTCデリバティブ市場における代表的なオプション取引である、外国為替オプション、金利キャップ、スワプションについて解説した。

今日、オプション市場ではヨーロピアン・オプションのような単純なオプション取引以外にもさまざまなオプションが取引されており、それらすべてを網羅・解説することは不可能である。

ここでは、ヨーロピアン・オプションとは異なり満期以前にも権利行使が可能なアメリカン・オプションと、満期までの経路に依存するバリア・オプションについて解説する。バリア・オプションはエキゾチック・オプションに分類される。

6-1）二項ツリー展開で学ぶアメリカン・オプション

いつでも権利行使可能なアメリカン・オプションは、満期でしか行使できないヨーロピアン・オプションよりも一見、圧倒的に有利な印象を受ける。しかしながら、市場が存在すれば、ヨーロピアン・オプションでも、満期以前に転売ができる。その価格は満期以前であるから、時間価値込みの価格である。

したがって、私たちが知りたいのは、オプションに内包された時間的価値がもっとも有利な時点はいつかという確率的な推定である。ここではアメリカン・コールの比較として、満期5カ月、現在価格50円、行使価格50円のヨーロピアン・コールの各格子点（ノード）の本源的価値（配当なしの対象資産と行使価格の差額）の二項ツリー展開（Binomial Tree Expantion）を作成してみる（**図6-1**）。無リスク金利は10%でボラティリティー20%だとする。

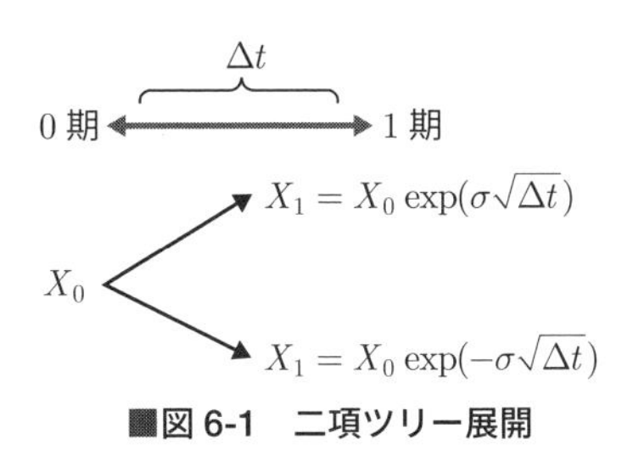

■図 6-1　二項ツリー展開

第 3 章のプライシング方法に従って、上昇率 U、下落率 D、そしてニューメレールとして定期預金の元利合計 R として計算すると、

$$
\begin{aligned}
U &= \exp\left(\sigma\sqrt{\Delta t}\right) = \exp\left(0.2\times\sqrt{\frac{1}{12}}\right) \cong 1.0594 \\
R &= \exp(r\Delta t) = \exp\left(0.1\times\frac{1}{12}\right) \cong 1.0084 \\
D &= \exp\left(-\sigma\sqrt{\Delta t}\right) = \exp\left(-0.2\times\sqrt{\frac{1}{12}}\right) \cong 0.9439
\end{aligned}
$$

となる。U と D は確率過程なので時間の平方根に比例すること、定期預金は確定値なので時間に比例することに注意しよう。条件から計算される価格上昇確率は、

$$
\begin{aligned}
P &= \frac{R-D}{U-D} \\
&= \frac{1.0084-0.9439}{1.0594-0.9439} \\
&\cong 0.558
\end{aligned}
$$

となる。

次に、対象資産の価格変動過程とコール・オプションの本源価値過程を展開する（**図 6-2**）。本源的価値過程は、コール・オプションであるから価格と行使価格の差額のゼロ以上の価値である。

無リスク金利	U	D	R	上昇確率	ボラティリティー	行使価格
10.0%	1.0594	0.9439	1.0084	55.80%	20.00%	50
	0	1M	2M	3M	4M	5M
	0.0000	0.0833	0.1667	0.2500	0.3333	0.4167

価格過程
本源的価値過程

0	1M	2M	3M	4M	5M
					66.733 16.733
				62.989 12.989	
			59.455 9.455		59.455 9.455
		56.120 6.120		56.120 6.120	
	52.972 2.972		52.972 2.972		52.972 2.972
50.000 0.000		50.000 0.000		50.000 0.000	
	47.195 0.000		47.195 0.000		47.195 0.000
		44.547 0.000		44.547 0.000	
			42.048 0.000		42.048 0.000
				39.689 0.000	
					37.463 0.000

■図 6-2　二項ツリー展開

次に、確率を展開して満期日の本源的価値との積を計算して、あとで現在価値に引き直す（**図 6-3**）。

配当なしの対象資産のヨーロピアン・コール・オプションのプレミアムは、3.779 円である。

次にアメリカン・オプションについて考える。アメリカン・オプションは、いつでも権利行使可能であるから、アメリカン・オプションの保有者は、期間中で本源的価値が最大となる時点で権利行使をするだろう。しかしながら、将来の価格は予測できないので、その時点の本源的価値と、権利行使しなかった場合の期待値を比較して、その時点の本源的価値が大きければ、権利行使をするだろう。したがって、アメリカン・オプションを二項ツリー展開でプライシングする際のアルゴリズムは**図 6-4** のようになる。

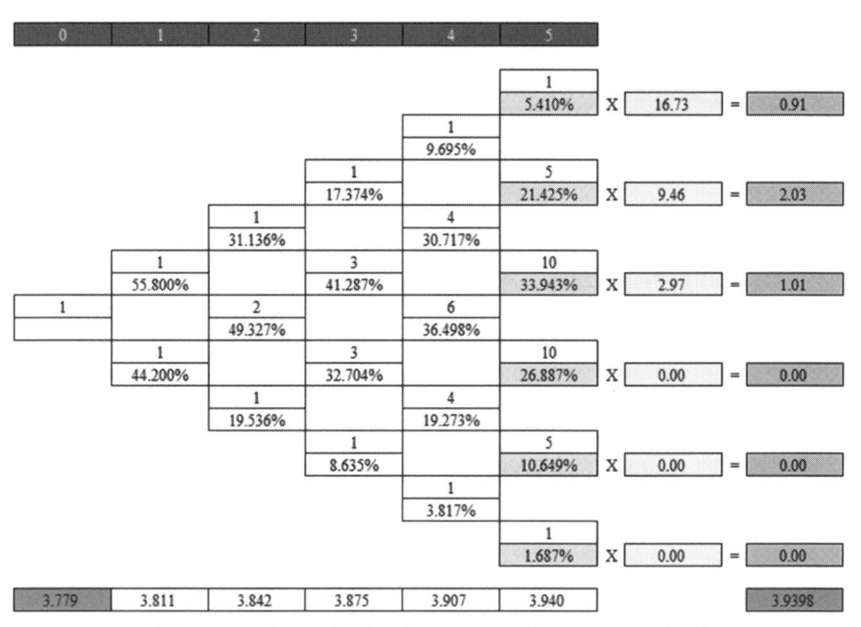

■図 6-3　二項ツリー展開によってヨーロピアン・コールを計算

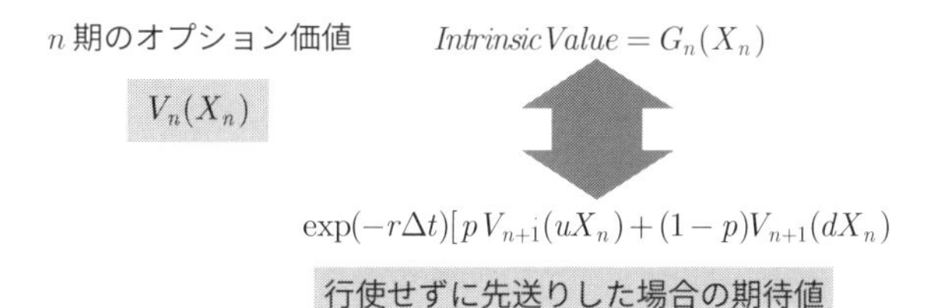

■図 6-4　アメリカン・オプションのアルゴリズム

ここで同じ二項ツリー展開を利用して、4 期目の本源的価値と 5 期目の本源的価値の期待値を比較してみる。この Excel シートでは、ある時点の本源的価値が、1 期後の本源的価値の期待値より大きい場合は「TRUE」、そうでない場合は「FALSE」が表示される（**図 6-5**）。

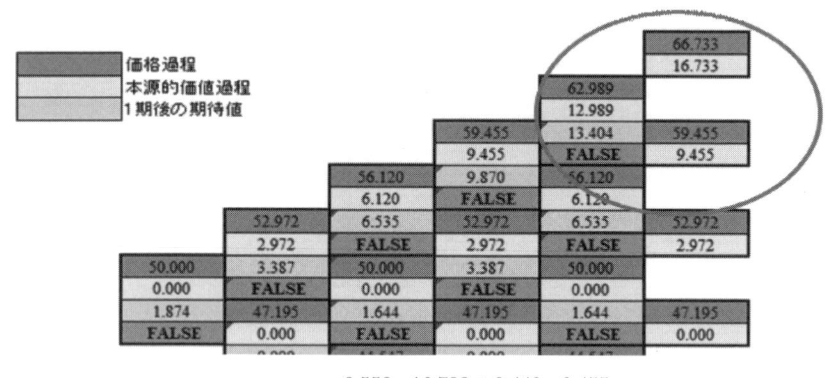

$$13.404 \cong \frac{0.558 \times 16.733 + 0.442 \times 9.455}{1 + \frac{0.1}{12}}$$

■図 6-5　一期後期待値と現時点での本源的価値の比較

このケースでは4期目の本源的価値は12.989円であるのに対して、5期目の本源的価値の期待値は13.404円であるから、4期目で権利行使することは、時間的価値を放棄することになる。

次に同じ手法で、満期の本源的価値を出発点として、スタート時点まで本源的価値の期待値を計算してみる。この手法は、満期（未来）から出発点（現在）にさかのぼるので、バックワード・インダクション（Backword Induction）と呼ばれている。

配当なしのコールの場合、期中で権利行使する意味はなく、ヨーロピアン・オプションとアメリカン・オプションは同じプレミアムに帰着することが確認できる（**図 6-6**）。

それではプット・オプションではどうだろうか。同じ条件のヨーロピアン・プットを見てみよう。プット・オプションなので、コール・オプションとは逆に、行使価格から価格を引いた値でゼロ以上のケースが本源的価値過程である（**図 6-7**）。

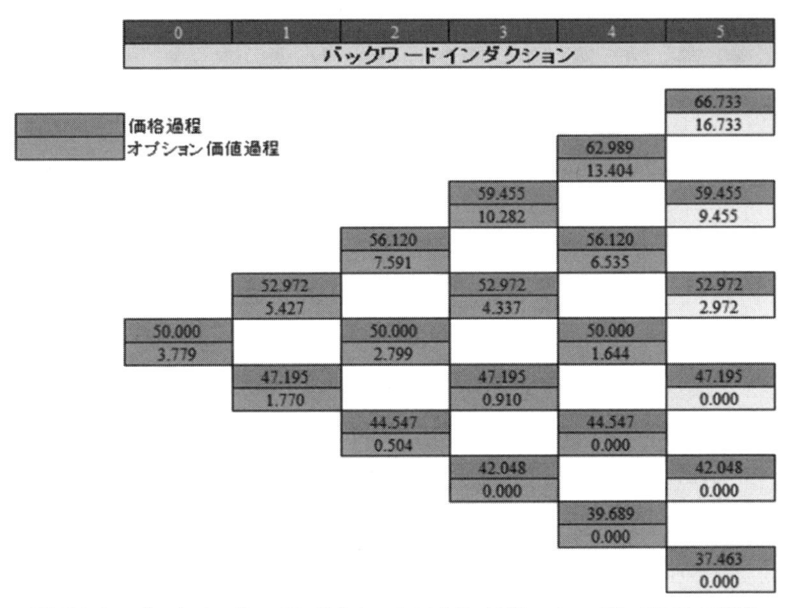

■図 6-6　バックワード・インダクションによるオプション・プレミアムの導出

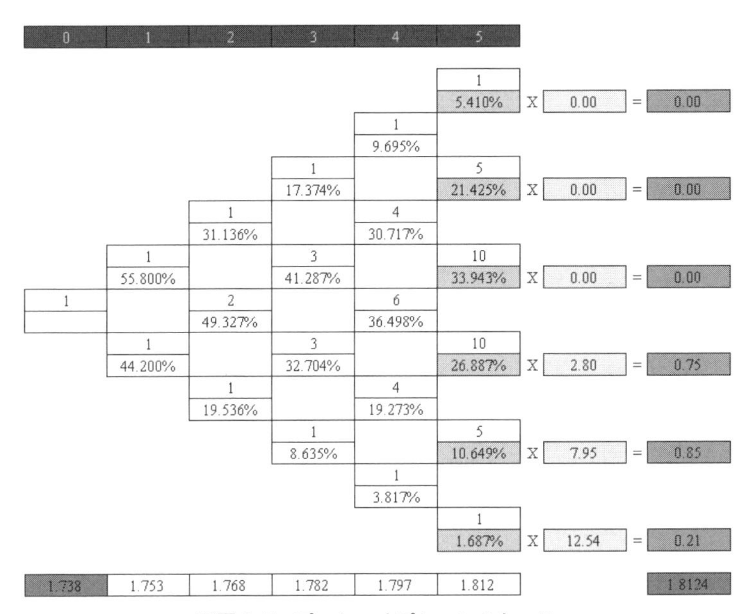

■図 6-7　プット・オプションのケース

プレミアムは1.738円である。

次にアメリカン・プットのプレミアムを、バックワード・インダクションで計算する（**図6-8**）。アメリカン・プットでは1期後の本源的価値の期待値より、本源的価値が大きい格子点（ノード）がいくつか存在する。つまり、満期前に権利行使したほうが有利なケースがあるということだ。

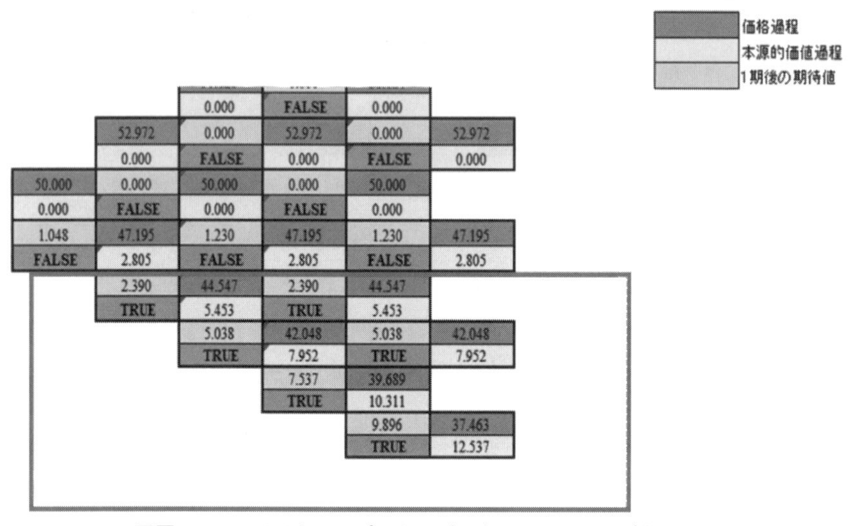

■図6-8　アメリカン・プットのバックワード・インダクション

そこで、バックワード・インダクションでスタート時点までさかのぼると、アメリカン・プットのプレミアムは1.918円となり、ヨーロピアン・プットより大きい（**図6-9**）。これをアメリカン・オプションの早期行使プレミアムと呼ぶ。

以上がアメリカン・オプション・アルゴリズムのエッセンスである。これは、コーラブル債評価で不可欠なバミューダン・スワプション・プライシングにも適用できる。

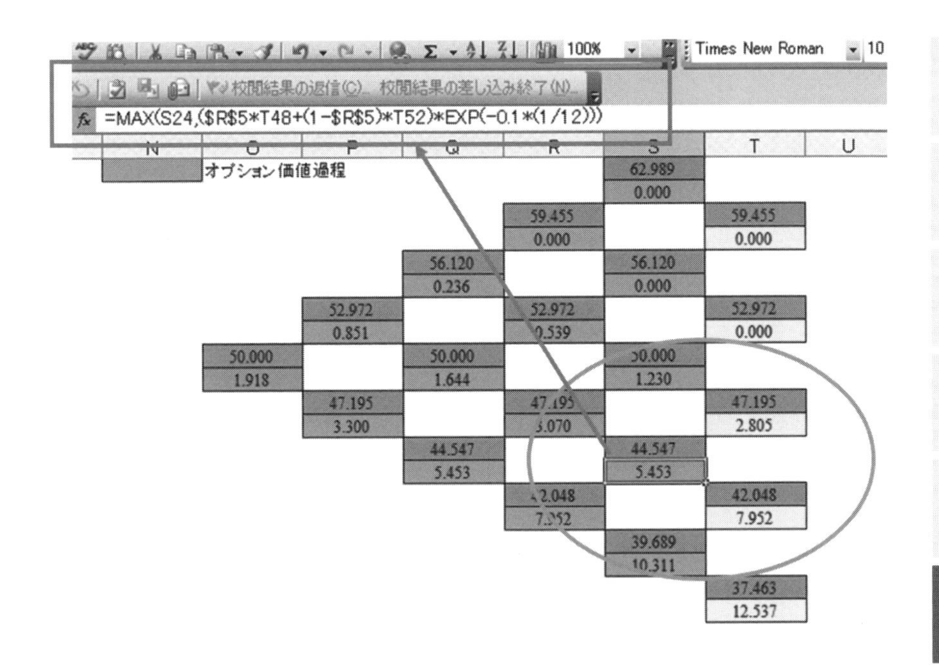

■図 6-9　早期償還の可能性

6-2) 鏡像原理とバリア・オプション・プライシング

次にバリア・オプションについて解説する。バリア・オプションは、いわゆるエキゾチック・オプションの代表格である。エキゾチック・オプションには実に多様なオプション取引が存在するが、簡単に整理すれば、

(1) 経路依存型ヨーロピアン・オプション
(2) 経路依存型アメリカン・オプション
(3) ヨーロピアン/アメリカン以外の行使スタイル（バミューダン・エイジアン）
(4) プレーン・バニラのバスケット/ポートフォリオ
(5) 非連続キャッシュ・フロー（デジタル）

などである。

バリア・オプションは満期までに、あらかじめ設定された価格水準（バリア）に到達するかどうかで、効力を発揮したり、失効したりするオプションなので、経路依存型オプションの1つである。

もっとも単純な（シングル）バリア・オプションにしても、バリアにタッチしたら効力を失効するノックアウト・オプションや、逆に効力を発揮するノックイン・オプションが存在するし、バリアが現在価格の上方（アップ）にあるか、下方（ダウン）にあるかでも、分類される。また、バリアにタッチしないという条件もある。しかし、バリア・オプションの考え方は、基本的には同じである。そこで本書では、近年株価連動型仕組債等に内包されるダウン＆イン・オプションだけに絞って、そのプライシングのメカニズムを考察してみる。ダウン＆イン・オプションは、いわゆる他社株連動債や株価指数連動債のプライシングに用いられる。この仕組債は、バリアにタッチしない限り、比較的高いクーポンを享受できるが、いったんバリアにタッチした場合は、債券ではなく株式が受け渡される仕組債である。

バリア・オプション・プライシングについても二項ツリー展開で考察してみよう。まず、表が出たら1万円を受け取れるが、裏が出れば1万円を支払わなければならない6回のコイン投げ（ベルヌーイの試行）を考えてみる。コインのサンプルパスは64種類であり、サンプルパスそれぞれの出現確率は同じであるから、個々の確率は64分の1（1.5625%）である。

しかしながら、最終結果は整理できて6、4、2、0、−2、−4、−6の7パターンしかない。最終結果は総試行回数（n）と成功（あるいは失敗）回数（j）の関係性によって決定される。例えば、最終結果で6万円の利得を得るには6回の試行すべてが成功でなければならない。しかし、2万円ならば15パターンあるので23%以上の確率である。

$$P(2)=\begin{bmatrix} n \\ j \end{bmatrix}=\begin{bmatrix} 6 \\ 4 \end{bmatrix}$$

$$\to \frac{n!}{j!(n-j)!}=\frac{6!}{4!2!}=\frac{6\times5\times4\times3}{4\times3\times2}$$

$$\to \frac{6\times5}{2}=15$$

K	j	Combination	Probability
6	6	1	1.5625%
4	5	6	9.3750%
2	4	15	23.4375%
0	3	20	31.2500%
-2	2	15	23.4375%
-4	1	6	9.3750%
-6	0	1	1.5625%
		64	100.0000%

■図 6-10　組み合わせ確率

以上は、すでに第 3 章で説明したとおりである。

さて、バリア・オプションでは、オプション満期までにバリアが存在し、それにタッチするかどうかでキャッシュ・フローが異なってくる。例えば、6 ステップのコイン投げで最終結果がゼロ円である確率は 31.25% であった。しかし、6 回の試行中で最低 1 回は 2 万円以上の（決済はしないが）利得を得たという条件で、最終結果がゼロ円になる確率は 31.25% からそうでない確率を差し引く必要がある。

図 6-11 の Excel シートは試行中に 2 を上回った確率（H）と最終結果がゼロになるケース（K）を別々に計算して、さらに両者を満たす確率を求めている。

図 6-11 の「2H-K」という列を念頭においた上で、組み合わせ計算をいったん脇に置いて、唐突に感じるかもしれないが、ブラウン運動を考察してみる。この場合、時間ゼロで出発したブラウン粒子が、上方に存在する閾値「H」を通過した時点で、まったく正反対の挙動をする反ブラウン（ミラー）粒子が考察の対象である。

この場合、反ブラウン粒子が、最終的に到達する地点は、閾値 H とブラウ

		H	K		H∧K	2H-K
		45.31250%	31.25000%		9.37500%	9.37500%
		Barrier	Maturity			Mirror
		2	0	Flag	·	4
MAX	LAST	29	20		6	6
6	6	1	0	1	0	0
4	4	1	0	1	0	1
4	4	1	0	1	0	1
4	4	1	0	1	0	1
4	4	1	0	1	0	1
5	4	1	0	1	0	1
2	2	1	0	1	0	0
2	2	1	0	1	0	0
2	2	1	0	1	0	0
3	2	1	0	1	0	0
2	2	1	0	1	0	0
2	2	1	0	1	0	0

■図 6-11　条件付き確率

ン粒子の最終到達点 K の 2 つの数値で表現できる。これがブラウン運動の鏡像原理である（**図 6-12**）。

図 6-12 からはブラウン粒子がいったん H にタッチして K 以下の領域に到達する確率が、反ブラウン（ミラー粒子）が $2H-K$ 以上の領域に到達する確率に等しいことがわかる。

この考え方を利用すれば、経路依存型オプションのプライシングが可能になる。以下では理解を容易にするために、コックス・ロス・ルービンシュタイン・モデルの応用としての、バリア・オプションを解説する。

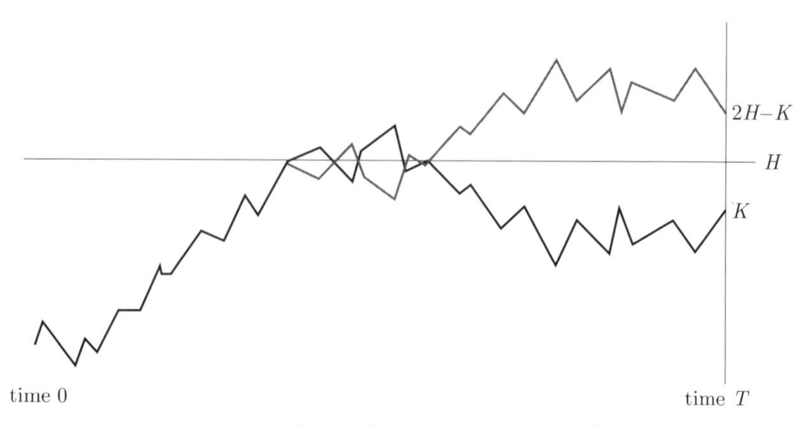

■図 6-12　ブラウン粒子とそのミラー粒子の挙動

まず行使価格 K に到達するステップ回数を a とすると、

$$K = Xu^a d^{n-a}$$
$$\log K = \log X + a \log u + n \log d - a \log d$$
$$a(\log u - \log d) = \log K - \log X - n \log d$$
$$a = \frac{\log \dfrac{K}{Xd^n}}{\log \dfrac{u}{d}}$$

次に、バリア H にタッチするステップ回数を h として、

$$H = Xu^h d^{n-h}$$
$$\log H = \log X + h \log u + n \log d - h \log d$$
$$h(\log u - \log d) = \log H - \log X - n \log d$$
$$h = \frac{\log \dfrac{H}{Xd^n}}{\log \dfrac{u}{d}}$$

を得る。

次にバリア H を行使価格 K の下方にあるとして、行使価格 K のダウン＆イン・コール・オプションを考えてみよう。求めたいのは現在価格 X の対象資産が、いったん下方に存在するバリア H にタッチしたあとに、行使価格 K 以上になる確率である。**図 6-13** がそのイメージである。

鏡像原理に従えば、K 以上になる確率は、$2H-K$ 以下になる確率に等しい。したがって、ダウン＆イン・コールに関するコックス・ロス・ルービンシュタイン・モデルは次のようになる。

$$Call_{Down\&In} = \exp(-r)\sum_{j=a}^{2h}\binom{n}{n-(2h-j)} p^j (1-p)^{n-j} (Xu^j d^{n-j} - K)$$

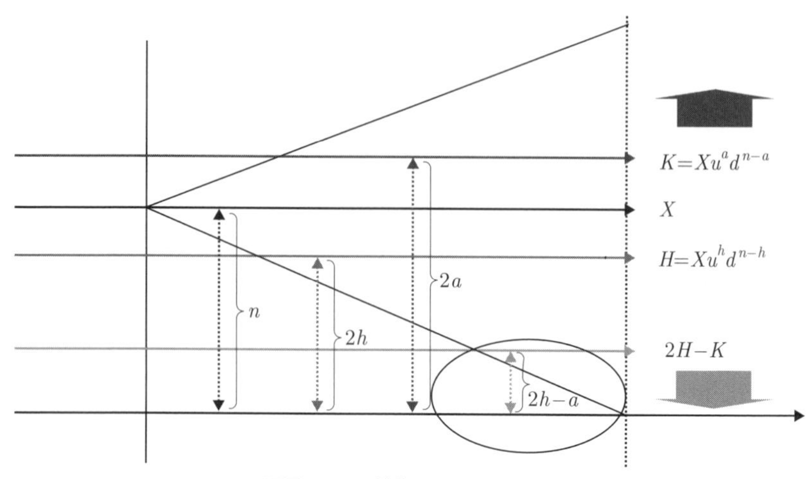

■図 6-13　鏡像原理のイメージ

図 6-14 の Excel シートは現在価格 95 円、行使価格 100 円、バリア 90 円のダウン＆イン・コールの計算例である。

二項プライシングによるバリア・オプション計算

入力項目			計算過程		
S	95	現在価格	u	1.018254	上昇率
H	90	バリア水準	d	0.982073	下落率
X	100	行使価格	Δt	0.00524	1ステップ
σ	25.00%	ボラティリティー	a	97	
n	191	満期までのステップ	h	94	188
r	10.00%	無リスク金利	p	50.995%	リスク中立確率
			R	0.904837418	
			計算結果		
			ダウン＆イン・コール	5.6354	

	j		組合せ	実現確率	本質的価値	6.228
1	188	191	1	0.000%	2,598.39	0.000
2	187	190	191	0.000%	2,502.51	0.000

■図 6-14　Excel によるバリア・オプションの計算

次にブラック・ショールズ・マートン型の連続バリア・オプション・モデルと比較する（**図 6-15**）。ダウン＆イン・コール式は次のようになる（ここでは導出過程は解説しない）。

$$Call = Se^{-qt}\left(\frac{H}{S}\right)^{2\mu} N(d_1) - Xe^{-rt}\left(\frac{H}{S}\right)^{2\mu-2} N(d_2)$$

$$d_1 = \frac{\ln\left(\frac{H^2}{SX}\right) + \left(r - q + \frac{\sigma^2}{2}\right)t}{\sigma\sqrt{t}}$$

$$\mu = \frac{r - q + \frac{\sigma^2}{2}}{\sigma^2}$$

ダウン&イン・コールの計算例

入力項目			計算過程	
S	95	現在価格	μ	210.000%
H	90	バリア水準	(r-q+(v^2)/2)*t	13.125%
X	100	行使価格	ln(H^2/SX)	-15.94%
σ	25.00%	ボラティリティー	d1	-0.113
t	1	満期	d2	-0.363
r	10.00%	無リスク金利	N(d1)	0.455
q	0.00%		N(d2)	0.358
			計算結果	
			ダウン&イン・コール	5.661

■図 6-15　連続モデルによるバリア・オプションの計算

やや誤差はあるが、ほぼ同じようなプレミアムとなった。

ただし、ここで解説した二項ツリーはあくまで、バリア・オプションの本質を理解するためであって、離散化のやり方によっては無視できない誤差が発生することがあるので、留意が必要である。

第7章

金利の期間構造モデル

「神は細部に宿る。」（ミース・ファン・デル・ローエ）

本章では金利の期間構造モデルについて解説する。1977年にバシチェック（O. Vasicek）が発表した「期間構造の均衡論的な特性」（O. Vasicek "An Equilibrium Characterization of the Term Structure" Journal of Finance, 1977）は、以後の金利期間構造モデルの出発点となったといわれている。この論文には特筆に値する点が2つある。まずバシチェックが、金利に平均回帰する傾向があると仮定したこと。もう１つは満期の異なる２つの債券の関係から、期間構造方程式を導出したことである。

平均回帰を記述するために、バシチェックはオルンシュタイン・ユーレンベック過程（Ornstein-Uhlenbeck process）と呼ばれる確率過程を採用した。これは空間に吸収壁が存在して、ランダム・ウォークする粒子が、その壁に吸引される現象を記述するモデルである。期間構造方程式によって、さまざまな満期の金利の期間構造を１つの式で記述できるようになった。ただし、期間構造方程式は、ブラック・ショールズ・マートンの偏微分方程式とは異なり、それだけでは完結せず、リスクの市場価値と呼ばれる外生変数を代入する必要があった。

7-1）期間構造方程式

ブラック・ショールズ・マートンが導出した、デリバティブ・プライシングの基礎偏微分方程式は、一時点のデリバティブ・プライシングでは、大きな威力を発揮する。しかしながら、フォワード金利は、将来の2時点間の貨幣の収益率であるから、期間構造を考慮した基礎偏微分方程式が別途必要となる。

ただ、金利それ自体は取引できないので、期間構造を考慮したデリバティブの基礎偏微分方程式を導出するには、いったんゼロ・クーポン債に立ち返る必要がある。

この問題を解決するために、満期の異なる2つのゼロ・クーポン債の関係について考察してみる。

$$\frac{dP_1}{P_1}=\mu_1^P dt+\sigma_1^P dW$$
$$\frac{dP_2}{P_2}=\mu_2^P dt+\sigma_2^P dW$$

2つのゼロ・クーポン債の価格変動は、対数正規プロセスに従うと仮定して、両者の無リスク・ヘッジ・ポートフォリオを考えてみる。ここでαが2つのゼロ・クーポン債のポートフォリオの不確実性を除去するヘッジ比率である。

$$-dP_1+\alpha dP_2=\left[-P_1\mu_P^1+\alpha P_2\mu_P^2\right]dt+\left[-P_1\sigma_P^1+\alpha P_2\sigma_P^2\right]dW$$

このポートフォリオが無リスク金利rになる条件は、

$$\frac{-P_1\mu_P^1+\alpha P_2\mu_P^2}{-P_1+\alpha P_2}\to r \qquad \alpha\equiv\frac{P_1\sigma_1^P}{P_2\sigma_2^P}$$

である。この関係を整理すると、

$$\frac{\mu_P^1-r}{\sigma_P^1}=\frac{\mu_P^2-r}{\sigma_P^2}\equiv\lambda$$

これをリスクの市場価格（Market Price of Risk）と呼ぶ。また、この式からは、リスクの市場価格λは債券満期に依存しないことがわかる。分子は期待収益率と無リスク金利の差であるからリスク・プレミアム（Risk Premium）と呼ばれる。

さて、2つの（無リスクではない）ゼロ・クーポン債によって合成された、無リスクのゼロ・クーポン債の価格変動が対数正規プロセスであるとすれば、その収益率変動は正規プロセスである。

$$dr=\mu(r,t)dt+\sigma(r,t)dW$$

ボラティリティーσは、イールド・ボラティリティーであり、ゼロ・クーポン債の価格ボラティリティーとは異なることに注意しよう。ここで合成ゼロ・クーポン債の微小価格変動は、伊藤のレンマにより、

$$\begin{aligned} dP &= \frac{\partial P}{\partial T}dT + \frac{\partial P}{\partial r}dr + \frac{1}{2}\frac{\partial^2 P}{\partial r^2}(dr)^2 \\ &= \frac{\partial P}{\partial T}dT + \frac{\partial P}{\partial r}[\mu(r,t)dt + \sigma(r,t)dW] \\ &\quad + \frac{1}{2}\frac{\partial^2 P}{\partial r^2}[\mu(r,t)dt + \sigma(r,t)dW]^2 \\ &= \left[-\frac{\partial P}{\partial T} + \mu(r,t)\frac{\partial P}{\partial r} + \frac{\sigma(r,t)}{2}\frac{\partial^2 P}{\partial r^2}\right]dt + \sigma(r,t)\frac{\partial P}{\partial r}dW \end{aligned}$$

となり、

$$-\frac{\partial P}{\partial T} + \mu(r,t)\frac{\partial P}{\partial r} + \frac{\sigma(r,t)2}{2}\frac{\partial^2 P}{\partial r^2} = \mu_P P$$

$$\sigma(r,t)\frac{\partial P}{\partial r} = \sigma_P P$$

を得る。

さて、このゼロ・クーポン債の収益率が無リスク金利と一致するには、無リスク金利 r と、債券の期待収益率 μ、そしてリスクの市場価値を関係

$$r = \mu(r,t) - \lambda(r,t)\sigma(r,t)$$

を利用して、

$$-\frac{\partial P}{\partial T} + [\mu(r,t) - \lambda(r,t)\sigma(r,t)]\frac{\partial P}{\partial r} + \frac{\sigma(r,t)2}{2}\frac{\partial^2 P}{\partial r^2} = rP$$

となる。これが期間構造方程式である。ここでブラック・ショールズ・マートンの基礎偏微分方程式と比較してみる。左辺第1項がマイナスになっているのは、債券価格と利回りの関係からの帰結である。

$$\frac{\partial f}{\partial t} + \left(r - q - \frac{\sigma^2}{2}\right)\frac{\partial f}{\partial V}\frac{1}{2}\sigma^2 + \frac{\partial^2 f}{\partial V^2} = rf$$

ブラック・ショールズ・マートンの基礎偏微分方程式のドリフト $\left(r - q - \frac{\sigma^2}{2}\right)$ が、市場で観測可能なパラメータによってモデル内生的に決定で

きるのに対して、期間構造方程式は、リスクの市場価値を外生的に与えられないと決定できないという相違がある。そのために、バシチェック以降、金利変動プロセスにはさまざまな確率微分方程式が提案されることになった。

7-2）期間構造モデルの歴史

■期間構造モデル

リスク・ニュートラル金利変動プロセスは、期間構造方程式から一意に決定できないことが判明した。1977 年にバシチェックが提案した金利変動方程式は、アインシュタインの拡散方程式の拡張に貢献した、オルシュタインとユーレンベック過程を援用したものである。

この確率微分方程式は、ブラウン粒子が重力場（あるいは吸収壁）に引き付けられる現象を記述するモデルである。ここでブラウン粒子を金利に置き換えると、金利が長期的には、ある金利水準に回帰するというモデルと解釈できる。

$$dr = \beta(\mu - r)dt + \sigma dW$$

ここで β が回帰スピード、μ が回帰水準（前節の期待収益率ではない点に注意）である。

1980 年代半ばにはコックス・インガソール・ロスらにより、平方根過程が提案された（CIR モデル）。

$$dr = \beta\left(\mu - r\right)dt + \sigma\sqrt{r}dW$$

拡散項に着目すれば、平方根が付いているので、金利が下落しゼロになった時点で拡散項が消滅し、金利は再び上方にドリフトするモデルであることがわかる。つまり、金利がマイナスになることを防ぐために、反射壁を設定したアド・ホック（場当たり的）なモデルである。

バシチェック・モデルおよび CIR モデルは、一般に均衡期間構造モデルと呼ばれ、1980 年後半から登場した裁定期間構造モデルと区別される。これら

2つのモデルは、いずれもゼロ・クーポン債の価格の解析解が存在するというメリットがある。例えばバシチェック・モデルの解析解は次のようになる。

$$P(t,T)=A(t,T)e^{-B(t,T)r(t)}$$

$$A(t,T)=\begin{cases}\exp\left[\dfrac{(B(t,T)-T+t)\left(\beta^2\mu-\dfrac{\sigma^2}{2}\right)}{\beta^2}-\dfrac{\sigma^2B(t,T)^2}{4\beta}\right]\\ \exp\left[\dfrac{\sigma^2(T-t)^3}{\sigma}\right]\end{cases}$$

$$B(t,T)=\begin{cases}\dfrac{1-e^{-\beta(T-t)}}{\beta}\\ T-t\end{cases}$$

均衡型金利変動モデルは、経験科学の方法論である仮説演繹法に基づいている。経験主義的科学では、まず仮説を構築し、それを観測データによってテストするという手順で進行する。ここで仮説が現実にフィットすれば、そのモデルが験証されたことになる。験証（corroboration）は、帰納が存在しないとするポパーの科学方法論の用語で、検証（verification）とは異なり、仮説が確証されるのではなく、とりあえず維持されることである。

ここでテストすべきは、金利変動方程式およびパラメータである。例えば、バシチェック・モデルでは、オルンシュタイン・ユーレンベック過程および平均回帰水準や回帰スピードが検証対象となる。平均回帰水準や回帰スピードの検証は、物理学でいえば物理定数の発見に相当する。

しかしながら、自然科学とは異なり、社会科学のように複雑系システムを対象とした科学の場合、物理学におけるような比例定数の発見は基本的には困難である（もちろん自然科学も複雑系システムを扱うけれども、社会科学は実験室のような孤立系でのテストが不可能であるので、普遍法則の発見が困難である、**図7-1**）。したがって、均衡期間構造モデルは、現実の期間構造によって反証されてしまう。

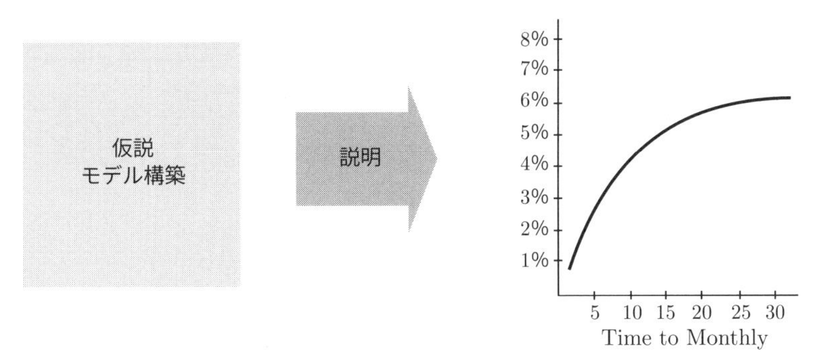

■図 7-1　仮説モデル構築の説明

1986 年、ホーとリーは経験主義的な仮説演繹とは逆に、現実の期間構造にモデルをフィットさせることを考えた。これは現実を仮説によって説明するモデルではなく、現実は常に正しいと考えるモデルである。19 世紀後半に実証主義が批判したドイツ観念論の哲学者ヘーゲル（G. Hegel）の再来である。ちなみに、ドイツ観念論哲学は、思弁哲学ともいわれる。思弁とは、雑多な経験をいったん括弧に入れて、深く考えることである。これをスペキュレーションと呼ぶ。

均衡モデルとの大きな違いは、ドリフト項 θ が状態依存している点である。すなわち、ドリフト項が固定的なパラメータではなく、状態変数となりクッションの働きをすることで、現実の期間構造にフィットさせているのである(現実は合理的である、**図 7-2**)。この作業を、カリブレーションと呼ぶ。

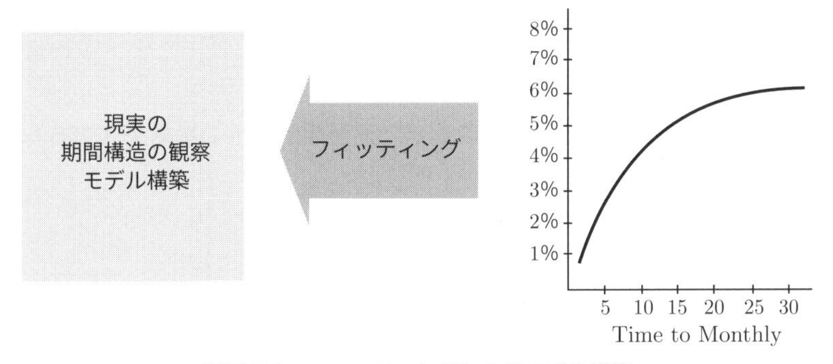

■図 7-2　フィッティングによるモデル構築

$$dr = \theta(t)dt + \sigma dW$$

1991 年に発表されたハル・ホワイト・モデルは、バシチェック・モデルの平均回帰性向とホー・リー・モデルの裁定条件を合わせもった強力なモデルであり、今日でも利用価値の高いモデルである。

$$dr = \alpha(\theta(t) - r)dt + \sigma dW$$

同じ 1991 年に発表されたブラック・カラジンスキー・モデルは、正規モデルであるハル・ホワイト・モデルのショート・スポット・レートを、対数正規に置き換えたモデルである。そのため、しばしば対数正規ハル・ホワイト・モデルと呼ばれる。

$$d\log r = \alpha(\theta(t) - \log r)dt + \sigma dW$$

ハル・ホワイト・モデルは、正規モデルであるのでマイナス金利の可能性を排除できないが（マイナス金利環境下の今日では逆に貴重なモデルであるが）、バシチェック・モデルの拡張型なのでゼロ・クーポン債の解析解が存在する。しかしながら、現実の市場ではゼロ・クーポン債のオプションのプライシングができてもあまり汎用性がない。そのため、もっぱら三項ツリー（Trinomial Tree）によるシステム実装が主流である。

三項ツリーが採用される理由は、二項ツリーでは、平均回帰性を考慮することが難しいからである。三項ツリーの構築は、陽的有限差分における三項関係を利用して、分岐確率が導出される。同時に、陽的有限差分法で問題になったように（補足説明 5 を参照）、拡散方程式の離散化では、時間幅と価格（空間）幅のとり方に制約がある。次の式が、差分化する際の制約条件である。

$$\frac{\sigma\sqrt{3\Delta t}}{2} \leq \Delta r \leq 2\sigma\sqrt{\Delta t}$$

期間構造モデルのツリー展開によるデリバティブ・プライシングの計算手順は次のとおりである。

(1) 現時点の期間構造（ボラティリティー構造も含む）からショート・レート・ツリーを構築
(2) フォワード・インダクションによる分岐比率あるいは状態価格ベクトルの生成
(3) 債券価格をバックワード・インダクションにより検証
(4) スワプション（債券オプション）によるブラック・ボラティリティーとの整合性確認（カリブレーション）

■裁定モデル一般が抱える問題点

最後に、裁定モデル一般が抱える問題点を考えてみる。裁定モデルが、将来の金利展開を確率的に予測しているならば、最初に設定された状態変数は、その後は固定されなければならない。

しかしながら、実際は、金利構造は刻一刻と変化し、それとともに状態変数も変化してしまう。いくつかのデリバティブ・プライシング・アプリケーションではパラメータ（ボラティリティーおよび平均回帰係数）も時間依存させている場合がある。しかし、この場合は、ボラティリティー構造が不安定になることをハル自身が検証・指摘している。つまり、金利とボラティリティーを同時にフィットさせようとすると、モデルは不安定になってしまうのである。これはマルコフ型モデル一般にいえることである。以下、ショート・レート単一で期間構造を説明しようとするモデルでは、

(1) 均衡型モデルでは、固定的な説明パラメータが現実の期間構造にフィットしない。
(2) 裁定モデルでは、初期設定された状態変数が毎回変動してしまう。
⇒将来の金利予測が毎回異なる。
(3) マルコフ性を仮定したモデルにおいて、パラメータを時間依存させてしまうと、ボラティリティー構造が不安定になる。
(4) 対数正規を仮定した期間構造モデルでは、解析解が得られない。そのため満期が短いオプションなどをプライシングする場合でも、長期のツ

リー展開が必要となる。

(5) マイナス金利の可能性を排除した、対数正規モデルで瞬間的スポット・レートを展開した場合、有限時間内に期待値が発散する。したがって、ブラック・カラジンスキー（対数正規ハル・ホワイト）モデルなどを利用する場合は、期間内金利変化のステップを調整する必要がある。

といった問題点が指摘されている。

1990年代になると、スワップ・スプレッドのように、シングル・ファクターのショート・レート・モデルでは対応できないデリバティブ取引が登場し始めた。例えば、クーポンが20年金利スワップと2年金利スワップのスプレッドに連動するようなデリバティブ取引である。

この場合は、2つのショート・レートと、それらの相関を考慮する必要がある。このようなデリバティブ取引に対応するために、マルチ・ファクター・ショート・レート・モデルが提案された。代表的なモデルは、2ファクター・ハル・ホワイト・モデルと2ファクター・正規モデルがある。

2ファクター・ハル・ホワイト・モデル

$$dr = (\theta(t) + u + -\alpha r)dt + \sigma_1 dW_1$$
$$du = -\beta u dt + \sigma_2 dW_2$$
$$\rho dt = dW_1 dW_2$$

2ファクター・正規モデル

$$r(t) = x(t) + y(t) + \varphi(t)$$
$$dx = -\alpha x dt + \sigma_1 dW_1$$
$$dy = -\beta u dt + \sigma_2 dW_2$$
$$\rho dt = dW_1 dW_2$$

もう1つの流れは1992年に提案されたヒース・ジャロー・モートン（HJM）の（連続的な）フォワード・レートを基準にする手法である。HJMフレームワークでは、フォワード・レートを初期設定させることでボラティリティー構造の不安定性を回避しつつ、期間構造に完全フィットできるという

メリットがある。また、フォワード・レートは、ショート・スポット・レート（＝スタート時点が 0 のフォワード・レート）を包摂するので、ショート・レート・モデルも派生モデルとして導出できる。その意味で単一のモデルではなく期間構造フレームワークである。

ここではリスク・ニュートラル・フォワード・レートを導出してみる。まず時点 T と $T+\Delta t$ までのフォワード・レートは、2 つのフォワード・ゼロ・クーポン債から、

$$f(T, T+\Delta t) = -\frac{\ln P(T, T+\Delta t) - \ln P(T)}{T}$$

となる。これを連続的なフォワード・レートに書き換えると、

$$f(T) = -\frac{\partial \ln P(T)}{\partial T}$$

となる。したがって、連続利子率ベースのフォワード・ゼロ・クーポン債の価格は、次のようになる。

$$P(T) = \exp\left(-\int_0^T f(s)ds\right)$$

次に、無リスクのゼロ・クーポン債の価格が収益率 r、価格ボラティリティーを σ_P とすると、

$$dP(T) = r(T)P(T)dt + \sigma_P P(T)dW$$

となる。したがって連続的な無リスク・フォワード・レートの変動は、次のようになる。

$$\begin{aligned} df(T) &= -\frac{\partial}{\partial T}\left(\frac{1}{2}\sigma_P(T) - r(T)\right)dt - \frac{\partial \sigma_P(T)}{\partial T}dW \\ &= \sigma_P(T)\frac{\partial \sigma_P(T)}{\partial T} - \frac{\partial \sigma_P(T)}{\partial T}dW \end{aligned}$$

ここでゼロ・クーポン債の価格ボラティリティーとイールド・ボラティリティーの関係は、

$$\sigma(T) = -\frac{\partial \sigma_P(T)}{\partial T}$$

であるから、ドリフト項（右辺第１項）も次のように書き換えることができる。

$$\sigma_P(T)\frac{\partial \sigma_P(T)}{\partial T} = \sigma(T)\int_0^T \sigma(s)ds$$

したがって、HJM フレームワークの基本となるフォワード・レートの確率微分方程式は、次のようになる。

$$df(T) = \sigma(T)\int_0^T \sigma(s)ds + \sigma(T)dW$$

ところで、フォワード・レートがランダムに変動するということは、このモデルを利用して展開される金利ツリーが再結合するケースは、まれであるということでもある（非マルコフ性）。したがって、フォワード・レートの確率微分方程式に、なんらかの制約条件が必要となる。

再結合しないツリーはブシー・ツリー（ブッシュ）と呼ばれ、格子（ノード）数が、二項ツリー展開でも２の N 乗になってしまう。例えば、30 年間の金利を６カ月ごとで再結合しない二項ツリー展開すれば、２の 60 乗の経路ができてしまう。また、市場で標準的な対数正規モデルに対応させようとすると、ドリフト項が発散してしまう。したがって、発散を防いだり、計算負荷を軽減するために、さまざまなモデルが提案されている。

連続モデルである HJM フレームワークを離散化して、実際に市場で取引されている短期資金市場金利（LIBOR）に対応させたモデルをマーケット・モデルと呼ぶ。マーケット・モデルは現実のレートを利用しているという意味で、有力な期間構造モデルである。ここでは、もっとも基本的なマーケット・モデルである LFM（Lognormal Forward-LIBOR Model）の基本構造について考える。まず、6 カ月フォワード LIBOR を F とし、そのボラティリティーを σ とする。

$$dF_i = F_i \sigma_i^M dW_{i+1}$$

LIBOR の支払いは、レート決定時ではなく満期時であるので注意が必要である。それが**図 7-3** である。

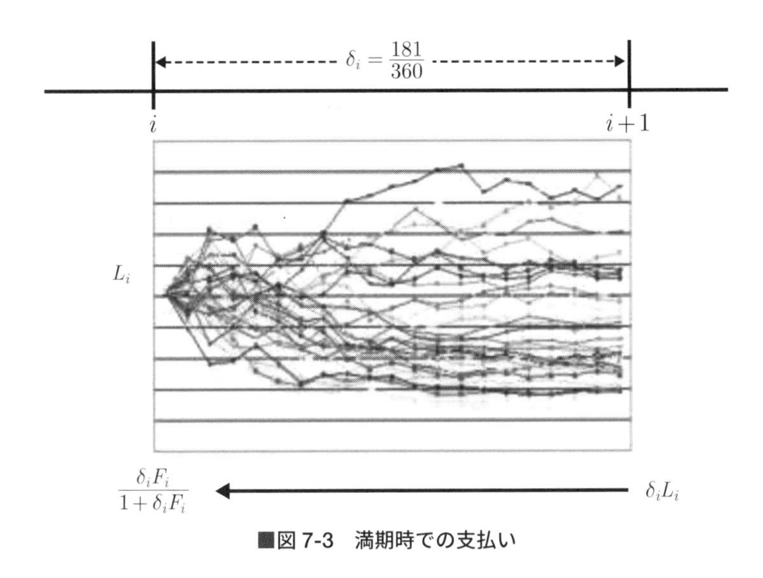

■図 7-3　満期時での支払い

LIBOR 変動のドリフトはゼロであるが、実際はバイアスが発生する。そこで $t+1$ 基準と t 基準のブラウン運動（の確率）を調整する必要がある（**図 7-4**）。

次に、2 つの LIBOR のボラティリティーの関係を考える。

$$dF_{i-1} = F_{i-1} \sigma_{i-1}^M dW_i$$

$$dW_i + \frac{\delta_i F_i}{1+\delta_i F_i} \rho_{i-1,i} \sigma_i^M dt = dW_{i+1}$$

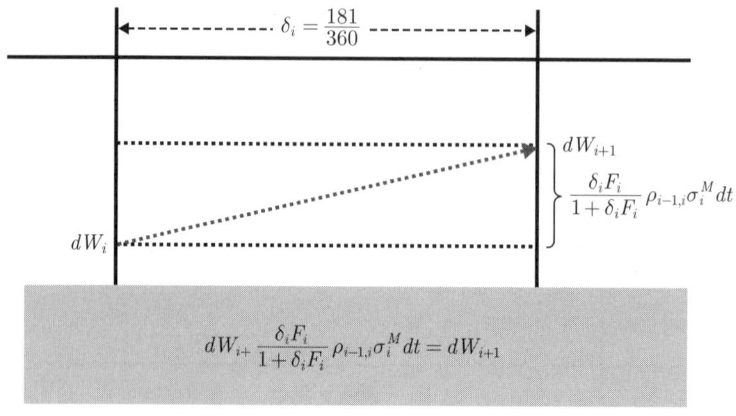

■図7-4　ブラウン運動（の確率）の調整

さらに2つのLIBOR関係を求めると、

$$\frac{dF_{i-1}}{F_{i-1}\sigma_{i-1}^M} + \frac{\delta_i F_i}{1+\delta_i F_i}\rho_{i-1,i}\sigma_i dt = dW_{i+1}$$

$$\frac{dF_{i-1}}{F_{i-1}} = -\sigma_{i-1}\frac{\delta_i F_i}{1+\delta_i F_i}\rho_{i-1,i}\sigma_i dt + \sigma_{i-1}^M dW_{i+1}$$

となる。

図7-5から理解できるようにマーケット・モデルでは、金利更新時ごとに異なった確率測度が必要となるので、満期時点の確率測度（最終メジャー）からさかのぼる形で定式化される。このようにマーケット・モデルは、きわめて理論的で美しいモデルではあるが、実務やシステム実装には大変な負荷がかかるという難点がある。

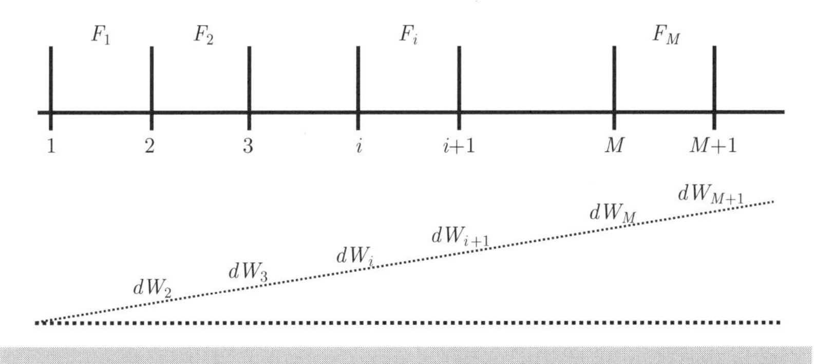

$$\frac{dF_i}{F_i} = -\sigma_i \sum_{j=i+1}^{M} \frac{\delta_j F_j}{1+\delta_j F_j} \rho_{i,j} \sigma_j dt + \sigma_i^M dW_{M+1}$$

■図 7-5　マーケット・モデル

7-3）ブラック・ダーマン・トイ・モデルの実装

期間構造方程式によれば、リスク・ニュートラル金利変動プロセスは、リスクの市場価値がわからなければ決定できない。そこで、ブラック・ショールズ・マートンの基礎偏微分方程式にならって、金利変動の対数が正規分布するというもっとも単純な仮定で、金利の期間構造を構築してみる。これはブラック・ダーマン・トイ（Black, Derman, Toy）によって 1990 年に発表された期間構造モデルである。ホー・リー・モデルの対数正規バージョンである。金利デリバティブの実務において、金利の期間構造をゼロから Excel で作成することはないが、金利の期間構造モデルを体得するには、このような作業は重要である。

$$d\log r = \theta(t)dt + \sigma dW$$

まず、Excel で展開するために離散化する。

$$\log r_1 = \log r_0 + \theta(t)\Delta t + \sigma\sqrt{\Delta t}$$

ショート・レートは連続的な利子率であるが、ここでは 6 カ月金利で離散近似してみる。

$$\log r_1 = \log r_0 + \theta(t)\Delta t + \sigma\sqrt{\Delta t}$$

二項ツリー展開のイメージは**図 7-6** のとおりである。

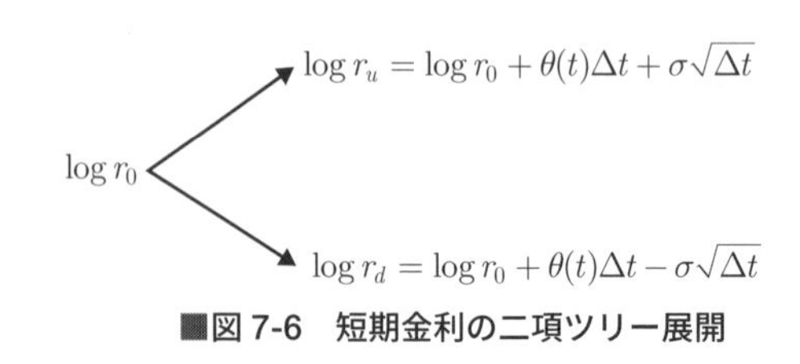

■図 7-6　短期金利の二項ツリー展開

すでに述べたように、裁定型期間構造モデルでは、金利ドリフト θ は定数ではなく、状態変数であるから、市場レートから逆算しなければならない。そこでまず、ドリフト値をゼロと仮置きして計算してみる（**図 7-7**）。金利の期間構造は 10 年まですべて 1% とした。

短期金利の二項展開

ボラティリティー				
20.0%	ドリフト	0	0	0
実年数	0.5041	0.4986	0.5041	0.4959
	0	6	12	18
	1.011%	1.165%	1.342%	1.545%
		0.878%	1.011%	1.166%
			0.762%	0.878%
				0.662%

市場データ	
6M	1.00000
1Y	1.00000
18M	1.00000
2Y	1.00000
3Y	1.00000
4Y	1.00000
5Y	1.00000
6Y	1.00000
7Y	1.00000
8Y	1.00000
9Y	1.00000
10Y	1.00000

■図 7-7　短期金利の二項ツリー展開を Excel に実装

次に、状態価格ベクトルを、二項ツリー展開する（フォワード・インダクション、**図 7-8**）。金利の期間構造モデルでは、短期金利自身が確率的に変動しているので、経路ごとに異なった割引率を適用しなければならない。したがって、キャッシュ・フローを単一のディスカウント・ファクターで割り引くことはできない。

フォワード・レート	1.011%	0.983%	0.997%	0.998%
先物レート	1.011%	1.021%	1.031%	1.042%
先物バイアス	0.000%	0.038%	0.034%	0.045%

状態価格ベクトルの導出

0	6	12	18
100%	49.746%	24.729%	12.281%
	49.746%	49.493%	36.902%
		24.764%	36.955%
			12.335%

■図 7-8　状態価格ベクトルの導出

$$49.493\% = \frac{1}{2}\left(49.746\% \times e^{-1.165\% \times 0.4986} + 49.746\% \times e^{-0.878\% \times 0.4986}\right)$$

図 7-9 がそのイメージである。

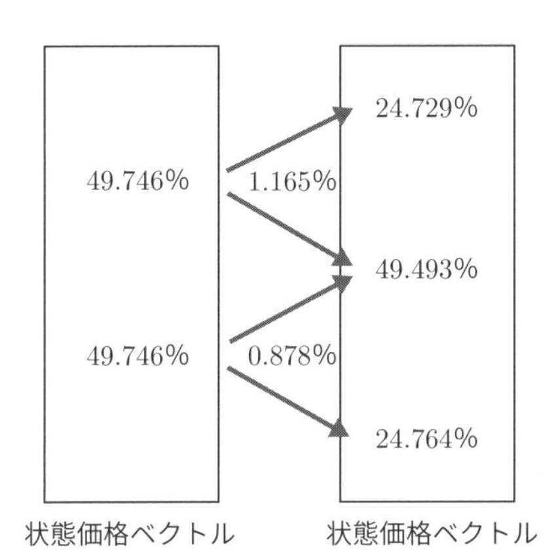

■図 7-9　状態価格ベクトルの導出経過

各期の分岐比率の総和は、状態価格ベクトルと呼ばれる。なぜ分岐確率と呼ばないかといえば、総和が 1 ではなく、その時点のディスカウント・ファクターに一致するからである。言い換えれば、各期の分岐確率の現在価値ともいえる。状態価格ベクトルの展開は、各期のディスカウント・ファクターが計算されることでもある。逆の見方をすれば、将来の時点を基準にすれば状態価格ベクトルを分岐確率の集合と呼ぶことができる。このような評価手法をフォワード・リスク・ニュートラル法と呼ぶ。

ところで、ここで展開した状態価格ベクトルは、ドリフト θ をゼロと仮置きしているので、現実の期間構造にフィットしないはずである。

このことを確認するために、固定金利1%の10年債券の現在価値をバックワード・インダクションで導出してみる。もし、現実の市場と整合的であれば、現在価格は100になるはずである。満期時のキャッシュ・フローは、償還元本100円と固定クーポン（6カ月分、4.9589円）の和、100.496円である（**図7-10**）。

固定利付債価格のバックワード・インダクション

固定金利					
1.000%	金利実額	0.50411	0.49863	0.50411	0.49589
	0	6	12	18	120
	98.995	98.108	96.676	95.231	100.496
		100.894	99.668	98.430	100.496
			101.993	100.922	100.496
				102.848	100.496
					100.496
					100.496
					100.496
					100.496
					100.496
					100.496
					100.496
					100.496
					100.496
					100.496
					100.496
					100.496
					100.496
					100.496
					100.496
					100.496
					100.496

■図7-10　固定利付債のバックワード・インダクション

当然の結果ではあるが、現在価格は98.995円であり、100円にはならない。**図7-11**のグラフは、現実の期間構造から計算されたディスカウント・ファクターと、ドリフトθがゼロの場合のディスカウント・ファクターとの誤差である。

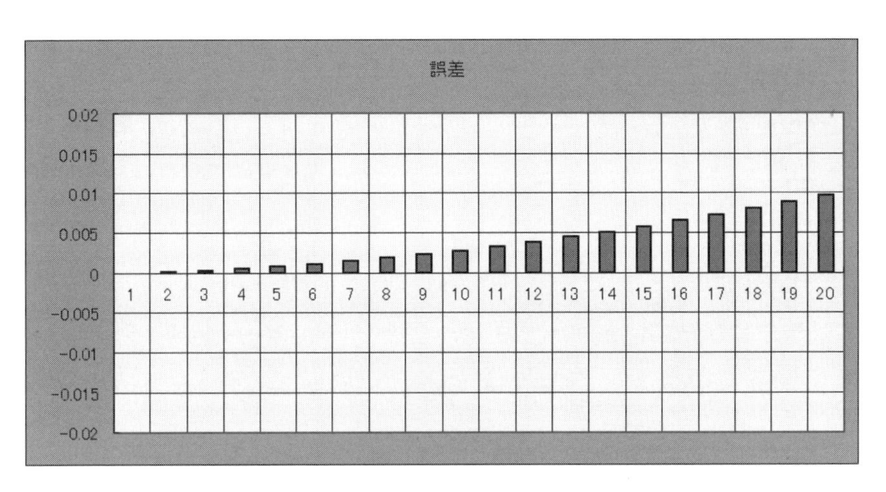

構造モデル	二乗誤差	誤差
0.99491488	0.00000000	0.000000000%
0.989860861	0.00018700	0.018700088%
0.984728929	0.00035304	0.035303987%
0.979654479	0.00056667	0.056666727%
0.97447619	0.00082835	0.082835244%
0.969357852	0.00113411	0.113411430%
0.964136684	0.00148748	0.148747781%
0.958977796	0.00188156	0.188155679%
0.95371714	0.00232272	0.232272382%
0.948494499	0.00280191	0.280191392%
0.943200033	0.00332486	0.332485722%
0.937972362	0.00388196	0.388196360%
0.932645235	0.00448493	0.448492704%
0.927387164	0.00511879	0.511879031%
0.922031058	0.00579762	0.579762339%
0.916746489	0.00650388	0.650388248%
0.911365666	0.00725386	0.725385603%
0.906031925	0.00802981	0.802981017%
0.90063344	0.00884353	0.884353413%
0.895311866	0.00967735	0.967735403%
	115.62847108	

■図 7-11　現実の市場との誤差

そこで、Excel のソルバー機能を利用して現実の期間構造から計算されるディスカウント・ファクターと一致するような、金利ドリフトθを逆算してみる（**図 7-12**）。

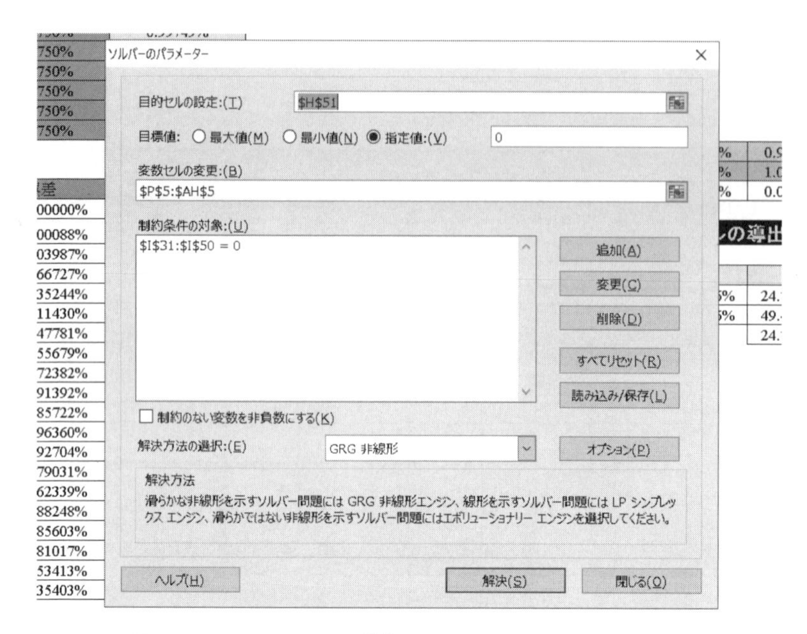

■図 7-12　Excel ソルバー機能を利用した金利ドリフト θ の逆算

目的セルの条件は、現実のディスカウント・ファクターと、状態価格ベクトルの二項ツリー展開から計算されたディスカウント・ファクターとの誤差が、ゼロになることである（**図 7-13**）。変数セルは仮置きしたドリフト θ である。

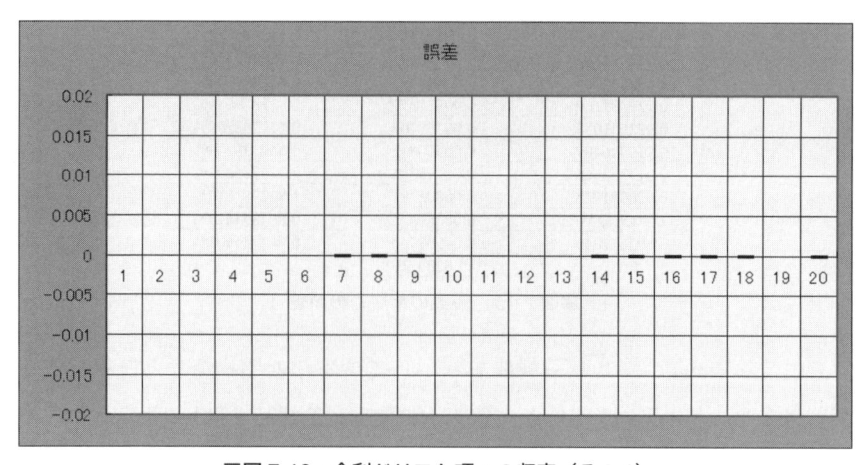

■図 7-13　金利ドリフト項 θ の収束（その 1）

構造モデル	二乗誤差	誤差
0.99491488	0.00000000	0.000000000%
0.990047862	0.00000000	0.000000000%
0.985081969	0.00000000	0.000000000%
0.980221146	0.00000000	0.000000000%
0.975304543	0.00000000	0.000000000%
0.970491966	0.00000000	0.000000000%
0.965624162	0.00000000	0.000000000%
0.960859353	0.00000000	0.000000000%
0.956039864	0.00000000	0.000000000%
0.951296413	0.00000000	0.000000000%
0.946524891	0.00000000	0.000000000%
0.941854325	0.00000000	0.000000000%
0.937130162	0.00000000	0.000000000%
0.932505955	0.00000000	0.000000000%
0.927828681	0.00000000	0.000000000%
0.923250371	0.00000000	0.000000000%
0.918619522	0.00000000	0.000000000%
0.914061735	0.00000000	0.000000000%
0.909476974	0.00000000	0.000000000%
0.904989227	0.00000001	-0.000000765%
	0.00000000	

■図 7-13　金利ドリフト項 θ の収束（その 2）

ソルバーによってゼロであったドリフト項のセルに、現実の期間構造（イールド・カーブ）にほぼフィットするドリフトが計算された（**図 7-14**）。

短期金利の二項展開

ボラティリティー								
20.0%	ドリフト	-0.0758048	0.00918206	-0.0208233	-0.0180705	-0.0202938	-0.0175882	-0.0198323
実年数	0.5041	0.4986	0.5041	0.4959	0.5041	0.4959	0.5041	0.4959
	0	6	12	18	24	30	36	42
	1.011%	1.122%	1.299%	1.480%	1.690%	1.926%	2.200%	2.508%
		0.846%	0.978%	1.116%	1.272%	1.453%	1.656%	1.893%
			0.737%	0.840%	0.960%	1.094%	1.250%	1.425%
				0.634%	0.723%	0.825%	0.941%	1.075%
					0.545%	0.621%	0.710%	0.809%
						0.468%	0.534%	0.611%
							0.403%	0.460%
								0.346%

■図 7-14　市場に一致する短期金利の二項ツリー展開

次に、ソルバーによって逆算されたドリフト（＝状態変数）θ が、現実の期間構造にフィットしているかを固定利付債価格のバックワード・インダクションで確認する（**図 7-15**）。

固定利付債価格のバックワード・インダクション

固定金利					
1.000%	金利実額	0.50411	0.49863	0.50411	0.49589
	0	6	12	18	120
	100.000	99.244	97.936	96.631	100.496
		101.778	100.651	99.524	100.496
			102.753	101.770	100.496
				103.501	100.496
					100.496
					100.496
					100.496
					100.496
					100.496
					100.496
					100.496
					100.496
					100.496
					100.496
					100.496
					100.496
					100.496
					100.496
					100.496
					100.496
					100.496

■図7-15　現実の市場に一致した金利ドリフト項でのバックワード・インダクション

現在価格は100円となり、逆算されたドリフト値が正しいことが確認された。

次に、5年後に償還される可能性のある、10年債の価格を考えてみよう。いわゆるワンタイム・コーラブル債である（**図7-16**）。債券の投資家からすれば、5年後にコールされる可能性（早期償還リスク）があるので、100円では購入できない。

債券の発行体は5年後の価格が、償還元本100円と経過利息を上回っていれば、この時点で早期償還を実施するのが合理的である。したがって、5年後に価格がそのような状態にあるセルは、償還元本と利息に置き換えた上で、バックワード・インダクションをする。その結果、現在価格は99.17円となる。100円との差額0.83円がコールにかかわる早期償還プレミアムである。

次に、発行1年後から6カ月ごとにコールされる可能性があるマルチ・コー

ワンタイム・コーラブル

プレミアム											
											100.499
0.83043	0	6	12	18	24	30	36	42	48	54	60
	99.170	98.687	97.605	96.467	95.236	93.972	92.661	91.395	90.149	89.011	87.958
		100.666	99.861	99.022	98.104	97.129	96.069	94.992	93.907	92.904	91.967
			101.309	100.685	100.026	99.343	98.578	97.757	96.851	95.962	95.119
				101.687	101.172	100.683	100.174	99.647	99.034	98.336	97.572
					101.830	101.405	101.005	100.656	100.313	99.961	99.464
						101.820	101.419	101.083	100.797	100.605	100.499
							101.684	101.309	100.969	100.703	100.499
								101.479	101.100	100.777	100.499
									101.198	100.832	100.499
										100.874	100.499
											100.499

■図 7-16　ワンタイム・コーラブル債のバックワード・インダクション

マルチ・コーラブル

プレミアム		0.504	0.499	0.504	0.496	0.504	0.496	0.504	0.496	0.504	0.499
1.17651	0	6	12	18	24	30	36	42	48	54	60
	98.823	98.526	97.545	96.450	95.233	93.972	92.661	91.395	90.149	89.011	87.958
		100.131	99.598	98.918	98.073	97.123	96.069	94.992	93.907	92.904	91.967
			100.499	100.259	99.847	99.287	98.566	97.757	96.851	95.962	95.119
				100.504	100.496	100.380	100.074	99.623	99.034	98.336	97.572
					100.496	100.504	100.496	100.481	100.262	99.961	99.464
						100.504	100.496	100.504	100.496	100.504	100.499
							100.496	100.504	100.496	100.504	100.499
								100.504	100.496	100.504	100.499
									100.496	100.504	100.499
										100.504	100.499
											100.499

■図 7-17　マルチ・コーラブル債のバックワード・インダクション

ラブル債を考えてみよう（**図 7-17**）。マルチコーラブル債券の場合も、考え方は同じである。ただ、その条件が 6 カ月ごとに課せられるだけである。

マルチ・コーラブル債の現在価値は 98.823 円なので、早期償還プレミアムは 1.177 円となる。ここでは平均回帰なしの対数正規モデルを Excel に実装したが、正規モデルにすればホー・リー・モデルとなる。

7-4）フォワード金利の摂動と純粋期待仮説の破綻

金利フォワード・レートは、満期の異なる資金貸借取引（あるいは債券）があれば計算可能である。この考えは、純粋期待仮説と呼ばれる。2 年後に 1 円が償還されるゼロ・クーポン債の現在価値は、1 年金利 r とフォワード金利 f によって、

$$PV = \frac{1}{(1+r)(1+f)}$$

と表すことができる。一方、二項ツリーのバックワード・インダクションで計算する場合は、

$$PV = \frac{1}{1+r}\left(\frac{0.5\times 1}{1+r_U} + \frac{0.5\times 1}{1+r_D}\right)$$

である。ここで両者が一致するのは、$r_U = r_D$ の場合だけである。これは金利がまったく変動しないことを意味する。これが純粋期待仮説である。しかしながら、金利は常に変動しているので、金利が変動しないという前提は現実的でない（純粋期待仮説の破綻）。したがって、フォワード・レートと将来の金利の確率平均は一致しない。

図 7-18、**図 7-19** は、金利を二項ツリー展開した場合の平均値とフォワード・レートとのバイアスである。ホー・リーは、このバイアスを摂動（purturbation）と名付けている。摂動とは古典物理学において天体の基本軌道が、小さな引力によって影響を受ける現象である。

	48	54	60	66	72	78	84	90	96
フォワード・レート	0.997%	0.998%	0.997%	0.998%	0.997%	0.998%	0.997%	0.998%	0.997%
平均レート	1.001%	1.002%	1.003%	1.004%	1.005%	1.007%	1.008%	1.010%	1.011%
バイアス	0.003%	0.004%	0.005%	0.006%	0.008%	0.009%	0.011%	0.012%	0.014%

■図 7-18　フォワード金利バイアス

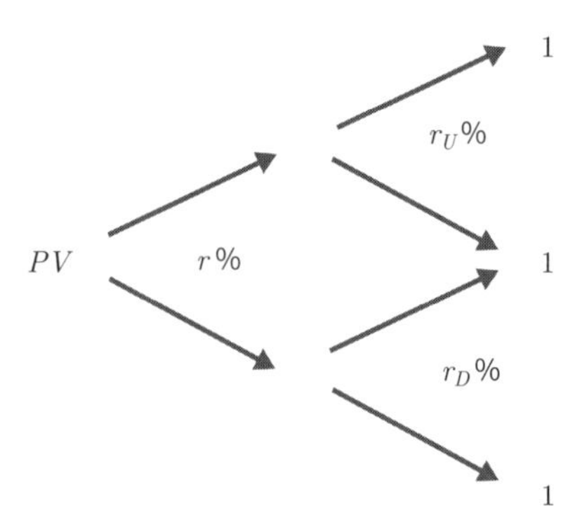

■図 7-19　フォワード金利バイアスの摂動

金利の摂動は、モンテ・カルロ・シュミレーションで、多数のサンプルパスを平均した際にも確認できる。**図 7-20** のグラフは、(a) が 2 年金利スワップがランダムに変動すると仮定した場合の、モンテ・カルロ・シュミレーション

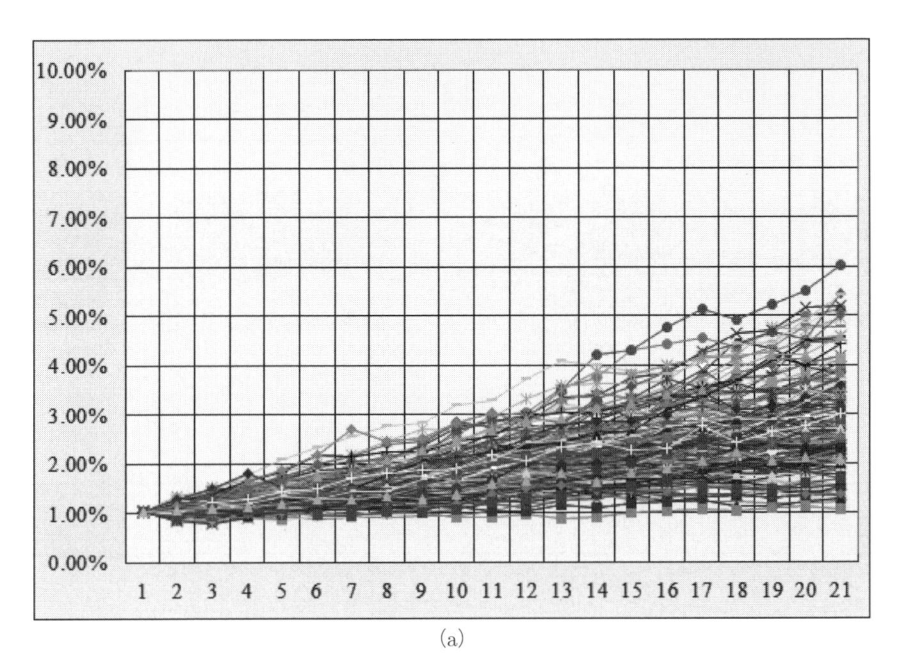

(a)

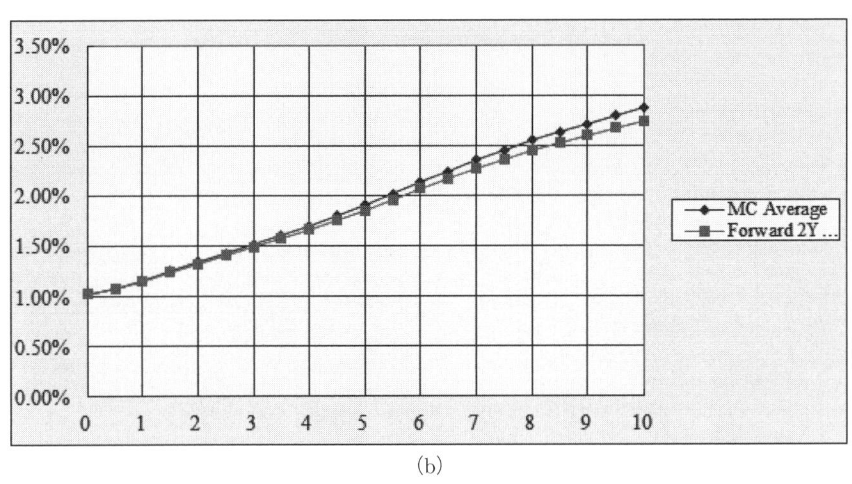

(b)

■図 7-20　モンテ・カルロ・シミュレーションの平均値とフォワード金利のバイアス

で、(b) はその平均値とフォワード 2 年金利スワップを比較したものである。何度シミュレーションを繰り返しても、モンテ・カルロ・シュミレーションによるサンプル・パスの平均値は、理論フォワード水準を上回る。

摂動によるフォワード金利のバイアスに関しては、次章のコンスタント・マチュリティー・スワップ（CMS）で再び取り上げる。

第 8 章

コンスタント・マチュリティー・スワップ（CMS）

「目的への手段はその目的が価値あるものである限りにおいてのみ、価値を有する。」（ヒューム）

標準的な金利スワップは、満期まで固定された金利と、金利更新日ごとに更新される短期金利（LIBOR）を交換する取引であった。ところがコンスタント・マチュリティー・スワップの場合は、金利更新日ごとに、その時点での短期金利（LIBOR）と金利スワップ・レートを交換する取引である。つまり、期間の異なる変動金利の交換、すなわちベイシス・スワップの一種である。金利には期間構造が存在し、順イールド環境下では、長期金利のほうが短期金利より高い。したがって、期間の異なる変動金利の交換には、スプレッド調整が必要である。

長期金利として、金利スワップではなく、国債が適用される場合は、コンスタント・マチュリティー・トレジャリー（CMT：Constant Maturity Treasury）と呼ばれる。日本国債の大半は、一般的な固定利付債であるが、10年満期の指標国債の利回りをクーポンとした、15年満期のコンスタント・マチュリティー・トレジャリーも存在する。

8-1）CMSの基本構造と価格感応性

金利スワップ・レートとLIBORを交換するスワップをコンスタント・マチュリティー・スワップ（以下、CMS）と呼ぶ。標準的な金利スワップでは、固定金利が契約当初に決定されるが、CMSでは、金利更新日ごとに、その時点での金利スワップ・レートに連動してクーポンが決定される。したがって、CMSは、固定金利と変動金利の交換ではなく、満期の異なる変動金利と変動金利の交換（ベイシス・スワップ）である。

CMSのプライシングは、短期金利も長期金利も変動金利なので、フォワードLIBOR（FRA）とフォワード金利スワップ・レートを計算しなければならない。順イールドの金利環境下では、フォワード金利スワップ・レートは、フォワードLIBORよりも有利である。したがって、2つのレートを公正に交換するには、なんらかの調整が必要である。CMSのフェア・バリューは、順イールドの金利環境下では、フォワード・金利スワップ・レートからのマイナス・スプレッドで決定される。OTC デリバティブ市場での建値（たてね）の慣行は、金利スワップを基準にするので、その場合は LIBOR プラス・スプレッドで建値される。

図 8-1 は、OTC デリバティブ市場でのブローカー画面である。Swap の列が CMS の満期、Index の列が対象となる金利スワップの年数、JPY CMS の列は LIBOR スプレッドである。例えば、20 年金利スワップ・レートに連動した 5 年満期の CMS は、LIBOR プラス 36 ～ 76 bp で交換可能であるという意味である。

```
Tradition Asia - Constant Maturity Swap
15:26 12APR19              TRADITION ASIA            JP50174             MIR03
      www
      Meitan Tradition Constant Maturity Swaps [CMS]
      Prices are based on a spread over 6 month  Libor at Tokyo 3.00pm
      Swap Rate Index.

      Swap      Index
      5         5         5       15
      5         10        18      38
      5         15        30      60
      5         20        36      76
      7         5         7       19
      7         10        19      43
      7         15        29      63
      7         20        34      78
      10        5         7       23
      10        10        18      48
      10        15        26      66
      10        20        29      79
```

■図 8-1　CMS のブローカー画面

次に、Excel で簡単な計算をしてみる。**図 8-2** のような市場環境下で 5 年 CMS と 6 カ月 LIBOR と 5 年金利スワップの固定金利のキャシュ・フローを計算した。

想定元本	100	円

市場データ			5Y CMS	6M LIBOR	5Y SWAP
6M	1.00000	0.5	1.2471	0.5058	1.2471
1Y	1.25000	1	1.3778	0.7333	1.2311
18M	1.50000	1.5	1.5070	0.9832	1.2256
2Y	1.75000	2	1.6018	1.2130	1.2038
3Y	2.00000	2.5	1.6999	1.1432	1.1960
4Y	2.25000	3	1.7967	1.2435	1.1740
5Y	2.50000	3.5	1.9095	1.3528	1.1635
6Y	2.75000	4	2.0096	1.4528	1.1453
7Y	3.00000	4.5	2.1056	1.5503	1.1259
8Y	3.25000	5	2.1863	1.6335	1.0993
9Y	3.50000		17.44135446	11.81153338	11.81153338
10Y	3.75000				

■図 8-2　フォワード LIBOR と 5Y フォワード金利スワップ（5Y CMS の列）の Excel シート

これら3つのキャッシュ・フローをグラフ化してみる（**図 8-3**）。

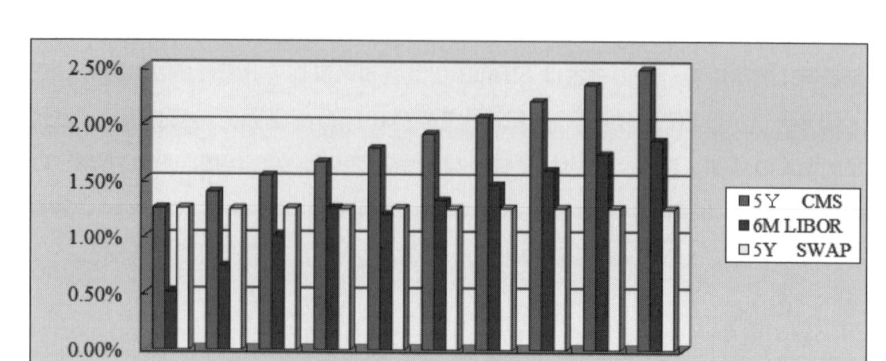

■図 8-3　3つのキャシュ・フローの比較グラフ

金利スワップの固定金利は、変動金利（フォワード LIBOR）を平準化したレートであるから、キャッシュ・フローの総和は一致する（想定元本100円あたり約11.81円）。しかしながら、CMSのキャッシュ・フローの総和は、明らかに両者より大きい（想定元本100円あたり17.44円）。したがって、CMSのキャッシュ・フローと一致させるには、CMSクーポンを、理論フォワード金利スワップ・マイナス・スプレッドで表示するか、フォワードLIBORプラス・スプレッドにするかのいずれかになる。

まず最初に、LIBORプラス・スプレッドをExcelのソルバーを利用して計算してみる（**図 8-4**）。CMSのキャッシュ・フローの総和は17.44円であるから、この金額に一致するように、繰り返し計算でスプレッドを求めると、

CMSクーポンの調整（LIBORプラス型）

Today	31-May-16
Spot Date	2-Jun-16

債券のクーポンPV	17.44135446	17.44135216
	クーポンギャップ	LIBORプラススプレッド
	0.00	1.175%

年数	月数	満期	DF		5Y CMS	6M LIBOR
0.50	6	2-Dec-16	0.99494238	0.5	1.2534%	1.10576%
1.00	12	2-Jun-17	0.98760893	1	1.3951%	1.33671%
1.50	18	2-Dec-17	0.97777729	1.5	1.5412%	1.60294%
2.00	24	2-Jun-18	0.96564724	2	1.6588%	1.85032%
2.50	30	2-Dec-18	0.95421484	2.5	1.7815%	1.79552%
3.00	36	2-Jun-19	0.94177942	3	1.9078%	1.91458%
3.50	42	2-Dec-19	0.92825095	3.5	2.0571%	2.05484%
4.00	48	2-Jun-20	0.91372287	4	2.1993%	2.18742%
4.50	54	2-Dec-20	0.89821945	4.5	2.3442%	2.32345%
5.00	60	2-Jun-21	0.88188467	5	2.4791%	2.44642%

■図 8-4　LIBOR スプレッドによる調整

1.175%（117.5 bp）となる。

次に、LIBOR キャッシュ・フローの総和（11.81 円）に一致するようにフォワード金利スワップ・レート・マイナス・スプレッドを繰り返し計算すると、−1.192%（−119.2 bp）となる（**図 8-5**）。

CMSクーポンの調整（クーポンマイナス型）

Today	31-May-16
Spot Date	2-Jun-16

	債券のクーポンPV	11.81149155	11.81153338
		CMSクーポンマイナスα	クーポンギャップ
		-1.192%	0.0000

年数	月数	満期	DF	クーポン発生時点	5 YCMS連動債	LIBOR Floater
0.50	6	2-Dec-16	0.99494238	0.5	0.6560%	0.50833%
1.00	12	2-Jun-17	0.98760893	1	0.8009%	0.74255%
1.50	18	2-Dec-17	0.97777729	1.5	0.9438%	1.00551%
2.00	24	2-Jun-18	0.96564724	2	1.0647%	1.25616%
2.50	30	2-Dec-18	0.95421484	2.5	1.1841%	1.19810%
3.00	36	2-Jun-19	0.94177942	3	1.3136%	1.32042%
3.50	42	2-Dec-19	0.92825095	3.5	1.4596%	1.45742%
4.00	48	2-Jun-20	0.91372287	4	1.6019%	1.58999%
4.50	54	2-Dec-20	0.89821945	4.5	1.7468%	1.72602%
5.00	60	2-Jun-21	0.88188467	5	1.8849%	1.85226%

■図 8-5　CMS クーポン・マイナス・スプレッドによる調整

スプレッドが若干ずれるのは、金利スワップ・レートの日数計算が 1 年 365 日ベースであるのに対して、LIBOR の日数計算が 1 年 360 日ベース（ユーロ・マネー・マーケット・ベース）で計算されるからである。

次に、クーポンが CMS に連動した変動利付債（以下、CMS フローターと呼ぶ）について考えてみる。この場合、利払い日ごとに決定される金利（スワップ・レート）は、利払いの更新間隔とは一致しない。例えば、利払い更新日ごとに 5 年の金利スワップ・レートに連動する、5 年満期の CMS フローターの場合、4 年半後に決定される 5 年の金利スワップ・レートの満期は、9 年半後である。したがって、CMS フローターの価格は、満期以降の金利変動にも影響される。これが CMS フローターの際立った特徴である。

このような金利感応度をもつ債券の価格変動性分析では、BPV（ベイシス・ポイント・バリュー）は不適切である。BPV は、金利の平行移動を仮定した価格変動性分析である。したがって、BPV では、債券の個々のキャッシュ・フローの変動性ではなく、債券価格全体の変動性のみの分析しかできない。

この難点を解決するために提案された手法が、GPS（グリッド・ポイント・センシティビティー）である。GPS は、あらかじめ設定されたグリッド・ポイントだけが 1 bp 上昇した場合の、BPV である。GPS を集計することによって、個々のグリッド・ポイントの変動性を把握することが可能となる。定義から推測されるように、GPS の総和がその債券の BPV となる。

CMS の特徴は、満期以降の金利の上昇が、CMS 現在価値に対してプラスの影響を与えている点である（**図 8-6**）。このことは、イールド・カーブのスティープニング（長短金利差の拡大）が、CMS の現在価値にプラスの影響を与えることを示している。すなわち、投資家が、CMS フローターを購入するのは、長短金利が広がることを期待していることを意味する。

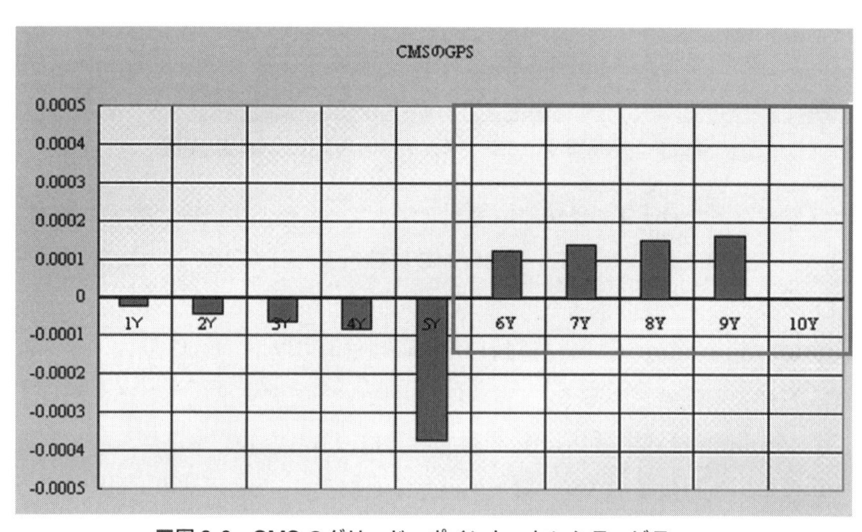

■図 8-6　CMS のグリッド・ポイント・センシティビティー

8-2）CMS のコンベキシティー調整

■コンベキシティー調整

CMS をヘッジするには、フォワード金利スワップを利用しなければならない。ヘッジに際して問題となるのは、金利スワップの価格変動には、コンベキシティー（凸性⇒非線形な損益曲線）が存在することである。オプションのガンマと同じように、金融商品の損益曲線にコンベキシティーが存在する場合、取引時点で対象資産のパーフェクト・ヘッジができない。例えば、10 年後のフォワード金利スワップ・レートは、現時点で契約可能であるが、実際に 10 年後に実現する金利スワップ・レートは、別物である。

標準的な金利スワップでも、事前に FRA's でヘッジしても、実際に実現する LIBOR は別物である。しかし、この場合は（理論上は）完全なヘッジが可能である。確かに、フォワード LIBOR の価格変動もコンベキシティーが存在する。しかし、それをヘッジする FRA's もコンベキシティーが存在するので、相殺されるのである。

他方、例えば、10 年 CMS クーポンを 10 年金利スワップでヘッジする場合、CMS クーポンは、金利水準に対して、損益曲線は線形（直線）に変化するのに対して、ヘッジに利用する金利スワップの損益曲線は、コンベキシティーをもつ。そのため、現時点のフォワード金利スワップ・レートと、クーポン決定時点で（クーポン更新日）初めて決まる金利スワップ・レートに開きがあった場合、損益を完全にヘッジできない。したがって、パーフェクト・ヘッジできないリスクの調整プレミアムが必要となる。これをコンベキシティー調整（Covexity Adjustment）と呼ぶ。

損益のギャップが、両者の開きに依存していると考えると、コンベキシティー調整は、CMS クーポン決定時点までの、金利スワップのボラティリティーに依存して決まるといえる。オプション・プレミアムと同じように、コンベキシティー調整のコストは、ボラティリティーが既知の場合は、計算可能である。しかしながら、当初想定していたボラティリティーを上回った場合は、ヘッジ・コストがかさんでしまう（ベガ・リスク）。ただ、CMS クーポンは、オプション取引とは逆で、線形な損益をもつ CMS クーポンを、コンベキシティーをもつ金利スワップでヘッジする場合の、ヘッジ・エラーが問題となる。**図 8-7** がそのイメージである。

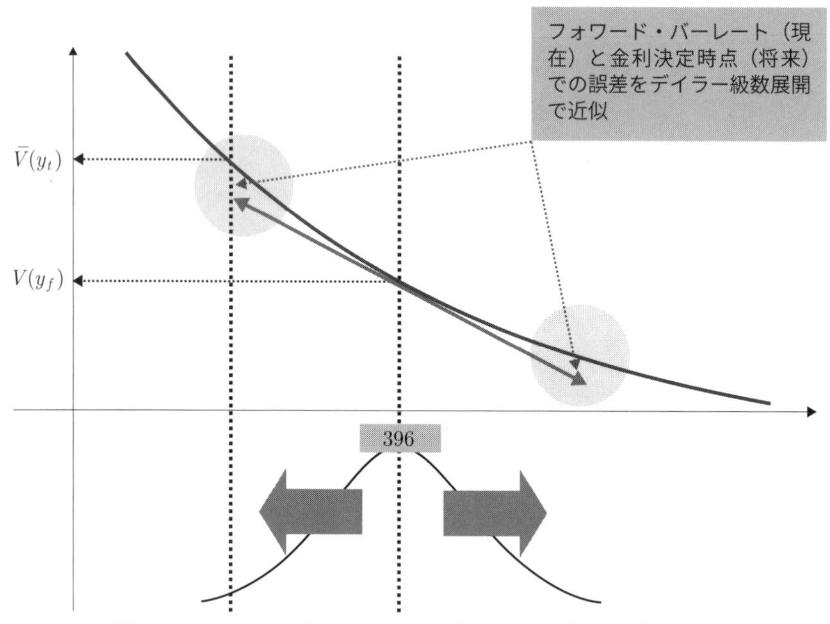

■図 8-7　CMS クーポンとフォワード金利スワップの損益曲線の比較

■コンベキシティー調整コストの計算

コンベキシティー調整コストを具体的に計算してみる。以下では、利用するフォワード金利スワップ・レートを y_f、実際の金利更改日 t で適用される金利スワップ・レートを y_t とする。コンベキシティー調整とは両者のずれである。また金利スワップの固定金利側の価格（固定債の時価と同じ）を P とする。

フォワード金利スワップに対する、固定金利側の 1 次微分係数と 2 次微分係数をそれぞれ、

$$P'(y_f) = \frac{dP}{dy_f} \qquad P''(y_f) = \frac{d^2P}{dy_f^2}$$

と略記すると、両者の関係は、テイラー級数展開で次のように表記できる。数学的な問題点を指摘すれば、テイラー級数展開が有効であるのは、あくまで無限小に近い、微小区間あるいは微小時間であるのに対して、ここでは現時点と金利更改日の時間は数年から数十年であるという点である。したがって、このような長い時間間隔の近似に対して、果たしてテイラー級数展開を利用できるのか、という問題がある。

ここでは、そのような批判をいったん脇に置いて、議論を進めよう。

まず、テイラー級数展開の 3 次微分係数以下を無視して、

$$P(y_t) = P(y_f) + P'(y_f)(y_t - y_f) + \frac{1}{2}P''(y_f)(y_t - y_f)^2 + \cdots$$

を得る。ここで現時点でのフォワード金利スワップ・レート y_f と、クーポン決定日の金利スワップ・レート y_t が一致する条件は、

$$P'(y_f)(y_t - y_f) + \frac{1}{2}P''(y_f)(y_t - y_f)^2 = 0$$

となる。さらに変形して、

$$\tilde{y}_t = y_f - \frac{1}{2}\frac{P''(y_f)}{P'(y_f)}(\tilde{y}_t - y_f)^2$$

を得る。ただし未来の金利スワップ・レートはあくまでもスワプションのボラティリティーから推定される期待値である。そこで時点 t までのスワプション・ボラティリティーを σ とすれば、現時点でのフォワード金利スワップ・レートと、（将来の）CMS クーポン決定日の金利スワップ・レートの関係は、

$$E(\tilde{y}) = y_f(1 + \sigma\sqrt{t})$$
$$E(\tilde{y} - y_f) = y_f\sigma\sqrt{t}$$

であるから、この関係を利用して、

$$E(\tilde{y}_f) = y_f - \frac{1}{2}\frac{P''(y_f)}{P'(y_f)} y_f^2 \sigma^2 t$$

を導出する。これがコンベキシティー調整された CMS クーポン水準である。数式からは、単純なフォワード金利スワップ・レートよりやや低めであることが理解できる。

■コンベキシティー調整を Excel で計算

コンベキシティー調整を Excel で計算する方法を、高校数学で学習する等比数列の公式から説明する。もっとも、このような計算は、高度な計算アプリケーションが実装されたトレーディング現場では行わないが、債券価格計算の理解を深めるためには、決して無駄な寄り道ではないと考える。

まず、（ゼロ・クーポン金利ベースではなく）最終利回り（内部収益率）ベースで表記される、クーポン年 2 回払い固定利付債の価格は、

$$P = \frac{\frac{c}{2}}{1+\frac{y_f}{2}} + \frac{\frac{c}{2}}{\left(1+\frac{y_f}{2}\right)^2} + \cdots + \frac{\frac{c}{2}}{\left(1+\frac{y_f}{2}\right)^n} + \frac{1}{\left(1+\frac{y_f}{2}\right)^n}$$

であった。ここで、

$$H = \frac{1}{1+\frac{y_f}{2}}$$

とし、等比数列の和の公式を適用すると、

$$\begin{aligned} P &= \frac{c}{2}\left(H + H^2 + \cdots + H^n\right) + H^n \\ &= \frac{c}{2}\frac{H - H^{n+1}}{1-H} + H^n \end{aligned}$$

となる。上の式の ( ) 内は、最終利回り（YTM IRR）ベースで計算したア

ニュイティー・ファクター（年金1円あたりの年金の現在価値）にほかならない。そこで、最終利回りベースのアニュイティー・ファクターを A とする。

$$
\begin{aligned}
A &= H + H^2 + \cdots + H^n \\
&= \frac{H - H^{n+1}}{1 - H}
\end{aligned}
$$

次に、最終利回りベースのアニュイティー・ファクターの1次微分係数 B と2次微分係数 C を導出する。この計算には、次の関係を利用する。

$$
y = x^n \to y' = nx^{n-1} \to y'' = n(n-1)x^{n-2}
$$

まず1次微分係数 B は、

$$
\begin{aligned}
B &= H^2 + 2H^3 + \cdots + (n-1)H^n + nH^{n+1} \\
&= \left(\frac{H}{1-H}\right)^2 \left[1 - (n+1)H^n - nH^{n+1}\right]
\end{aligned}
$$

となる。2次微分係数 C は、

$$
\begin{aligned}
C &= 2H^3 + 3H^4 + \cdots + (n-1)nH^{n+1} + n(n+1)H^{n+2} \\
&= \frac{2HB - n(n+1)H^{n+3}}{1-H}
\end{aligned}
$$

となる。これでコンベキシティー調整の計算が Excel で可能になる。ダラー・デュアレーションは、

$$
P'(y_f) = \frac{dP}{dy_f}
$$

$$
= -\frac{\frac{c}{2}B + nH^{n+1}}{2}
$$

である。そしてダラー・コンベキシティーは、

$$P''(y_f)=\frac{d^2P}{dy_f^2}$$
$$=\frac{\frac{c}{2}\left[\frac{2HB-n(n+1)H^{n+3}}{1-H}\right]+n(n+1)H^{n+2}}{4}$$

である。

ここで、1期間（シングル・ピリオド）の CMS クーポンを計算してみる。9年11カ月先の10年金利スワップ・レートに連動する CMS クーポンの水準を計算する。9年11カ月先にスタートする10年金利スワップ・レート（固定金利支払い回数 n ＝ 20）を、$y_f=2.839$〔%〕とする。

$$H=\frac{1}{1+\frac{y_f}{2}}=\frac{1}{1+\frac{0.02839}{2}}\cong 0.9860$$

となり、

$$B=\left(\frac{H}{1-H}\right)^2\left[1-(n+1)H^n-nH^{n+1}\right]$$
$$=\left(\frac{H}{1-H}\right)^2\left(1-21H^{20}-20H^{21}\right)$$
$$=\left(\frac{0.9860}{1-0.9860}\right)^2\left(1-21\times 0.9860^{20}-20\times 0.9860^{21}\right)$$
$$\cong 171.1856$$

である。1次微分係数は、次のようになる。

$$P'(y_f)=\frac{dP}{dy_f}$$
$$=-\frac{\frac{y_f}{2}B+nH^{n+1}}{2}$$
$$=-\frac{\frac{0.02839}{2}\times 171.1856+20\times 0.9860^{21}}{2}$$
$$\cong -8.653$$

同じように 2 次微分係数は、次のようになる。

$$
\begin{aligned}
P''(y_f) &= \frac{d^2P}{dy_f^2} \\
&= \frac{\dfrac{y_f}{2}\left[\dfrac{2HB-n(n+1)H^{n+3}}{1-H}\right]+n(n+1)H^{n+2}}{4} \\
&= \frac{\dfrac{0.02839}{2}\left(\dfrac{2\times0.9860\times171.1856-20\times21\times0.9860^{23}}{1-0.9860}+20\times21\times0.9860^{22}\right)}{4} \\
&\cong 85.593
\end{aligned}
$$

整理するとコンベキシティー調整は、20.51 bp となる（**図 8-8**）。

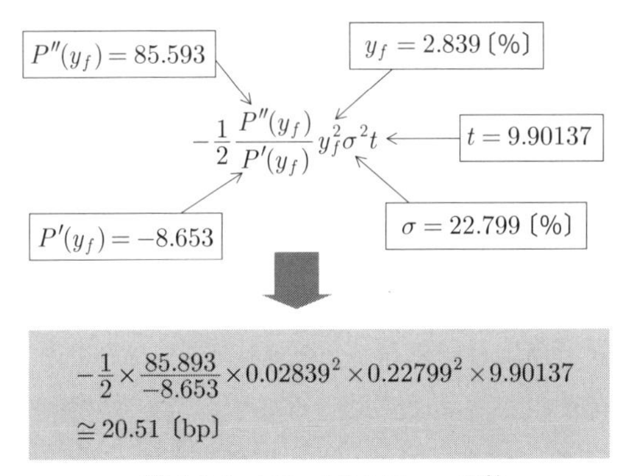

■図 8-8　コンベキシティー調整

以上の計算を Excel 上で展開したのが**図 8-9** である。

`=0.5*((K12)^2)*(U12^2)*(O12/N12)*(B11-$B$11)/365*10000`

B	G	H	I	J	K	L
			CMS Pricing			
Today			Dscounted sum of Libor Leg	-1,516.45	Dscounted sum of CMS Leg	2,192.18
Spot Date			Dscounted sum of Libor Spread	-675.69	Dscounted sum of CMS Margin	0.00
			Libor Spread	75.72	CMS Margin	0.00
			Net Present Value	0.0374	Notinal Amount	10,000
					Nos.of CMS Coupon	20
ucture of Inter		Libor Leg				
Grid Points		Implied Forward 6M Libor	Libor Leg (not discounted)	Libor Spread (not discounted)	Implied Forward 10Y Swaps Strips	IRR UNIT DF
2-Apr-2019	0.0					
2-Oct-2019	0.5	0.979%	-49.75	-38.49	1.68375%	0.9917
2-Apr-2020	1.0	0.972%	-49.39	-38.49	1.76345%	0.9913
2-Oct-2020	1.5	1.009%	-51.27	-38.49	1.84822%	0.9908
2-Apr-2021	2.0	1.096%	-55.41	-38.28	1.93549%	0.9904
2-Oct-2021	2.5	1.188%	-60.40	-38.49	2.02252%	0.9900
2-Apr-2022	3.0	1.258%	-63.62	-38.28	2.10030%	0.9896
2-Oct-2022	3.5	1.355%	-68.89	-38.49	2.17823%	0.9892
2-Apr-2023	4.0	1.434%	-72.48	-38.28	2.25548%	0.9888
2-Oct-2023	4.5	1.517%	-77.13	-38.49	2.33235%	0.9885
2-Apr-2024	5.0	1.598%	-81.23	-38.49	2.40942%	0.9881
2-Oct-2024	5.5	1.687%	-85.77	-38.49	2.48634%	0.9877
2-Apr-2025	6.0	1.770%	-89.49	-38.28	2.54439%	0.9874
2-Oct-2025	6.5	1.887%	-95.95	-38.49	2.60055%	0.9872
2-Apr-2026	7.0	1.977%	-99.95	-38.28	2.65336%	0.9869

■図 8-9　CMS プライシングの Excel シート見本

8-3）タイミング調整

OTC デリバティブ市場とは異なり、CMS フローターでは、CMS クーポンは次のクーポン更新時に支払われることが多い。我が国の財務省が発行している 15 年変動利付国債（15 年 CMT）も、指標となる 10 年国債の金利が決定されたのち、6 カ月後の更新日にクーポンが支払われる。クーポンの支払いがスワップ・レート（あるいは国債利回り）決定時点ではなく、例えば、6 カ月後であった場合は、タイミング調整が必要となる。

現時点の金利の期間構造が完全に将来を予測しているならば、そのような調整は不必要である。しかしながら、不確実性を考慮に入れた場合、単純に期待フォワード金利を適用して、支払い時点を調整することはできない。簡単にいえば、将来の時点 1 と時点 2 の価格システムの関係は、決定論的ではなく「確率的」に連動しているのである。

この場合、両時点間の価値システムには、決定論的な変換理論は存在せず、

M	N	O	P	Q	R
CMS Leg					
Duration of Coupon	1st Order Derivative	2nd Order Derivative	Convex ity(bp)	Adjusted Yields	CMS Leg (not disounted)
185.8559	18.3361	92.9279	0.0000	1.68375%	85.59
184.7968	9.1311	92.3984	0.4813	1.76826%	89.89
183.6780	9.0921	91.8390	0.9799	1.85802%	94.45
182.5347	9.0521	91.2673	1.4896	1.95039%	98.60
181.4030	9.0126	90.7015	2.0225	2.04274%	103.84
180.3984	8.9774	90.1992	2.5414	2.12571%	107.47
179.3986	8.9423	89.6993	3.0914	2.20914%	112.30
178.4139	8.9078	89.2069	3.6422	2.29191%	115.87
177.4405	8.8736	88.7202	4.2459	2.37481%	120.72
176.4708	8.8395	88.2354	4.8611	2.45803%	124.95
175.5093	8.8056	87.7547	5.4641	2.54098%	129.17
174.7878	8.7802	87.3939	5.9743	2.60413%	131.65
174.0930	8.7557	87.0465	6.4506	2.66506%	135.47
173.4428	8.7328	86.7214	6.8866	2.72222%	137.62

あくまでも「確率的」変換規則となる。また同じ時点であっても、通貨が異なれば、当然異なった価値システムである。例えばドルと円の期間構造は異種通貨を基準にした価値システムである。この場合も、ドル金利変動と円金利変動の関係は、確率的にしか推定できない。ここで5年後のドル金利を円で受け取る契約を考えた場合、ここにも価値システム間の調整が必要となる。これをクオント・ドリフト（Quanto Drift）と呼ぶ。

異なった価値システム間の確率的調整が必要な取引は、CMS以外にもアリアーズ・スワップやディファレンシャル・スワップなどがある。これらの取引は、確率（測度）変換あるいは価値尺度（ニューメレール）の変更と呼ばれる調整が必要となるが、詳細で理論的な解説には多くの紙面が必要となるので割愛する。

次に、比較のために、第6章で解説した3つの金利オプションを再び取り上げる。3つのオプションには、タイミング調整は必要ない。**図8-10**の上から債券先物オプション取引、次にキャップ・レット取引（LIBORの金利オプション)、最後にスワプション取引である。債券先物オプション取引では、オプション満期時に債券価格が決定され、その時点（実際には、それぞれの金融市場の決済システムによる1日あるいは2日の営業日後）で行使価格との差額が決済される。キャップ・レット取引ではオプション満期時にLIBORレートが決定されて、金利の支払いはLIBORの満期日となる。なぜなら、LIBORが定期預金取引であるから、金利は後払いということである。スワプション取引は債券先物と同じである。

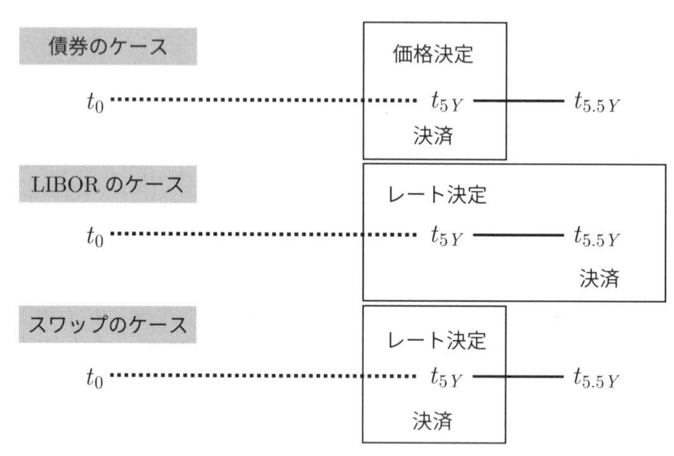

■図8-10　タイミング調整の必要がないオプション取引

ところが、CMSの場合は、スワップ・レートは、オプション取引での満期日に決定され、クーポン支払いが次のクーポン更新日である契約が存在する。その場合はタイミング調整が必要となる（**図8-11**）。

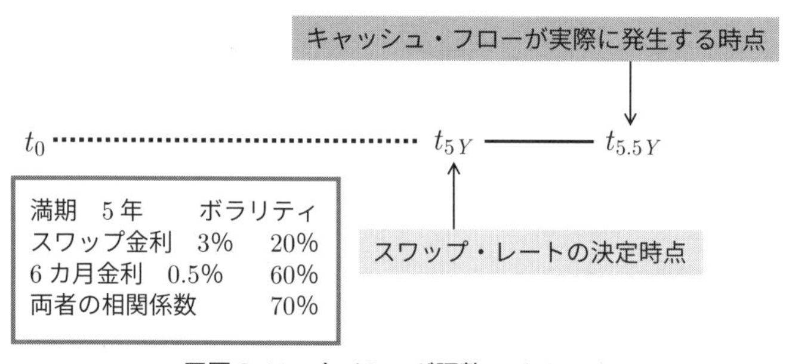

■図8-11　タイミング調整のイメージ

CMS のタイミング調整は、金利スワップ・レートと 6 カ月 LIBOR の相関から計算される。

$$
\begin{aligned}
&-\frac{y_{CMS}\delta_i y_{6M}\rho\sigma_{CMS}\sigma_{6M}t_i}{1+\delta_i y_{6M}} \\
&=-\frac{0.03\times0.5\times0.005\times0.7\times0.2\times0.6\times5}{1+0.5\times0.005} \\
&\cong -0.00314\,〔\%〕
\end{aligned}
$$

したがって、コンベキシティー調整と 6 カ月のタイミング調整が必要な CMS クーポン・レートとフォワード金利スワップ・レートの関係は次のようになる。

$$
y_t = y_f - \frac{1}{2}\frac{P''(y_f)}{P'(y_f)}y_f^2{\sigma_{y_f}}^2 t - \frac{y_f\delta r_{6M}\rho\sigma_{6M}\sigma_{y_f}t}{1+\delta r_{6M}}
$$

このように価格やレートの決定時と実際の決済日が異なる場合は、その期間の不確実性のためにタイミング調整が必要になる。同様に対象資産の通貨とは異なった通貨で決済するクオント取引においても、同じように相関を考慮しなければならない。本書では解説しないが、クオント取引の代表としてドル建て日経平均先物や他国通貨 LIBOR を自国通貨で受け取るディファレンシャル LIBOR スワップなどがある。

第 9 章

信用デリバティブとシンセティック CDO

「すべてを疑うか、すべてを信じるかは 2 つとも都合の良い解決方法である。どちらでも我々は反省しないですむからである。」
(ポアンカレ)

デフォルトの可能性のある債券を、原資産とするデリバティブ取引では、金利リスクだけでなく、信用リスクを評価しなければならない。本書では、デフォルトの可能性のある債券を、社債（Corporate Bond）と呼んでおこう。社債を原資産とした金利スワップが、トータル・リターン・スワップ（Total Rate of Return Swap）であるが、トータル・リターン・スワップでは、金利リスクと信用リスクが明確に区別できない。他方、CDS（Credit Default Swap）では、信用リスクだけが抽出されている。

多数の社債のポートフォリオを、裏付け資産とした証券を、債務担保証券（CDO：Collateralized Debt Obiligation）と呼ぶ。住宅ローンを裏付け担保とすれば、ローン担保証券（CLO：Collateralized Loan Obiligation）である。

ここで裏付け担保として現物社債の代わりに CDS とした CDO が、シンセティック CDO である。2007 年 8 月 9 日に始まる、銀行間短期資金貸借金融市場の大混乱の発端となったのは、アメリカ合衆国のサブプライム・ローン問題であるが、その元凶であるとの批判の中心になったのが、シンセティック CDO であった。

9-1）信用リスクの考え方

■信用リスクの評価方法

最初に信用リスクの評価方法について解説する。信用リスクの計算は、伝統的には、過去の財務データやマクロ経済情報から推定されていた。しかし、社債（＝信用リスク）市場が存在すれば、国債（無リスク債）との価格差から、信用リスクを逆算することができる。信用デリバティブ・プライシングも、ほかのデリバティブ取引と同様に、すでに存在する市場価格から逆算するのが OTC デリバティブ市場の常道である。

具体的に説明しよう。例えば 1 年満期の国債（無リスク債券）の利回りが

10% という場合、1 年後には必ず元本が満額で償還される。次の式が、1 年後に 100 円が償還されるゼロ・クーポン国債の現在価格である。

$$90.909 \cong \frac{100}{1+0.1}$$

次に、デフォルト確率（PD：Probability of Default）が 10% で、デフォルトした場合は元本の 35% しか回収できないケースを考えてみる。

→90%　100 円が償還
→10%　35 円しか回収ができない

これから、1 年後に返還されるキャッシュ・フローの期待値は、

$$93.5 = 100 \times 0.9 + 35 \times 0.1$$

であり、この期待値の現在価格を計算すれば、

$$85 \cong \frac{93.5}{1+0.1}$$

となり、国債の現在価格 90.909 円に比べて、大幅に安い価格となる。もし、投資家がこの社債を購入し、1 年後にデフォルトせず全額償還された場合の利回りは、

$$\frac{100-85}{85} \cong 17.647 \text{〔\%〕}$$

であるから、無リスク債券に比べて 7% 以上の超過利回りを享受できる。一方、デフォルトした場合は 35 円しか回収できないので、

$$\frac{35-85}{85} \cong -58.824 \text{〔\%〕}$$

となり、収益率は大きなマイナスとなる。

社債（デフォルトの可能性のある債券）の価格が、国債（無リスク債券価格）より安いのは、デフォルト・リスクをとる見返りである。したがって、2

つの債券の差額は、デフォルトになった場合の準備金（Reserve）と考えることができる。これをデフォルトのコスト（Cost of Default）と呼ぶ。

デフォルトのコストは価格差だけではなく、信用スプレッドという利回りとしても表現できる。デフォルトのコストは、またデフォルト時の期待損失額（Loss Given Default）の現在価値と解釈できる。国債の価格が 90.909 円のデフォルトのコストは、

$$90.909-85=5.909$$

であるが、実際にデフォルトした場合は、35 円しか回収できないので、現在価値に換算すれば 31.818 円である。この社債への投資額は 85 円だったので、53.182 円の損失額である。つまり、デフォルトのコストとして前もって 5.909 円の準備をしていたとしても、デフォルトしてしまえば、焼け石に水である。

それでは、53.182 円という損失額と、デフォルト準備金であるデフォルトのコスト 5.909 円はどのような関係なのだろうか。結論からいえば、53.182 円という損失額は、このシナリオで考えられる最大損失額であり、デフォルトのコストは期待損失額である。信用分析においては、期待損失以上の損失を、予期せぬ損失と呼び、これが信用リスクとして定義される。

■信用リスクのヘッジ方法

信用リスクのヘッジ方法を考えてみる。すでに見てきたように、デフォルトに備えて前もって準備金（デフォルトのコスト）を用意していても、実際にデフォルトが発生した場合は、その損失額を補うことができなかった。銀行貸出では、多数のローン・ポートフォリオの分散効果によって信用リスクを回避するが、たった 1 つの社債の信用リスクはどのようにヘッジするのか。先に取り上げた数値例をそのまま援用して説明しよう。

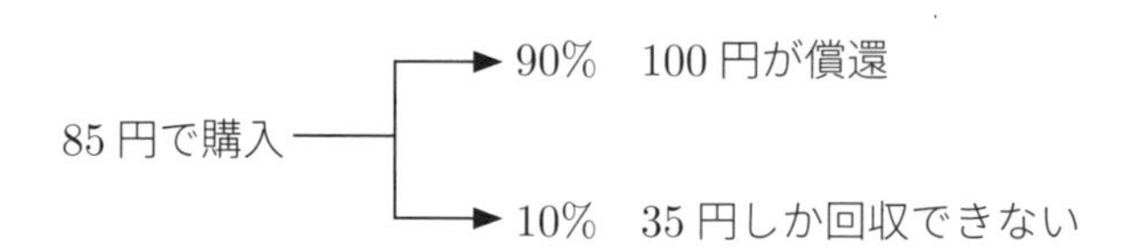

デフォルト・リスクを回避するということは、デフォルト時に被る65円の損失を、誰かから補償してもらえばよい。ここでデフォルト時点での損失を補償する金融取引を、信用デリバティブと呼ぶ。デフォルト率と回収率の見積もりが正しければ、フェアなデフォルトのコストは、5.909円であった。次は5.909円で補償を引き受けた場合のシナリオである。第3章で説明したオプション取引の二項ツリー展開と同じである。

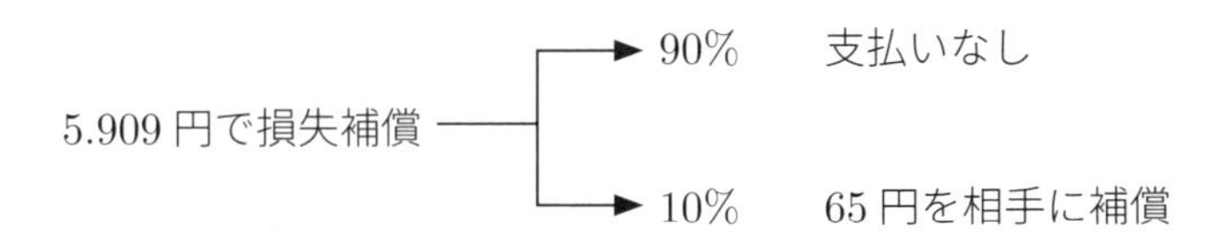

次に、このリスクをヘッジするために、対象となっている社債を85円で空売りする。

この2つの操作によって、90.909円が手元に入金されるので、この資金で1年満期の国債を購入する。

90.909円で国債購入 ──→ 100円で売却（償還）

1年後のキャッシュ・フローを見てみよう。まず社債がデフォルトしなかった場合では、相手側には支払いが発生しないけれども、空売りした社債を100円で買い戻す必要がある。ここで、国債が満期となり100円で償還されるので、これを買い戻し費用に充当する。これで帳尻が合う。

次に、デフォルトしたケースを考える。まず相手側から65円が請求されるので、償還された国債で支払う。35円残るが、空売りした社債は、デフォルトしたとはいえ35円の価値が残っているので、このケースでも損益が発生しない。

これが信用デリバティブの複製である。このようにして、複製のコスト計算が正しければ、社債のデフォルト・リスクは完全にヘッジされる。

9-2）信用リスク・モデルと信用価値調整（CVA）

前節での議論を、簡単な数式で整理してみる。社債価格（償還額面 100 円）P_{Risky}、無リスク金利を y、社債金利を r、信用スプレッドを π とすれば、

$$P_{Risky}=\frac{100}{1+y+\pi}\left(=\frac{100}{1+r}\right)$$

である。このようにして、信用リスクを含んだ利回りから、現在価値を計算する方法を、リスク調整割引法（Risk Adjusted Discount Method）と呼ぶ。

しかしながら、これだけではデフォルト確率は計算できない。というのも、社債がデフォルトしても、元本の一部を回収できるからである。そこでデフォルト確率（Probability of Default）を PD とし、デフォルトが発生した場合の元本の回収率を R（Rate of Recovery）とし、異なる方法で社債価格を再定式化してみる。

この場合、償還時点でデフォルトしていない確率は、$1-PD$ である。

つまり、次の価格式の分子は、満期償還時のキャッシュ・フローの期待値である。これを、国債利回り y で割り引いて現在価値に変換する。これを確実性等価（Certainty Equivalent）と呼ぶ。したがって、1 年後に 100 円が償還される社債の現在価格を、デフォルト確率 PD と回収率 R およびリスク・フリー（国債）利回り y とし、確実性等価とリスク調整割引法という 2 つの式で表してみる。

$$P_{Risky}=100\times\frac{(1-PD)+PD\times R}{1+y}$$

$$P_{Risky}=\frac{100}{1+y+\pi}$$

上の 2 つの式は、社債を異なった評価手法で表現した等価な式である。

さて、デフォルトのない債券価格（＝国債）P_{Gov} は、

$$P_{Gov}=\frac{100}{1+y}$$

と表現できるので、これを代入してデフォルト確率 PD について解けば、

$$PD=\left(\frac{P_{Gov}-P_{Risky}}{P_{Gov}}\right)\frac{1}{1-R}$$

となる。ここで ( ) 内の分子はデフォルトのコストであり、これを国債価格で除した値は、1 円あたりの期待損失（EL：Expected Loss）である。ここで危険にさらされる金額を、デフォルト時エクスポウジャー（EAD：Exposure At Default）とし、デフォルト時の損失率（LGD：Loss Given Default）を、回収額を利用して $1-R$ とすれば、期待損失は、

$$\begin{aligned}EL&=PD\times(1-R)\times EAD\\&=PD\times LGD\times EAD\end{aligned}$$

となる。したがって、期待損失（EL）は、デフォルト確率（PD）とデフォルト時損失率（LGD）およびエクスポウジャー（EAD）の積で計算されることが理解できる。通常の貸出や現物債券と異なり、金利スワップでは、期待エクスポウジャーが、時間経過に伴う市場変動によって、激しく変化する場合が多い。この値を、金利スワップ・レートに加算するのが信用価値調整（CVA：Credit Value Adjustment）である。ここでの信用リスク調整は、OTC デリバティブ取引の相手（カウンターパーティー）に対する信用リスクである（CCR：Counterparty Credit Risk）。

次に、連続利子率で考えてみる。社債価格と利回り r は、

$$P_{Risky}=e^{-rt}$$

となり、両辺の対数をとって r について解くと、

$$r=-\frac{1}{t}\log P_{Risky}$$

である。同様に t 年後に 1 円が償還されるゼロ・クーポン国債の価格と金利 y は、次のようになる。

$$y=-\frac{1}{t}\log P_{Gov}$$

したがって、信用スプレッド π は、

$$\begin{aligned}\pi&=r-y\\&=-\frac{1}{t}(\log P_{Risky}-\log P_{Gov})\\&=-\frac{1}{t}\log\left(\frac{P_{Risky}}{P_{Gov}}\right)\end{aligned}$$

となる。ここで、$\log\left(\frac{P_{Risky}}{P_{Gov}}\right)$ が期待損失率を意味しているから、連続利子率ベースに対応するデフォルト率 h は、

$$h=\left(\frac{P_{Gov}-P_{Risky}}{P_{Gov}}\right)\frac{1}{1-R}$$

となる。これは、( ) 内を $\log\left(\frac{P_{Risky}}{P_{Gov}}\right)$ で置き換えたものにほかならない。

$$h=\log\left(\frac{P_{Risky}}{P_{Gov}}\right)\frac{1}{1-R}$$

ここで信用スプレッドが、デフォルト率の変化によって時間的に変動する確率過程とすれば、

$$\begin{aligned}\pi(t)&=-\frac{1}{t}\log\left(\frac{P(t)_{Risky}}{P(t)_{Gov}}\right)\\&=-\frac{1}{t}\tilde{E}\left(\exp\left(-\int_0^t(1-R)h(s)\,ds\right)\right)\end{aligned}$$

となる。これはダフィー＝シングルトン（Duffie-Singleton, 1994）モデルにおいて、信用スプレッドの挙動のみを抽出した式でもある。

9-3）トータル・リターン・スワップから CDS へ

OTC デリバティブ市場で取引されている、標準的な金利スワップは、LIBOR と等価な固定金利水準である。それでは、信用リスクを内包したスワップ金利水準は、どのように決定すればよいのか。ここで単純化のために 6 カ月ごとに固定金利が 6 カ月 LIBOR と交換される、標準的な 2 年物の金利スワップを考える（6 カ月は 0.5 年として計算）。

すでに解説したように、LIBOR を基準にしたディスカウント・ファクター（無リスクと仮定されたディスカウント・ファクター）が与えられた場合、現在価格が 1 になる金利水準（パー・レート）y は、

$$PV(=1)=\frac{y}{2}Df_{6M}+\frac{y}{2}Df_{1Y}+\frac{y}{2}Df_{1Y6M}+\left(\frac{y}{2}+1\right)Df_{2Y}$$

であった。

それでは、デフォルト可能性のある固定金利水準 r（= 社債利回り）は、どのように計算すればいいのか。まず、

$$PV=\frac{r}{2}Df_{6M}+\frac{r}{2}Df_{1Y}+\frac{r}{2}Df_{1Y6M}+\left(\frac{r}{2}+1\right)Df_{2Y}$$

とおくと、現在価値（PV）は 1 にはならない。

ここで、この固定金利水準と等価な変動金利（FRA's）L に信用スプレッド α を加えたクーポンを、LIBOR を基準としたディスカウント・ファクターで割り引くと、1 を超える現在価値となる。逆の、このクーポン水準の債券価格が 1 になるには、$L+\alpha$ のディスカウント・ファクターでなければならない。このディスカウント・ファクターはデフォルト・リスクで調整されたディスカウント・ファクター（Risk Adjusted Discount Factor）である。

$$PV = \frac{L_{6M}+\alpha}{2}Df_{6M} + \frac{L_{6X12}+\alpha}{2}Df_{1Y} + \frac{L_{12X18}+\alpha}{2}Df_{1Y6M} + \left(\frac{L_{18X24}+\alpha}{2}+1\right)Df_{2Y}$$

である。この式を、

$$PV = \frac{L_{6M}}{2}Df_{6M} + \frac{L_{6X12}}{2}Df_{1Y} + \frac{L_{12X18}}{2}Df_{1Y6M} + \left(\frac{L_{18X24}}{2}+1\right)Df_{2Y} + \frac{\alpha}{2}(Df_{6M}+Df_{1Y}+Df_{1y6M}+Df_{2Y})$$

と変形すると、右辺の前半部分は、変動金利 LIBOR（FRA's レート）を LIBOR から導出したディスカウント・ファクターで割り引いているので、その現在価値は 1 となるから式は単純化される。

$$-\frac{\alpha}{2}(Df_{6M}+Df_{1Y}+Df_{1Y6M}+Df_{2Y}) = 1-PV$$

ここで一般化のために、これまで $\frac{1}{2}$ としてきた半年の利払い間隔を、i 期の利払い間隔の経過年数を δ_i に置き換えると、信用スプレッド α は、

$$\alpha = \frac{PV-1}{\sum_{i=1}^{N}\delta_i Df_i}$$

と整理できる。この信用スプレッド α が、対象企業（社債）の CDS スプレッドにほかならない。

CDS を説明する前に、金利リスクと信用リスクを内包した信用デリバティブ取引を見てみる。デフォルト・リスクを内包した金利スワップは、トータル・リターン・スワップ（TROR：Total Rate of Return Swap）と呼ばれる。LIBOR＋α と固定金利のスワップである。デフォルト可能性のない金利スワップが、LIBOR スワップだと考えれば、トータル・リターン・スワップはデフォルトの可能性のある金利スワップである。したがって、デフォルト・リスクの見返りとして、標準的な LIBOR スワップに比べて、高い固定金利を

受け取ることができる。

図 9-1 から理解できるように、トータル・リターン・スワップは、金利リスクと信用リスクが一体となったスワップ取引である。

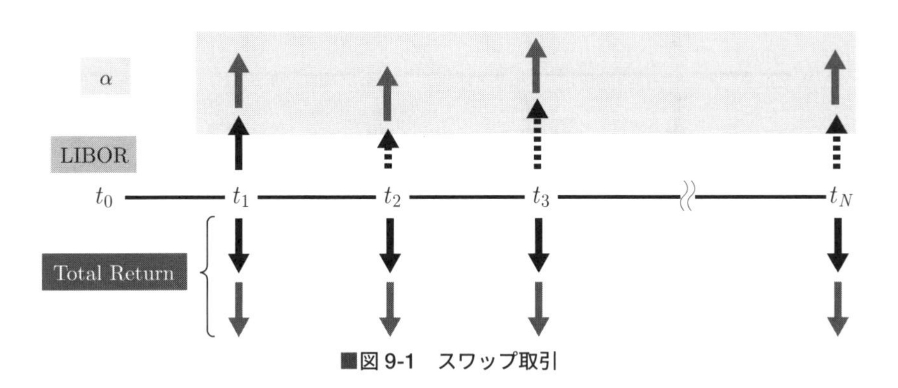

■図 9-1　スワップ取引

しかしながら、信用リスクのみに関心がある市場参加者にとってみれば、金利リスクと信用リスクが渾然一体となっているトータル・リターン・スワップの金利リスクの部分は不必要である。そこで、純粋な金利スワップであるLIBOR スワップ部分を除いてみる。**図 9-2** に示す。

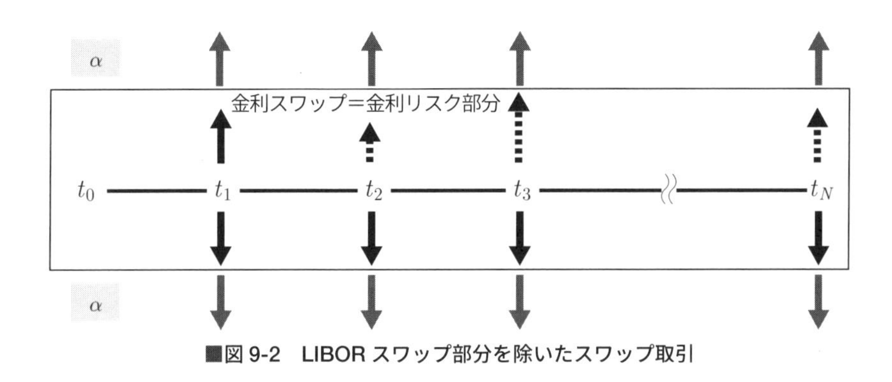

■図 9-2　LIBOR スワップ部分を除いたスワップ取引

ところが、LIBOR スワップ部分を除いてしまうと、固定金利側にも変動金利側にも、信用スプレッド α しか残らないので互いに相殺されてしまい、スワップは無意味であることがわかる（**図 9-3**）。

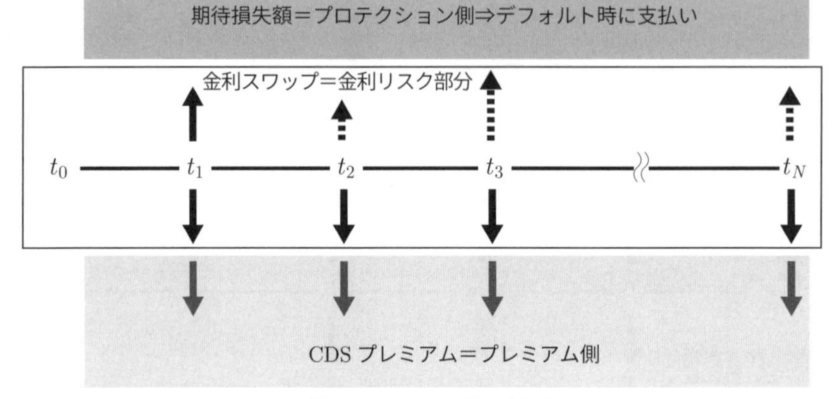

■図 9-3　スワップは無意味

そこで、変動金利側は、定期支払いではなく、デフォルト時に損失額を支払う契約に変更する。つまり、CDS（クレジット・デフォルト・スワップ）取引は、定期的に支払われる信用スプレッドとデフォルト時のみに支払われる期待損失額の現在価値のスワップであると考えることができる。ここで定期的に支払われる信用スプレッド α を、CDS スプレッド（CDS Spread）あるいは CDS プレミアム（CDS Premium）と呼ぶ。

9-4）CDS プライシング

デフォルトしない限り、企業が存続する様子を、離散的な確率過程で考察してみる。1 期間（例えば 1 年間）にデフォルトする確率を h（ハザード率、Harard Rate）とすると、次期に生き残っている確率（生存確率）は $1-h$ と表現できる。この考え方を n 期まで適用すると、

$$S_n = (1-h)^n$$

が n 期を経過しても依然存在している企業の生存確率 S_n となる。

それでは 2 期目にデフォルトする確率 D_2 はどうなるのか。この場合は 1 期目には生存していることが条件なので、

$$D_2 = (1-h)h = S_1 h$$

となり、n 期になって初めてデフォルトする確率 D_n は、

$$D_n = (1-h)^{n-1} h = S_{n-1} h$$

となる。

以上の考察で注意しなければならない点は、1 期当たりのデフォルト確率 h と、ある時点まで生存して次期でデフォルトする確率 D の 2 つの確率が存在するところである。そこで前者 h をハザード率（フォワード・デフォルト確率）と名付けて、累積的なデフォルト確率 D と区別する。両者の関係はハザード率が一定の場合、

$$D_n = (1-h)^{n-1} h = S_{n-1} h$$

となる。これはベルヌーイの試行において、n 回目に初めて当たりくじを引く確率と同じである（**図 9-4**）。この離散確率過程で形成される確率分布は、幾何分布と呼ばれる。

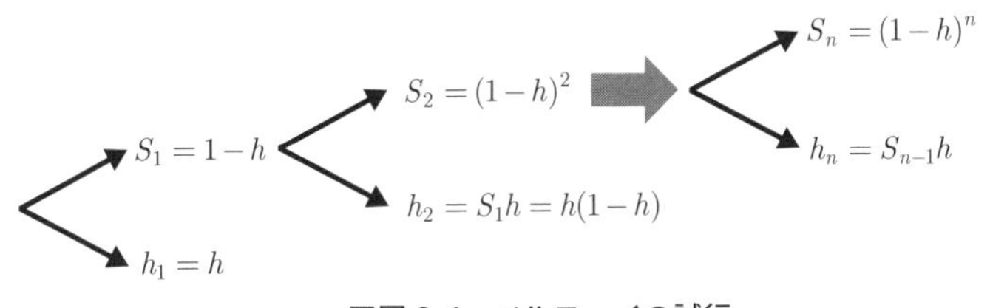

■図 9-4　ベルヌーイの試行

図 9-5 は、もっとも単純な CDS 評価のイメージである。企業が存続し続ける限りプレミアムが受け取れる側をプレミアム・レッグ（金利スワップの固定金利に相当）と呼び、企業が倒産した場合、損失を受け取る側をプロテクション・レッグ（金利スワップの変動金利に相当）と呼ぶ。

プレミアム・レッグ（固定金利側）の現在価値は、CDS プレミアムに生存確率を乗じた値の現在価値であるから、次のようになる。

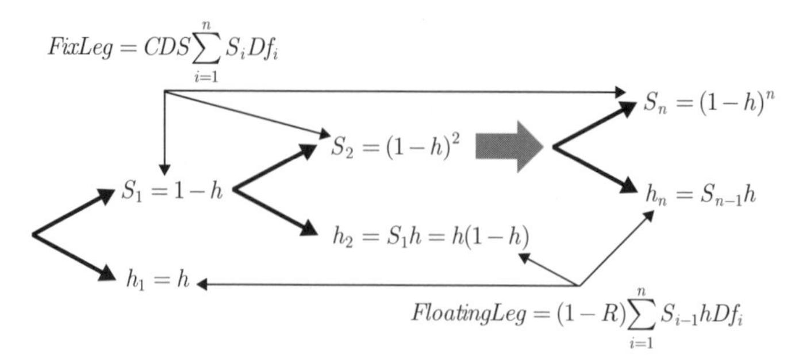

■図 9-5　CDS 評価

$$PV_{premium} = CDS\sum_{i=1}^{n} S_i Df_i$$

一方、プロテクション・レッグ（変動金利側）は、t 期に初めてデフォルトした場合の、損失額（$1-R$）の現在価値であるから、次のようになる。

$$PV_{protection} = (1-R)\sum_{i=1}^{n} S_{i-1} h Df_i$$

そして、公正な CDS プレミアムは、金利スワップのパー・レートと同様で、2 つのキャッシュ・フロー・レッグの現在価値が一致するポイントで決定されるので、2 つのレッグをイコールで結べばよい。

$$CDS_{par} = \frac{(1-R)\sum_{i=1}^{n} S_{i-1} h Df_i}{\sum_{i=1}^{n} S_i Df_i}$$

幾何分布を利用した離散モデルを実務適用するには、若干の問題点がある。離散モデルでは、デフォルトが発生するのが格子点（ノード）だけであって、期中のデフォルトを考慮できないからである。

この欠点を克服するために、デフォルト・アクルーアルという概念を導入する。デフォルト・アクルーアルは、期中に債券取引をする場合に発生する、経過利息と同じ考え方である。まず、計算式にある生存確率（Survival Probability）を置き換える。

$$S_{i-1}h \rightarrow S_i$$

$$PV_{protection} = N(1-R)\sum_{i=1}^{n}(S_{i-1} - S_i)Df_i$$

次に、プレミアム・レッグである。プロテクション・レッグも契約条件によってはデフォルト・アクルーアルを追加するケースもあるが、ここではプロテクション・レッグのデフォルト・アクルーアルは考慮しない。

デフォルト・アクルーアルは、プレミアムの受け取り日以後で、次回のプレミアムの受け取り日以前にデフォルトが発生した場合の、調整プレミアムである。また、標準的な CDS 取引は、3 カ月ごとにプレミアムが支払われるので、実年数 δ を導入する。これも金利スワップのプライシングと同じである。

$$PV_{premium} = CDS\sum_{i=1}^{n} S_i\delta_i Df_i + (S_{i-1} - S_i)\frac{\delta_i}{2}Df_i$$

右辺第 2 項がデフォルト・アクルーアルである。デフォルト・アクルーアルは、利払い期間を底辺とし、生存確率の変化幅を高さとした場合の、三角形の面積と考えることができる（**図 9-6**）。

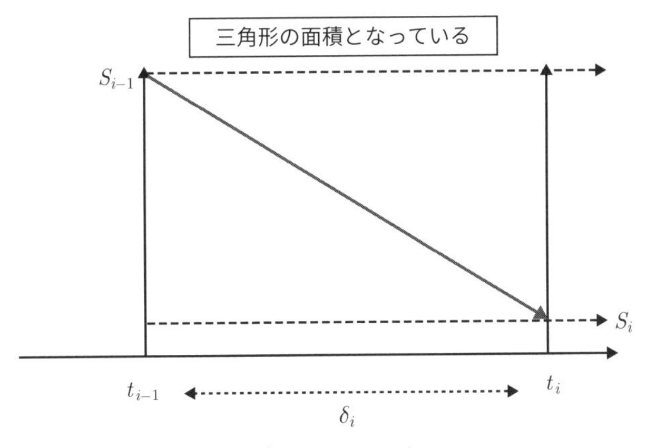

■図 9-6　デフォルト・アクルーアル

ここでもプレミアム・レッグとプロテクション・レッグがイコールで結ばれるような CDS がパー CDS プレミアムである。**図 9-7** は満期 5 年で CDS プレミアムが 1 年ごとに支払われる CDS プライシングの Excel シートである。

Valuation of Credit Default Swap

Assumptions	
Notional	100
Risk Free Rate	1%
Default Probability	1%
Recovery Rate	40%

Premium Leg (Buyer)

	DF	Survival	Pay
0.5	0.995	99.5%	
1.0	0.990	99.0%	0.980
1.5	0.985	98.5%	
2.0	0.980	98.0%	0.961
2.5	0.975	97.5%	
3.0	0.970	97.0%	0.942
3.5	0.966	96.5%	
4.0	0.961	96.1%	0.923
4.5	0.956	95.6%	
5.0	0.951	95.1%	0.905
		TOTAL	4.710

Default Accual	
0.50%	0.005
0.50%	0.005
0.49%	0.005
0.49%	0.005
0.48%	0.005
TOTAL	0.024

Protection Leg(Seller)

PD	DF	EL	EL
1.00%	0.995	0.60%	0.006
0.99%	0.990		
0.99%	0.985	0.59%	0.006
0.99%	0.980		
0.98%	0.975	0.59%	0.006
0.98%	0.970		
0.97%	0.966	0.58%	0.006
0.97%	0.961		
0.96%	0.956	0.58%	0.006
0.96%	0.951		
		TOTAL	0.029

TOTAL	4.734

Premium Leg	4.734	
Expected Loss	0.029	
CDS	60.602	bp

■図 9-7　CDS プライシング

9-5）シンセティック CDO

本節では、もっとも単純なシンセティック CDO のプライシング・メカニズムを解説する。ただし、単純だとはいえ、シンセティック CDO は、通常 80 から 120 もの CDS のポートフォリオから構成されている証券化商品であり、Excel シートで作成するには、多大な労力が必要になる。**図 9-8** は 120 の CDS から構成されたシンセティック CDO の Ecel シートのイメージである。

そこで本書では、シンセティック CDO の基本的な考え方だけを紹介する。シンセティック CDO のプライシングも、CDS プレミアムの計算と同じであることが理解できるだろう。

CDO（Collateralized Debt Obligation）は、債務担保証券と呼ばれる証券化商品である。ここで、証券化の対象が現物社債やローンではなく、CDS の

	A	B	C	D	E
1	ガウス・コピュラ・モデルによるシンセティックCDO評価				
2	評価日	18-Sep-2008			
3	CDO総額	80,000,000,000	トランシュ・サイズ	1,000,000,000	
4	NPV	(148,673,695)	パー・クーポン	6.174%	
5	プロテクション・レッグ	(233,730,358)	DV01	(4,140,317)	
6	プレミアム・レッグ	85,056,663	セータ	62,921	
7	相関係数	50.0%	相関の影響度	3,939,092	
8					
9	満期日	スタート日	最初のクーポン支払日		
10	24-Jun-2011	18-May-2006	24-Jun-2006		
11					
12	アタッチメント	ディタッチメント	想定元本	クーポン	ポジション
13	5.75%	7.00%	0	2.053%	2
14	構成CDS銘柄				
15	スタート日	エンド日	1	2	3
16	22-Sep-2008	22-Sep-2011	1.0000%	1.5656%	1.7117%
17	22-Sep-2008	22-Sep-2013	1.0000%	1.5656%	1.7117%
18	22-Sep-2008	22-Sep-2018	1.0000%	1.5656%	1.7117%
19					
20				因子負荷量	70.71%
21	ID	想定元本	回収率	デフォルトの有無	因子負荷量
22	1	1,000,000,000	1%	0	70.71%
23	2	1,000,000,000	1%	0	70.71%
24	3	1,000,000,000	1%	0	70.71%
25	4	1,000,000,000	1%	0	70.71%
26	5	1,000,000,000	1%	0	70.71%
27	6	1,000,000,000	1%	0	70.71%

■図 9-8　シンセティック CDO

場合をシンセティック CDO と呼ぶ。周知のように、CDO に限らず、いわゆる証券化商品はきわめて多岐にわたる。

プライシングのメカニズムの理解にあたって、最初に念頭におかなければならない点は、シンセティック CDO も信用リスク商品の 1 つであるから、CDS と同じように、期待損失額の現在価値と信用スプレッド（利回り）の交換が基本である。ただし、計算する上で厄介なのは、ポートフォリをいくつかに分割（トランチング）しているので、期待損失額の評価は単純な累積損失額ではない。

表 9-1 は、DJ iTraxx Europe と呼ばれるシンセティック CDO で、125 の CDS から構成されたポートフォリオを 5 つの商品に分割している。もっとも投機的なトランシェはエクイティー（Equity）と呼ばれ、CDS ポートフォリオの 3% 以上毀損しない限り、高い利回りを享受できる。逆に、安全なトランシェがシニアー・トランシェ（Senior Tranche）、中間がメザニン（Mezzanine）である。

表 9-1　standard structure of synthetic CDO on DJ iTraxx Europe

Reference Portfolio	Tranche level	Tranche name	A	D
DJ iTraxx Europe: Portfolio of 125 CDS	1	Equity	0%	3%
	2	Junior Mezzanine	3%	6%
	3	Senior Mezzanine	3%	6%
	4	Senior	9%	12%
	5	Super Senior	12%	22%

サブプライム問題が顕在化した際も、我が国のシニア・トランシェの投資家は当初、あまり大きな問題とは考えなかったといわれる。なぜなら、スーパー・シニア・トランシェの場合、直感的に考えれば、世界経済が壊滅するような事態にならない限り、優良企業の CDS を多く含んだポートフォリオの 12% 以上が数年以内に毀損するはずがないからである。

後述するように、サブプライム問題を発端とする、国際金融危機は、CDS の対象企業のデフォルトではなく、OTC デリバティブ市場が内包する、もう 1 つの信用リスク、すなわち取引相手の信用リスクが炸裂したのが原因であった。これをカウンターパーティー信用リスク（CCR：Counterparty Credit Risk）と呼ぶ。

表 9-1 のジュニア・メザニンを見てみよう。A はアタッチメント・ポイント、D はデタッチメント・ポイントと呼ばれる。すなわち、元本の 3%が A、6%が D である。**図 9-9** は時間の経過とともに、CDS ポートフォリオの損失額 L_t が増大していく様子を示している。

1 円を 100% と考え、1 円あたりの損失額を損失率と定義し、時点 t におけるアタッチメント・ポイント A% からディタッチメント・ポイント D% の損失額だけを考える（**図 9-10**）。

再度、期待損失（Expected Loss）EL がどのように計算されるかを考える。デフォルト時エクスポウジャー（Exposure At Default）EAD、デフォルト時の損失率（Loss Given Default）LGD、デフォルト確率 PD とすると、

$$EL = EAD \times LGD \times PD$$

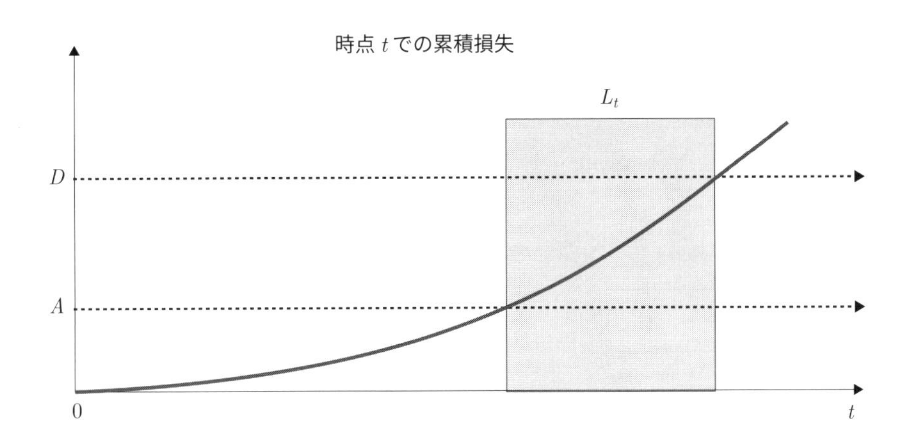

■図 9-9　CDS ポートフォリオの損失額

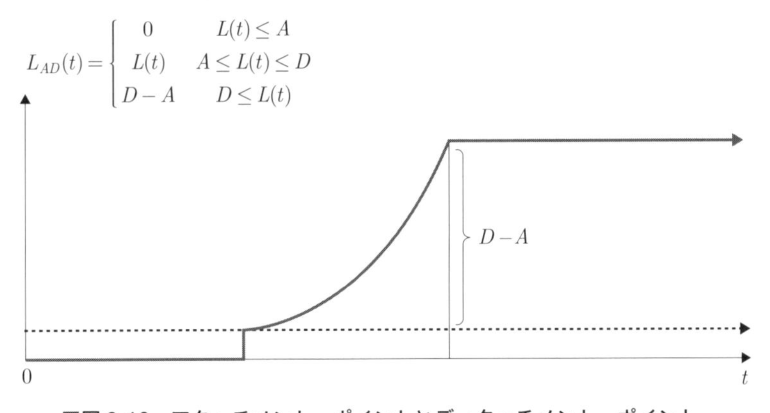

■図 9-10　アタッチメント・ポイントとディタッチメント・ポイント

である。したがって、期待損失（EL）は、デフォルト確率（PD）とデフォルト時損失率（LGD）およびエクスポウジャー（EAD）の積で計算されることが理解できる。アタッチメント・ポイント A からデタッチメント・ポイント D までの 1 円あたりの最大エクスポウジャーは、

$$EAD=\frac{1}{D-A}$$

であり、デフォルト時損失率 LGD は、D を超えることはないから、次のようになる。

$$LGD(t) = \sum_{i=1}^{n} \max[\min(L(t), D) - A, 0]$$

したがって、A-D トランシェの期待損失 $EL_{AD}(t)$ は、

$$EL_{AD}(t) = \frac{1}{D-A}\sum_{i=1}^{n} \max[\min(L(t), D) - A, 0] PD(t)$$

となる。

次に、1期間の A-D トランシェのフェア CDO クーポンを考える。**図 9-11** がそのイメージである。

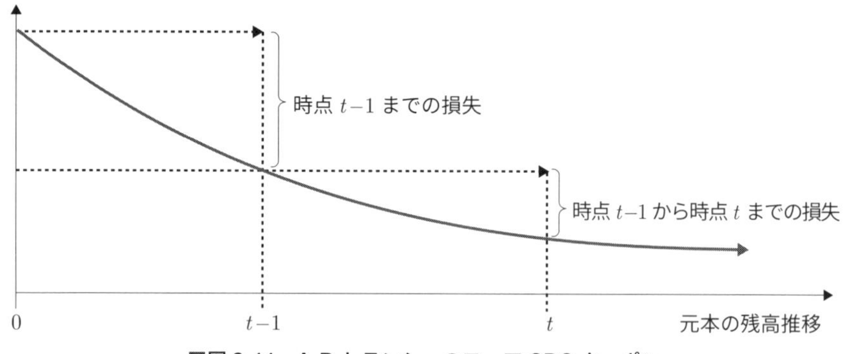

■図 9-11　A-D トランシェのフェア CDO クーポン

累積損失の増加に伴って、シンセティック CDO の元本残高は減っていく。したがって、このシンセティック CDO の $t-1$ 時点での元本は、$1-EL_{AD}(t-1)$ であるから、$t-1$ から t までの期間 δ のプレミアム・レッグの現在価値は、次のようになる。

$$PV_{premium} = CDO_{AD}[1 - EL_{AD}(t-1)]\delta_t Df_{t-1}$$

一方、プロテクション・レッグの現在価値の想定元本は、$1-EL_{AD}(t-1)$

であるから、$t-1$ から t までの期間 δ のプレミアム・レッグの現在価値は、期待損失の現在価値であり、

$$PV_{protection} = [EL_{AD}(t) - EL_{AD}(t-1)]Df_{tPV}$$

となる。時点 t における A-D トランシェのクーポン CDC とは、時点 $t-1$ まで残存している元本を起点として、さらに次の時点 t までにどの程度の元本が毀損するかを収益（割引）率で表現したものであると解釈することができる。したがって、フェアな CDO クーポンは、すべてのスワップ取引と同様に、2 つのレッグの現在価値が一致するポイントになる。

$$CDO_{AD} = \frac{[EL_{AD}(t) - EL_{AD}(t-1)]Df_t}{[1 - EL_{AD}(t-1)]\delta_t Df_{t-1}}$$

9-6）シンセティック CDO プライシングの問題点

シンセティック CDO のプライシングは、基本的には CDS プライシングと同じであることがわかった。問題は、CDS が 1 つの対象企業のデフォルトを対象にしたのに対して、シンセティック CDO は多数の CDS を同時に評価しなければならない点である。したがって、期待損失も多数の CDS の期待損失になってしまう。この問題を解決するのは、複数の確率分布を考慮する必要がある。100 の CDS で構成されたシンセティック CDO では、同時に 100 の確率分布を評価する必要があるということである。

本書では、考え方を理解するために 2 つの確率分布について考察してみる。

サイコロやコイン投げは、それぞれの試行（トライアル）が独立しているので、1 回目が表だろうが裏だろうが、次のコイン投げ（試行）の確率にはまったく影響を与えない。それぞれの試行が独立している場合は、過去に 10 回連続してコインの表が出ていたとしても、次に表が出る確率は 50% であり、トレンドは存在しない。この客観的事実が、相場心理によって忘却される事態は、しばしばギャンブラーの誤謬（gambler's fallacy）と呼ばれる。とはい

え、現実には人間心理を無視するわけにはいかない。しかしながら、デリバティブ・プライシングでは、伝統的な経済学の前提に従って合理的な市場参加者を想定している。

合理的な市場参加者という非現実的な仮定を崩し、心理学を援用した方法論も存在し、今日では行動経済学あるいは行動ファイナンスと呼ばれる有力な研究分野も存在するが、本書では扱わない。行動経済学は、フォン＝ノイマン・モルゲンシュテルンの期待効用理論の拡張だと考えることも可能であるが、経済学ではなく心理学であるとの批判も存在する。

このように積で計算されるということは、相関のまったくない事象が多ければ多いほど、それらが同時に発生する確率は低くなることを意味する。このように考えると、シンセティック CDO のように多数の CDS から構成された金融商品では、同時に多数の銘柄がデフォルトする確率はきわめて低いと考えられる。しかしながら、銘柄間に相関がある場合は事情が異なる。**図 9-12** のグラフは2つの正規分布である。両者にまったく相関がなければ、(a) は円になるが、相関があれば楕円になる。

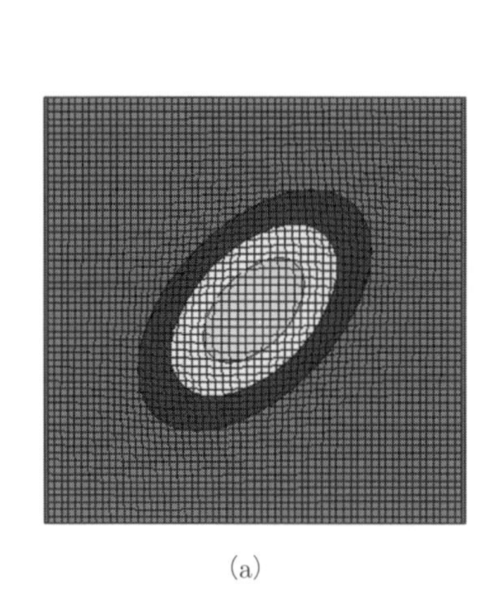

(a)

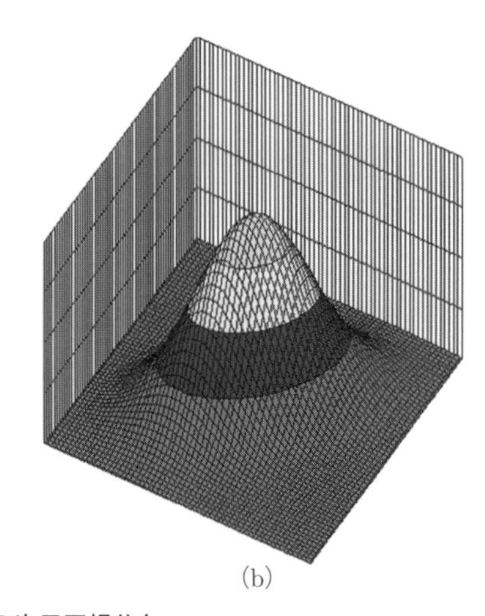

(b)

■図 9-12　2次元正規分布

ここでは、相関のある 2 つの正規乱数（平均 0、標準偏差 1）を Excel で 1 万回発生させて、両者の散布図をグラフ化してみる。**図 9-13** の散布図は 2 つの正規分布を真上から眺めた様子である。最初は相関係数がゼロである。両者が同時にゼロ以下になる確率は、ほぼ 25% である（円の 4 分の 1 の面積）。

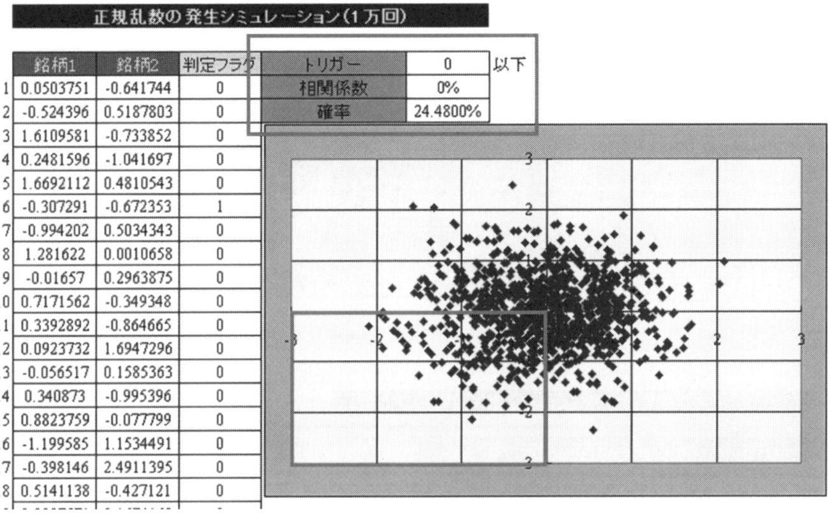

正規乱数の発生シミュレーション（1万回）

トリガー	0	以下
相関係数	0%	
確率	24.4800%	

	銘柄1	銘柄2	判定フラグ
1	0.0503751	-0.641744	0
2	-0.524396	0.5187803	0
3	1.6109581	-0.733852	0
4	0.2481596	-1.041697	0
5	1.6692112	0.4810543	0
6	-0.307291	-0.672353	1
7	-0.994202	0.5034343	0
8	1.281622	0.0010658	0
9	-0.01657	0.2963875	0
10	0.7171562	-0.349348	0
11	0.3392892	-0.864665	0
12	0.0923732	1.6947296	0
13	-0.056517	0.1585363	0
14	0.340873	-0.995396	0
15	0.8823759	-0.077799	0
16	-1.199585	1.1534491	0
17	-0.398146	2.4911395	0
18	0.5141138	-0.427121	0

■図 9-13　正規乱数：相関係数 0%

ところが 2 つの確率変数に相関があると、同時確率は大きくなる。**図 9-14** は相関 50% のシミュレーションである、この場合は同時確率は 33% 近くになっている。

さらに相関 95% だと 45% になる、個々の確率と同時確率がほぼ同じになる（**図 9-15**）。これを 2 つの企業のデフォルト率だと考えれば、相関をどう見積もるかがきわめて重要な要素であるかが理解できるだろう。

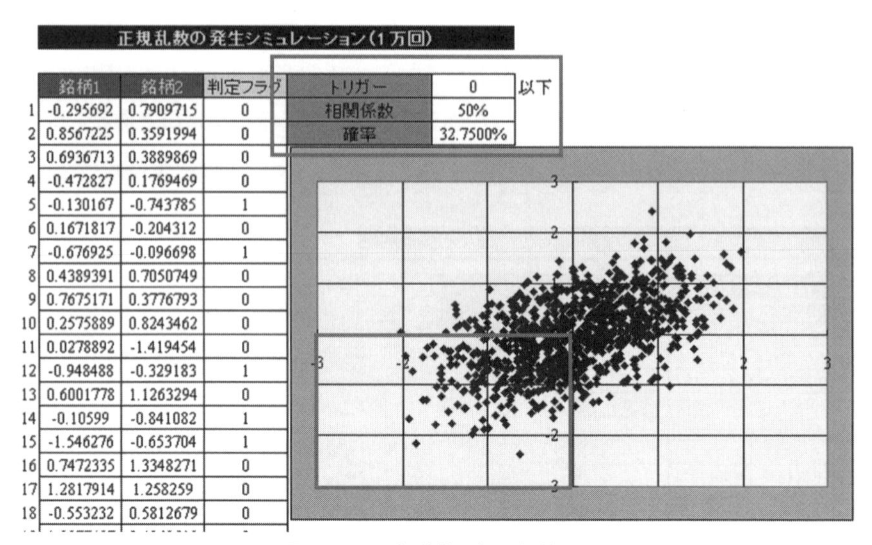

正規乱数の発生シミュレーション（1万回）

	銘柄1	銘柄2	判定フラグ
1	-0.295692	0.7909715	0
2	0.8567225	0.3591994	0
3	0.6936713	0.3889869	0
4	-0.472827	0.1769469	0
5	-0.130167	-0.743785	1
6	0.1671817	-0.204312	0
7	-0.676925	-0.096698	1
8	0.4389391	0.7050749	0
9	0.7675171	0.3776793	0
10	0.2575889	0.8243462	0
11	0.0278892	-1.419454	0
12	-0.948488	-0.329183	1
13	0.6001778	1.1263294	0
14	-0.10599	-0.841082	1
15	-1.546276	-0.653704	1
16	0.7472335	1.3348271	0
17	1.2817914	1.258259	0
18	-0.553232	0.5812679	0

トリガー	0	以下
相関係数	50%	
確率	32.7500%	

■図 9-14　正規乱数：相関係数 50%

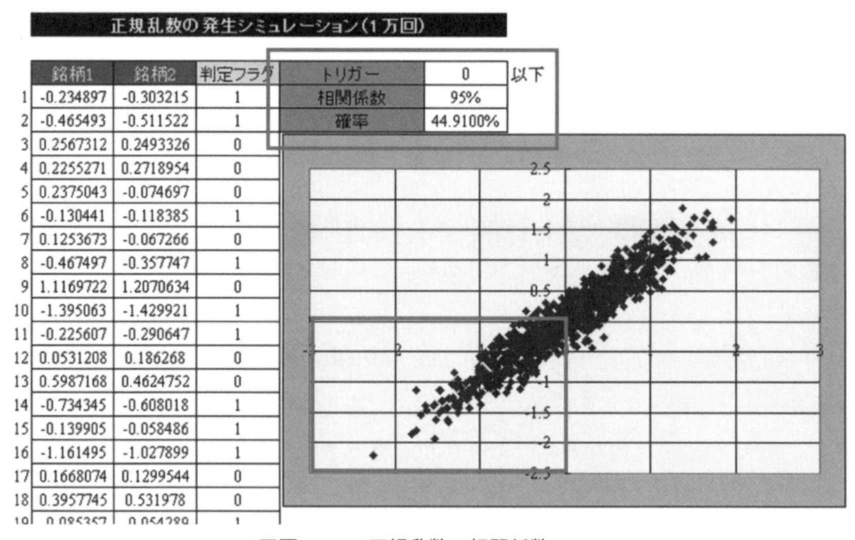

正規乱数の発生シミュレーション（1万回）

	銘柄1	銘柄2	判定フラグ
1	-0.234897	-0.303215	1
2	-0.465493	-0.511522	1
3	0.2567312	0.2493326	0
4	0.2255271	0.2718954	0
5	0.2375043	-0.074697	0
6	-0.130441	-0.118385	1
7	0.1253673	-0.067266	0
8	-0.467497	-0.357747	1
9	1.1169722	1.2070634	0
10	-1.395063	-1.429921	1
11	-0.225607	-0.290647	1
12	0.0531208	0.186268	0
13	0.5987168	0.4624752	0
14	-0.734345	-0.608018	1
15	-0.139905	-0.058486	1
16	-1.161495	-1.027899	1
17	0.1668074	0.1299544	0
18	0.3957745	0.531978	0

トリガー	0	以下
相関係数	95%	
確率	44.9100%	

■図 9-15　正規乱数：相関係数 95%

シンセティック CDO のプライシングでは、構成された多数の CDS の同時デフォルト確率を計算するという難題があったが、リスク・メトリックス社のリ（David Li）は、2000 年に発表した「デフォルト相関について」という論文で、コピュラを利用したアプローチを提案した。

A 社と B 社のデフォルト確率が与えられた場合、これら 2 社ともデフォルトする確率は、2 社がまったく独立していれば、

$$P_{A\cap B} = P_A P_B$$

であった。それでは両社のデフォルトに相関がある場合に、Excel でシミュレーションを行った同時デフォルト確率は、シミュレーションなしで、どうやって計算するのだろうか。この場合は単純にデフォルト確率を掛けるだけでは解決できないが、正規分布を仮定すれば、2 次元分布が次のように与えられる。

$$\begin{aligned} P_{A\cap B} &= F_{AB}\left[x_A < X_A, x_B < X_B; \rho_{AB}\right] \\ &= \frac{1}{2\pi\sqrt{1-\rho_{AB}}}\int_{-\infty}^{X_A}\int_{-\infty}^{X_B}\exp\left(-\frac{x_A^2 + x_B^2 - 2\rho_{AB}x_A x_B}{2\left(1-\rho_{AB}^2\right)}\right)dx_A dx_B \end{aligned}$$

しかし、シンセティック CDO のように銘柄が多数の場合は、もっと効率のよい方法が望まれることころである。ここで個別確率分布が与えられているのであれば、この分布関数自体を変数とした次のような関数が存在すれば、きわめて実用的である。このような関数は、関数の関数であるから汎関数と呼ぶ。

$$P_{A\cap B} = \Omega_{AB}\left[P_A, P_B; \rho_{AB}\right]$$

このような汎関数をコピュラ汎関数と呼ぶ。コピュラ汎関数の存在はスクラーの定理によって支えられている。

$$P_{A\cap B} = F(x_A, x_B) = \Omega[F(x_A), F(x_B)]$$

リが提案したいくつかのコピュラ汎関数の中で、金融業界ではもっとも単純な正規コピュラが利用され、シンセティック CDO のプライシングに絶大な効果を発揮した。

しかしながら、多数の CDS から構成されたシンセティック CDO は、当然のことながら、機動的なヘッジは不可能であり、同時にデフォルト分布として正規分布を仮定するのも、いわゆるファット・テイルという特性から見て非現実的であったことは否めない。さらにほかの OTC デリバティブ取引が、市場で観測可能なデータからプライシングされているのに対して、CDS 同士の相関は市場データとして存在しないので、計算処理を効率化するために一律の相関係数が入力されたりもした。

このようにシンセティック CDO のプライシングに正規コピュラを利用することに対しては、国際金融危機以降、多くの批判を浴びた。しかしながら、スクラーの定理を利用した、コピュラ汎関数の利用価値がまったく否定されたわけではない。

第10章

さまざまな仕組債

「私達は不必要なものだけが必需品である時代に生きている。」
（オスカー・ワイルド）

デリバティブが内包された債券は、仕組債（Structured Note/Bond）と呼ばれる。仕組債は、デリバティブ取引のプロフェッショナルたちが取引するインター・ディーラー市場でなく、一般の投資家が、自己の投資ニーズに合わせて購入するために組成された債券である。仕組債を組成する金融機関は、金利スワップや金利・外国為替オプションといった、さまざまな個別デリバティブ取引を組み合わせることによって、投資家のニーズに合致した仕組債を組成・販売する。

しかしながら、デリバティブ理論の理解不足から、仕組債投資をめぐる損失事故が多発しているのも事実である。これは単に金融機関（＝組成・販売側）の悪意や、投資家（＝購入側）の理解不足や無理な要求から起こる事故として、かたずけるわけにはいかないような、人間の欲望に起因する問題かもしれない。ただし、1つ理解すべき重要なポイントがあるとすれば、それは一見どんなに有利に見える仕組債であっても、その有利性は、リスクと引き換えることでしか実現できないという、デリバティブ理論の基本前提である。ご飯はタダでは食べられない（there is no free lunch）のである。

10-1）債券の早期償還について

大半の仕組債には、早期償還条項が付いている。仕組債を解説する前に、早期償還条項について簡単な解説をする。早期償還は、基本的には2つのはタイプに分類される、1つは客観的な条件がトリガーとなって自動的に償還されるケース。例えば、クーポンが日経平均の連動した仕組債では、日経平均が上がり続ける限り、発行体は高いクーポンを支払わなければならないので、25,000円にトリガー条項を付ける。これは発行体が、行使価格25,000円のコール・オプションを、投資家に売ってることにほかならない。このプレミアムが、クーポンに上乗せされているのである。

もう1つのタイプは、発行体側の意思決定によって早期償還されるケースである。例えば、債券発行後に金利環境が変化して金利が低下すると、発行体は市場で再調達したほうが有利となるので、早期償還の可能性が高まる。一方、早期償還された投資家は、低下した金利環境下での再運用を余儀なくされる。このように早期償還は、投資家に不利に働くケースが多い。このようなリスクを早期償還リスク（Prepayment Risk）と呼ぶ。このケースも、早期償還の権利をオプションと考えると、発行体は投資家から早期償還オプションを購入していると考えることができる。したがって、コーラブル債を購入する投資家は、早期償還リスクをとる代わりに、オプション・プレミアム（売却益）を得ているということになる。コーラブル債のクーポンが、コール条項のない債券より有利なのは、オプション・プレミアムがクーポンに内包されているからである。コーラブル債は、変動利付債（あるいは変動資金調達）と 2 つのデリバティブ、すなわち、金利スワップとレシーバーズ・スワプションによって複製することができる。**図 10-1** がそれを示している。

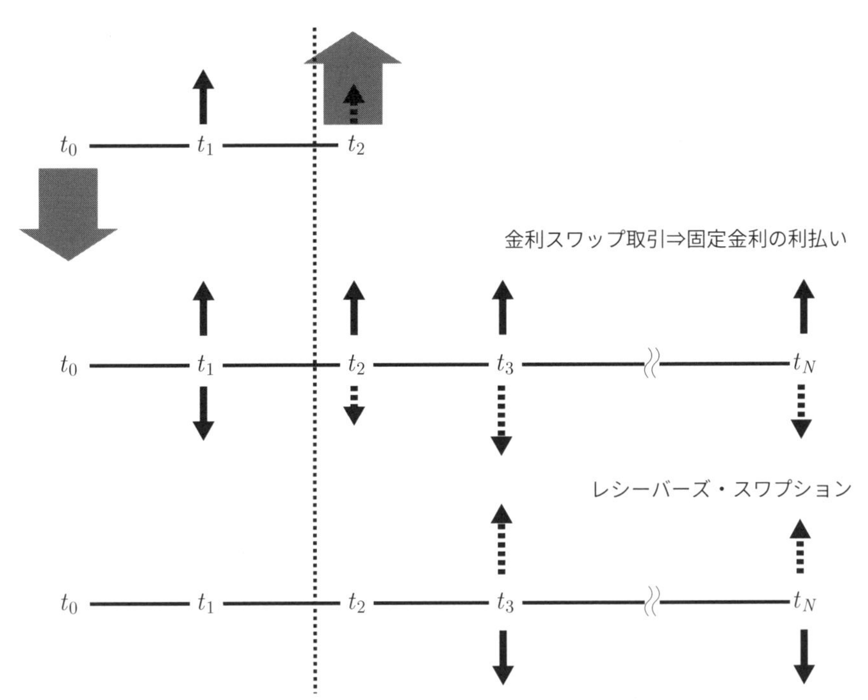

■図 10-1　変動利付債と金利スワップおよびスワプションによるコーラブル債の複製

このキャッシュ・フローは、満期 N で 2 期後にコールできるコーラブル債である。しかし、もし発行体が 2 期後にコールした場合、変動利付債の償還元本は返済され、残りの金利スワップのクーポンはスワプションを行使することによって相殺される。コールしない場合は、スワプションは失効し、発行体はさらに N 期までの変動資金調達をすればよい。レシバーズ・スワプションは金利に関するプット・オプションであるから、投資家は発行体にプット・オプションを売却していることになる（**図 10-2**）。変動利付債を除いた、金利スワップとスワプションの合成部分はキャンセラブル・スワップと呼ばれることもある。

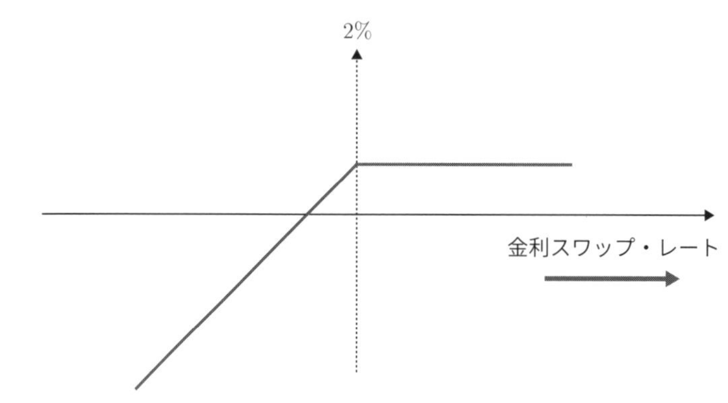

■図 10-2　レシバーズ・スワプションの売却のイメージ（行使レート 2% の場合）

これまで解説してきたコーラブル債は、一度しか行使の機会がなかった。このようなコーラブル債をワンタイム・コーラブル債と呼ぶ。それに対して、利払い日ごとにコールできる仕組債がマルチ・コーラブル債である。期間中いつでも行使できるオプションは、アメリカン・スタイルであるが、マルチ・コーラブルは、例えば半年ごとに行使の権利があるので、アメリカン・スタイルの亜種としてバミューダン・スタイルと呼ばれる。

ヨーロピアン・スワプションが、第 5 章で解説した、修整ブラック・モデル 76 から簡単に導出できるのに対して、バミューダン・スワプションは、第 7 章で解説した、金利の期間構造モデルを利用しなければならない。アメリカン・スタイルと同様バミューダン・スタイルでは、その時点で行使した場合の価値と、その次の期間まで保有した場合の、期待キャッシュー・フローの価値の大小によって判断される。これも第6章で解説したとおりである。したがって、バミューダン・オプションの標準的な評価手法は、価格が展開する格子（ラティスあるいはツリー）を構築して、満期から後ろ向きに価格評価をするバックワード・インダクションである（アメリカン・アルゴリズム）。

問題は、OTCスワプション市場からは、標準的なヨーロピアン・スワプションのボラティリティー・データしか入手できないので、このデータを利用して、利用する金利の期間構造モデルにフィッティングさせる必要がある。この手続きをカリブレーションと呼ぶ。カリブレーションとは照準を合わせるという意味である。

図10-3は、実際に利用されているカリブレーションのExcelシートである。6つの市場データ（修正ブラック・モデル76のインプライド・ボラティリティー）が選ばれて、もっとも最適な「ショート・レート・ボラティリティー」と「平均回帰係数」の組み合わせが計算されてる様子が伺われる。

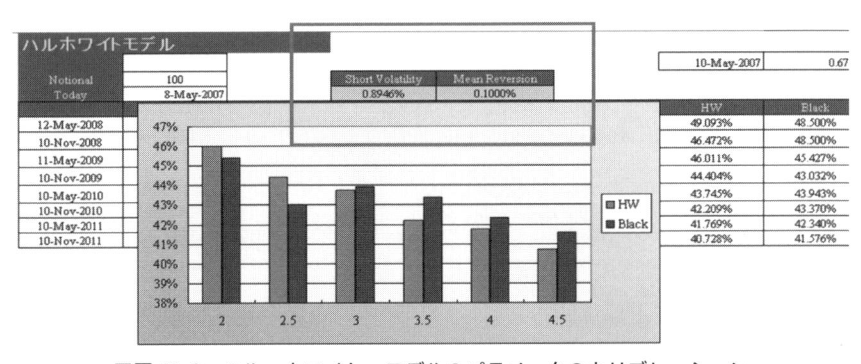

■図10-3　ハル・ホワイト・モデルのパラメータのカリブレーション

次に、カリブレーションしたパラメータ（ショート・レート・ボラティリティーと平均回帰係数）を利用して、ヨーロピアン・スワプションのプレミアムを計算して、修正ブラック・モデル76との整合性を確認する。**図10-4**は、ハル・ホワイト・モデルおよびブラック・カラジンスキー・モデルとのプレミアム比較である。このようにヨーロピアン・スワプションのプレミアムで整合性を確認した上で、バミューダン・スワプションの評価に適用する。

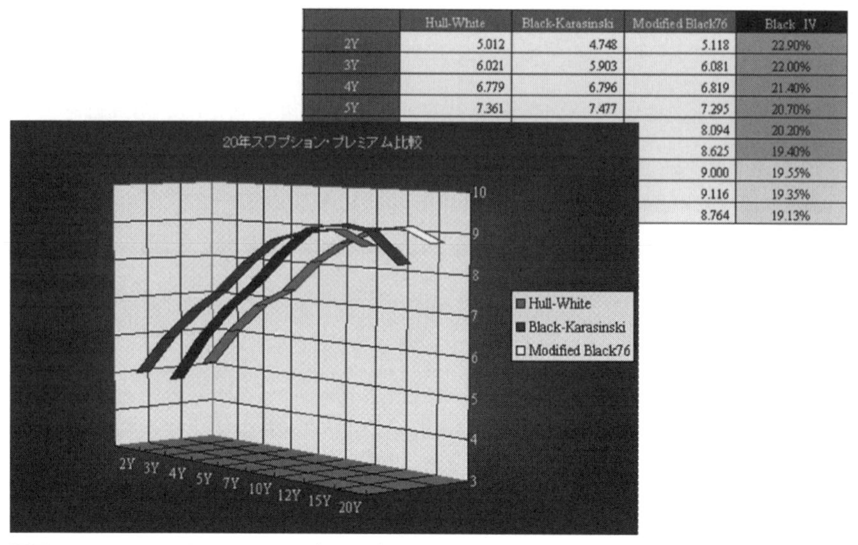

	Hull-White	Black-Karasinski	Modified Black76	Black IV
2Y	5.012	4.748	5.118	22.90%
3Y	6.021	5.903	6.081	22.00%
4Y	6.779	6.796	6.819	21.40%
5Y	7.361	7.477	7.295	20.70%
			8.094	20.20%
			8.625	19.40%
			9.000	19.55%
			9.116	19.35%
			8.764	19.13%

■図 10-4　ハル・ホワイト・モデルとブラック・カラジンスキー・モデルのプレミアム比較

10-2）アセット・スワップとリバース・フローター

日本国債（JGB：Japan Government Bond）の大半は、固定利付債であるから、金利上昇によって、その価格は下落する。固定利付債が内包する金利上昇リスクを回避するには、債券を売却して短期金利商品にするか、保有している固定利付債を変動利付債に変換するしかない。保有している固定利付債を変動利付債に変換する具体的方法は、同じ利払い日の金利スワップのペイ（払い）を合成することである。これがアセット・スワップである。

図 10-5 を見てみよう。(a) が固定利債運用、(b) が金利スワップのペイ・ポジションである。両者のキャッシュ・フローを合成すれば、実質的には変動利付債運用の効果が得られる（c)。実際の実務では、既発債券を利用するので、経過利息や元本調整が必要となるが、ここでは省略する。

リバース（インバース）・フローターのクーポンは、基本的には、同じ満期の固定利付債の 2 倍の水準で設定される。ただし、利払い時点で 2 倍のクーポンからその時点の LIBOR 分が差し引かれる。したがって、LIBOR が低下

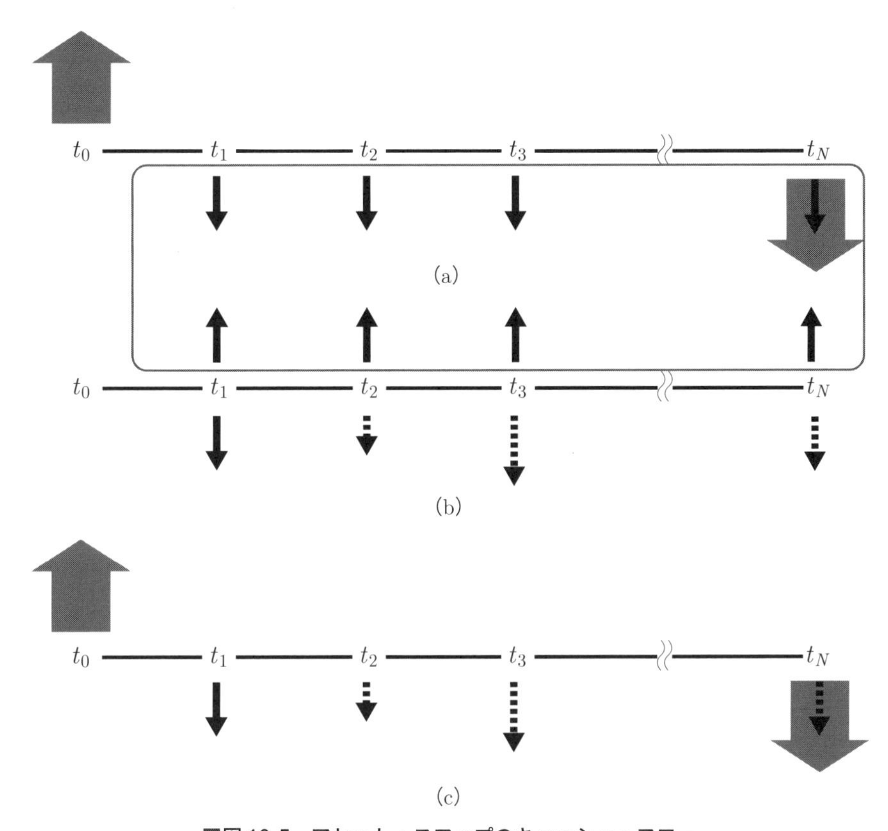

■図 10-5　アセット・スワップのキャッシュ・フロー

すれば、クーポン収益は増大し、LIBOR が上昇すればクーポン収益は減少する。なぜ 2 倍の固定金利水準マイナス LIBOR なのか。その仕組みは、**図 10-6** のキャッシュ・フローを見れば一目瞭然である。

アセット・スワップでは、固定利付債に金利スワップのペイ（固定金利の払い）を合成したのに対して、リバース・フローターは、金利スワップのレシーブ（固定金利の受け）が合成されているのである。

したがって、金利下落局面では通常の固定利付債の 2 倍の投資効果が期待できる。しかしながら、金利が上昇して、LIBOR が固定クーポン部分を上回った場合、クーポンがマイナスになってしまう。

そこでクーポンには、ゼロ・フロアーが付いている。クーポンにゼロ・フロ

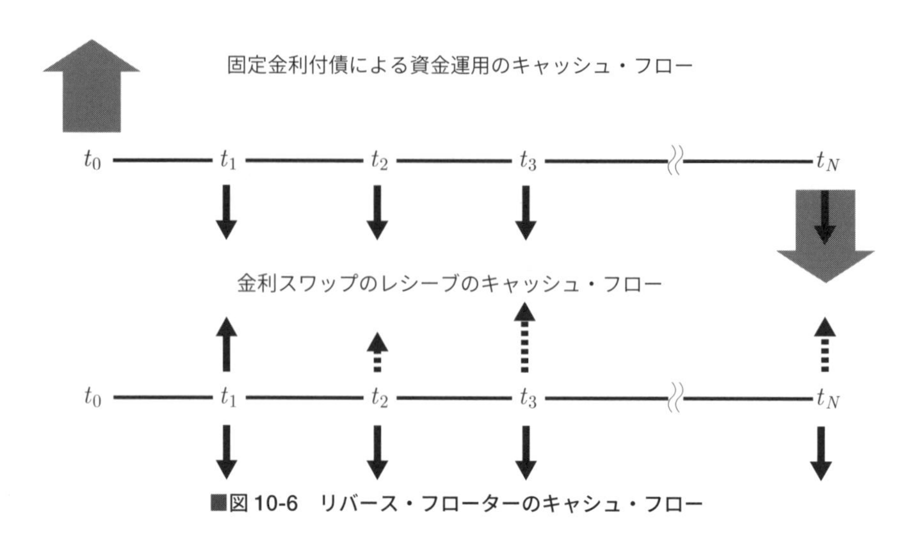

■図 10-6　リバース・フローターのキャシュ・フロー

アーが付いているということは、LIBOR に固定クーポン水準を行使レートとする、キャップが付いていることと同じである。リバース・フローターには期限前償還条項が付与されていることも多い。したがって、実際に発行されているリバース・フローターは、キャップやバミューダン・スワプションが内包されているので、プライシングや時価評価は複雑になる。以下では、そのような付帯条件を無視した単純なリバース・フローターのプライシングを考察する。

図 10-7 の Excel シートは、10 年満期の固定利付債（固定金利 1.825%）の価格が 200 bp の金利上昇で、どの程度下落するかのシミュレーションである。100 円であった価格が、83.313 円に下落している。

固定金利が 1.825% ということは、リバース・フローターのクーポンは、3.65% – LIBOR となる。この場合は 200 bp の金利上昇によって、100 円から 66.65 円に下落してる。ほぼ 2 倍の価格変動であることが確認される。

急激な短期金利上昇による、リバース・フローターの巨額損失で有名なのは、1994 年のカリフォリニア州オレンジ郡の破綻である。これに関しては、補足説明で解説することにしよう。

さてリバース・フローターの場合、LIBOR がある上限を超えるとマイナス・クーポンになるおそれがある。投資家が、債券を組成した金融機関にクーポ

固定利付債の価格変動性

	1.8250	%		
	キャシュフロー	キャシュフローのPV	ストレス後のPV	
0				
6	0.9050	0.900208049	0.89132409	
12	0.9200	0.910643109	0.89261117	
18	0.9050	0.891132163	0.86486631	
24	0.9200	0.900567937	0.86525616	
30	0.9050	0.88004677	0.83719519	
36	0.9200	0.888160378	0.83643794	
42	0.9100	0.871692337	0.81278282	
48	0.9200	0.873865991	0.80663578	
54	0.9050	0.852146029	0.77882417	
60	0.9200	0.85815083	0.77644444	
66	0.9050	0.836091321	0.74901967	
72	0.9200	0.841261119	0.74609080	
78	0.9050	0.818999731	0.71917963	
84	0.9200	0.823438416	0.71582374	
90	0.9100	0.805361184	0.69316180	
96	0.9200	0.804606278	0.68556511	
102	0.9050	0.782067041	0.65978437	
108	0.9200	0.785049191	0.65565635	
114	0.9050	0.762557853	0.63058691	
120	100.9200	83.91395427	68.69540630	変動幅
	債券価格	100.000	83.313	-16.687

■図 10-7　固定利付債の価格変動

リバース・フローターの価格変動性

	3.6500	% － LIBOR	3.6000	% SA A/360				
	固定キャシュフロー	LIBOR	ネット・キャシュフロー	キャシュフローのPV	ストレス後のLIBOR	ネット・キャシュフロー	キャシュフローのPV	
0	(A)	(B)	(A) - (B)		(C)	(A) - (C)		
6	1.8100	0.53232	1.278	1.271	1.53434	0.27566	0.271	
12	1.8400	0.49257	1.347	1.334	1.51088	0.32912	0.319	
18	1.8100	0.52332	1.287	1.267	1.52525	0.28475	0.272	
24	1.8400	0.59233	1.248	1.221	1.61166	0.22834	0.215	
30	1.8100	0.66337	1.147	1.115	1.66670	0.14330	0.133	
36	1.8400	0.72879	1.111	1.073	1.74949	0.09051	0.082	
42	1.8200	0.78171	1.038	0.995	1.79180	0.02820	0.025	
48	1.8400	0.84743	0.993	0.943	1.86933	-0.02933	-0.026	
54	1.8100	0.87686	0.933	0.879	1.88232	-0.07232	-0.062	
60	1.8400	0.94612	0.894	0.834	1.96903	-0.12903	-0.109	
66	1.8100	0.96496	0.845	0.781	1.97129	-0.16129	-0.133	
72	1.8400	1.03274	0.807	0.738	2.05653	-0.21653	-0.176	
78	1.8100	1.04337	0.767	0.694	2.05048	-0.24048	-0.191	
84	1.8400	1.10948	0.731	0.654	2.13404	-0.29404	-0.229	
90	1.8200	1.13326	0.687	0.608	2.14686	-0.32686	-0.249	
96	1.8400	1.19376	0.646	0.565	2.21917	-0.37917	-0.283	
102	1.8100	1.20458	0.605	0.523	2.21331	-0.40331	-0.294	
108	1.8400	1.27129	0.569	0.485	2.29750	-0.45750	-0.326	
114	1.8100	1.27094	0.539	0.454	2.28032	-0.47032	-0.328	
120	101.8400	1.33682	100.503	83.567	2.36369	99.47631	67.713	変動幅
			債券価格	100.000		債券価格	66.625	-33.375

■図 10-8　リバース・フローターの価格変動性

ンを支払うという異常事態である。この異常事態を避けるために、リバース・フローターではクーポンの最低水準（フロアー）も設定する（**図 10-9**）。上の例では LIBOR が 3.65% を上回った時点でマイナス・クーポンとなるので、LIBOR に 3.65% のキャップが必要となる。キャップに関しては第 5 章で解説したとおりであるから、ここでは改めて解説しない。

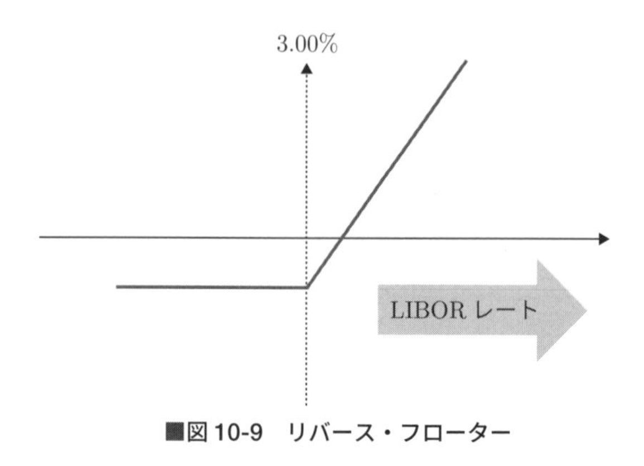

■図 10-9　リバース・フローター

10-3）デュアル・カレンシー債とリバース・デュアル・カレンシー債

デュアル・カレンシー債は、元本が外貨でクーポンが自国通貨の債券である。**図 10-10** から理解できるように、外国債券の金利を、クーポン・スワップの外国通貨クーポンで相殺して、自国貨クーポンに変換することによって組成される。デュアル・カレンシー債は、1980 年代から販売されていたが、当時は通貨スワップ（異種通貨の金利スワップ取引）とクーポン・スワップ（複

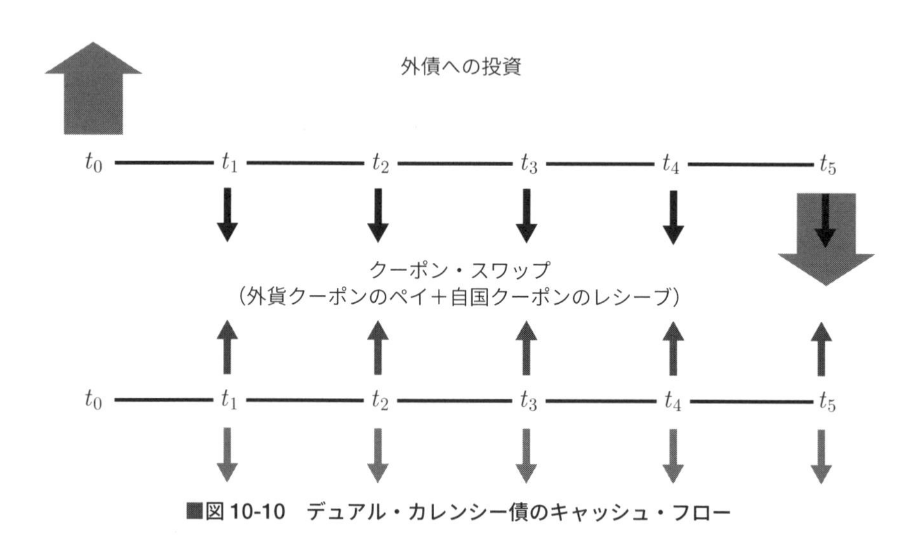

■図 10-10　デュアル・カレンシー債のキャッシュ・フロー

数のフォワード外国為替を平準化した取引）を混同する事例が多く、ミスプライスされたデュアル・カレンシー債も多く存在した。

外国通貨金利と同水準のクーポン・スワップの自国通貨クーポン水準は、為替レートの比で決定されるから、自国通貨よりも高水準である場合は、魅力的に見える。しかし、それは元本に外国為替リスクが内包されていることの裏返しにすぎない。

図 10-11 を解説しよう。ここでは 10 年物円固定金利が 1%、US ドル固定金利が 5% であるような金利環境である。ここで US ドル債に投資すれば 5% のクーポン収益が得られる、しかしながら 5% のクーポンは US ドル建てである。そこでクーポン・スワップを利用して、クーポンを円建てに変換すれば、3.44% の円クーポンが得られるというわけである。単純に円債に投資した場合は 1% であるから、3 倍以上の円建てクーポン収入である。もっとも、元本が US ドル建てであるから、満期償還時に外国為替リスクが、高クーポンの代償である。

デュアル・カレンシー債とクーポン・スワップ

				627.092395	側で現在価値を求める
		二通貨の比	68.8955	円側固定クーポン	ドル側固定クーポン
		スポット為替	100.00	3.44628%	5.00218%
期間	円D F	ドルD F	フォワード為替	円側の現在価値	ドル側の現在価値
0.5	0.995066	0.975478	98.0315	171.464	2.440
1.0	0.990075	0.951822	96.1364	170.604	2.381
1.5	0.985189	0.928793	94.2756	169.762	2.323
2.0	0.980248	0.905958	92.4214	168.910	2.266
7.0	0.932531	0.707639	75.8837	160.688	1.770
7.5	0.927904	0.690425	74.4070	159.891	1.727
8.0	0.923250	0.673451	72.9435	159.089	1.684
8.5	0.918694	0.657157	71.5316	158.304	1.644
9.0	0.914086	0.641000	70.1247	157.510	1.603
9.5	0.909576	0.625491	68.7674	156.733	1.564
10.0	0.905014	0.610113	67.4148	155.946	1.526
	円アニュイティー	ドル・アニュイティー	フラット為替	3,271.776	38.989
	18.987302	15.588673	82.1005		
	固定金利	固定金利			
	1.00053%	5.00218%			

■図 10-11　デュアル・カレンシー債とクーポン・スワップの関係

一方、リバース・デュアル・カレンシー債は、元本が円建てで、クーポン部分に外国為替リスクを内包した仕組債である（**図 10-12**）。

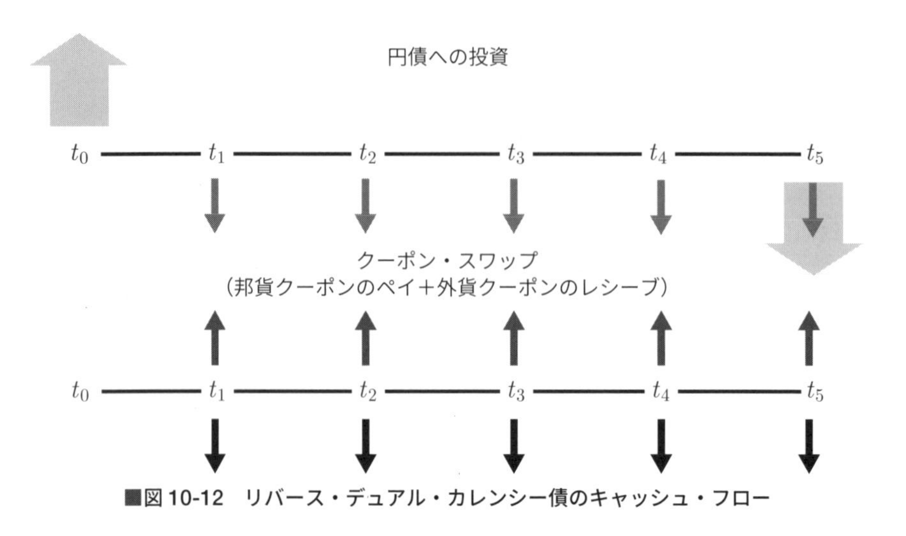

■図 10-12　リバース・デュアル・カレンシー債のキャッシュ・フロー

さて、ここですべての債券価格が、元本部分とクーポン部分の価値の和であるという基本に立ち返ってみよう。デュアル・カレンシー債とリバース・デュアル・カレンシー債を比べてみて、何がわかるだろうか。デュアル・カレンシー債では、元本部分に外国為替リスクが内包されている。リーバース・デュアル・カレンシー債では、クーポン部分に外国為替リスクが内包されている。

デュアル・カレンシー債が、リーバース・デュアル・カレンシー債より、高クーポンであるのは、外国為替リスクを内包する部分が大きいからである。**図 10-13** を見てみよう。1 円で発行され 1 円で満期償還される債券の価格構造である。

ここで、元本部分のリスクをとりたくない投資家は、クーポン部分でリスクをとるしか高クーポンを実現できない。自国通貨金利が、外国通貨金利より相対的に低い場合は、元本部分で外国為替リスクをとらなければ、高クーポンを実現できない。しかしながら、元本で外国為替リスクをとってしまえば、満期時の償還元本が毀損するリスクがある。特に、我が国の投資家は、1990 年代までの外貨連動の仕組債での損失の経験を経て、円建て元本保証の仕組債を求めていたので、仕組債の組成側は、魅力的なクーポンかつ円建て元本の保証という、投資家の厳しい条件を満足させる必要があった。

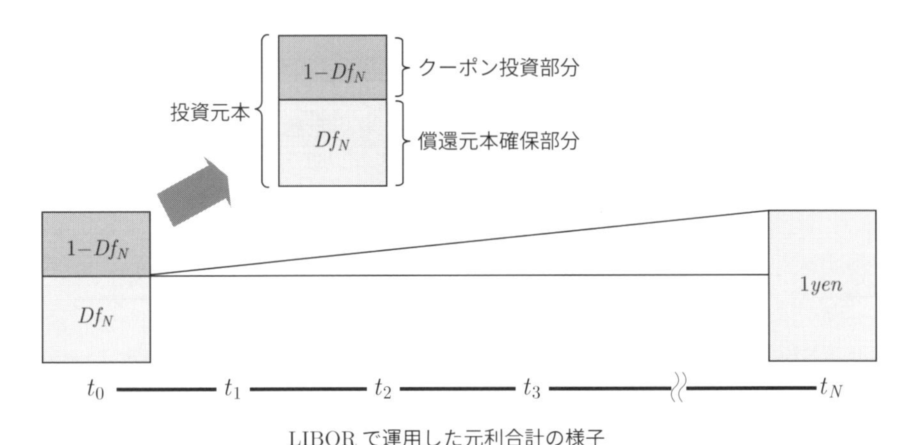

LIBOR で運用した元利合計の様子

■図 10-13　債券価格での元本とクーポンの構成

リバース・デュアル・カレンシー債のクーポンを、より魅力的な水準にするには、デュアル・カレンシー債より長い満期の債券を組成しなければならない。なぜなら、債券価格に占める元本部分の割合は、期間が長いほど低下するからである。

10-4）パワー・リバース・デュアル・カレンシー（PRDC）債

前節で解説したように、パワー・リバース・デュアル・カレンシー債（以下、PRDC 債）は、元本でリスクをとっていないため、そのクーポンは投資家にとって魅力のあるものではない。満期を長期化しても、長い間ゼロ金利政策が続いた我が国の低金利の環境下では、クーポン部分の比率を増やすにも限界があった。

そこで、償還元本は自国通貨のままで、クーポンの倍率を上げて魅力的なクーポン水準を実現する仕組債が開発された。例えば、クーポン・スワップの想定元本を 5 倍にすれば、どのようなクーポン水準になるだろうか。**図 10-14** が、リバース・デュアル・カレンシー債と、想定元本を 5 倍にした場合のリバース・デュアル・カレンシー債の損益図である。

図 10-14 から明らかなように、想定元本の 5 倍のクーポン・スワップを債券

スポット為替	100.00	
倍率	円クーポン	ドル・クーポン
5	1.000551%	1.161958%
パワー・クーポン	5.002753%	5.809792%
	リバース・デュアル	パワー・クーポン
0	0.00000%	-5.00275%
5	0.05810%	-4.71226%
10	0.11620%	-4.42177%
15	0.17429%	-4.13128%
20	0.23239%	-3.84079%
25	0.29049%	-3.55030%
30	0.34859%	-3.25982%
35	0.40669%	-2.96933%
40	0.46478%	-2.67884%
45	0.52288%	-2.38835%
50	0.58098%	-2.09786%
55	0.63908%	-1.80737%
60	0.69718%	-1.51688%
65	0.75527%	-1.22639%
70	0.81337%	-0.93590%
75	0.87147%	-0.64541%
80	0.92957%	-0.35492%
85	0.98766%	-0.06443%
90	1.04576%	0.22606%
95	1.10386%	0.51655%
100	1.16196%	0.80704%

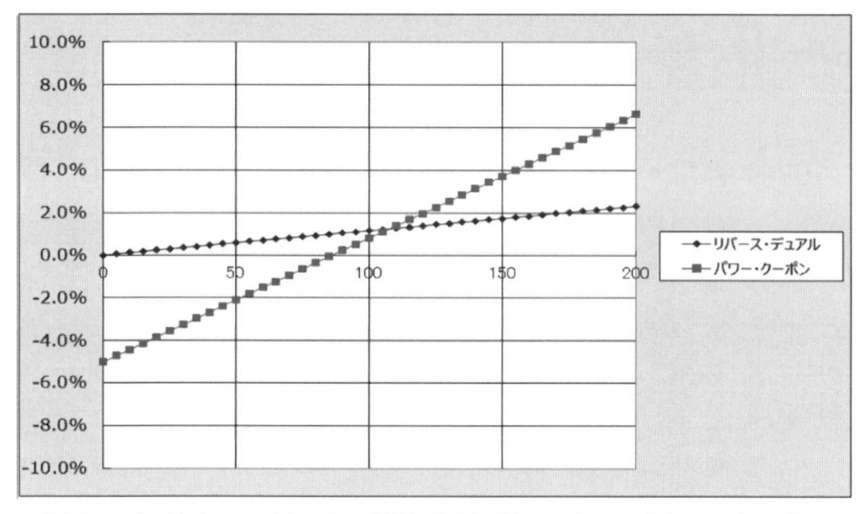

■図 10-14　リバース・カレンシー債の損益を 5 倍にしたケース（パワー・クーポン）

に内包させてしまうと、外国為替相場が自国通貨（＝円）高になってしまい、クーポンが大幅なマイナスになってしまう。この可能性を排除して商品化した仕組債が、PRDC 債である。PRDC 債では次のような奇妙なクーポン条件が提示される。

$$\frac{\text{外貨パワー・クーポン}\times\text{利払い日の為替レート}}{\text{当初為替レート}}-\text{円パワー・クーポン}$$

この式は、外貨のクーポンの円換算額から円クーポン額を差し引いた式である。したがって、これがマイナスになる為替水準で、フロアーが付くことになる。例えば、次のようなパワー・クーポンが設定される場合はクーポンがゼロとなる為替水準は 80 円となる。

$$0=\frac{0.15\times FX}{10}-0.13$$

$$FX=80_{JPY/USD}$$

PRDC 債のプライシングを、Excel で実行するのは難しい。正確にプライシングをする場合は、外国為替（ドル円）価格、外国通貨（US ドル）金利、自国通貨（円）金利という 3 つの確率変動を考慮する必要があるからだ (3 ファクター・モデル)。短期の外国為替フォワード計算では、短期資金貸借市場が存在するので、自国金利と外国金利は一定でかまわない。しかし、中長期になると 2 つの金利の不確実性を考慮する必要がある。

$$S_{t+\Delta t}=S_t e^{\left[\left(\overleftrightarrow{r}_{jJPY}-\overleftrightarrow{r}_{USD}-\frac{\sigma^2}{2}\right)\Delta t+\sigma\Delta W\right]}$$

しかし、外国為替価格だけの、シングル・ファクターの場合は、二項ツリー展開のバックワード・インダクションによる簡単なプライシングが可能である (**図 10-15**)。PRDC 債は、ゼロ・クーポン債と想定元本 5 倍のクーポン・スワップの合成である。フェアなクーポン・スワップのクーポン水準であれば、クーポン・スワップの現在価値はゼロであるから、バックワード・インダクションによる PRDC 債価格は、満期のディスカウント・ファクターに一致しなければならない。

展開された外国為替レートに対応する PRDC 債価格を、二項ツリーでバックワード・インダクションした結果である。満期のディスカウント・ファク

為替レート・ツリーの展開

Today	31-May-16	6	12	18	24	30	36	42
Spot Date	2-Jun-16	2-Dec-16	2-Jun-17	2-Dec-17	2-Jun-18	2-Dec-18	2-Jun-19	2-Dec-19
	円金利	0.9975%	0.9975%	0.9975%	0.9975%	0.9975%	0.9975%	0.9975%
	ドル金利	4.0149%	3.9048%	3.9604%	3.9606%	3.9604%	3.9606%	3.9604%
	ボラティリティー	8.00%	8.00%	8.00%	8.00%	8.00%	8.00%	8.00%
	ドリフト	-3.0174%	-2.9073%	-2.9629%	-2.9631%	-2.9629%	-2.9631%	-2.9629%
	0	6	12	18	24	30	36	42
	100.00	104.069	108.363	112.802	117.424	122.235	127.243	132.456
		92.936	96.771	100.736	104.863	109.159	113.632	118.287
			86.419	89.960	93.646	97.482	101.476	105.634
				80.337	83.628	87.054	90.621	94.334
					74.682	77.742	80.927	84.243
						69.426	72.270	75.231
							64.539	67.184
								59.997

$$S_{t+\Delta t} = S_t e^{\left[\left(\vec{r}_{jJPY} - \vec{r}_{USD} - \frac{\sigma^2}{2}\right)\Delta t + \sigma \Delta W\right]}$$

■図 10-15　為替レートの二項展開

ターは 90.501 円であり、バックワード・インダクションによる債券価格は 90.516% となる。やや不正確であるが、基本的なロジックは間違っていない。

さらにゼロ・フロアーを設定したバックワード・インダクションでは、債券価格は 100.106 円であるから、フロアー・プレミアムは 9.590 円となる（**図 10-16**）。

ドル円為替レート連動型パワークーポン債の価値

ドル・クーポン	15.0000%	設定為替レート	100				
円クーポン	12.9163%	満期時点のDF	90.501%				
0	6	12	18	24	30	36	42
90.516%	97.9330%	104.0205%	109.7827%	115.1862%	120.1926%	124.7603%	128.8448%
	84.0040%	90.1174%	95.9436%	101.4530%	106.6110%	111.3808%	115.7225%
		77.7015%	83.5850%	89.1888%	94.4823%	99.4325%	104.0039%
			72.5483%	78.2365%	83.6510%	88.7624%	93.5389%
				68.4558%	73.9783%	79.2336%	84.1933%
					65.3404%	70.7242%	75.8474%
						63.1250%	68.3943%

ドル円為替レート連動型パワークーポン債の価値（ゼロフロアー設定）

ドル・クーポン	15.0000%	設定為替レート	100	フロアー	86.10890		
円クーポン	12.9163%	満期時点のDF	90.501%	フロアーの価値	9.590%		
0	6	12	18	24	30	36	42
100.106%	104.7831%	108.7066%	112.8320%	117.0516%	121.2515%	125.3075%	129.0955%
	96.4290%	99.1999%	102.3135%	105.7166%	109.3015%	112.9621%	116.5715%
		93.5932%	95.4710%	97.7286%	100.3617%	103.2591%	106.3332%
			92.6046%	93.5877%	94.9366%	96.7533%	98.9010%
				92.5475%	93.1746%	93.9268%	94.8929%
					92.8460%	93.3541%	93.9000%
						93.2662%	93.7418%
							93.7233%

■図 10-16　パワー・クーポン債価格のバックワード・インダクション

最後にマルチ・コール条件を付けると、PRDC 債の価格は 97.428 円となり、マルチ・コールの価値は 2.677 円となる（**図 10-17**）。

ドル円為替レート連動型パワークーポン債の価値（ゼロフロアー＋マルチコール設定）

ドル・クーポン	15.0000%	設定為替レート	100	フロアー	86.10898		
円クーポン	12.9163%	満期時点のDF	90.501%	コールの価値	-2.677%		
0	6	12	18	24	30	36	42
97.428%	100.4312%	101.6690%	102.0020%	102.3486%	102.7094%	103.0850%	103.4760%
	95.3993%	97.4902%	99.4900%	101.0794%	101.7288%	102.0642%	102.4134%
		93.2332%	94.8580%	96.6905%	98.6136%	100.3328%	101.4644%
			92.4938%	93.3936%	94.5982%	96.1661%	97.8880%
				92.5190%	93.1230%	93.8337%	94.7257%
					92.8403%	93.3434%	93.8800%
						93.2655%	93.7403%
							93.7233%

■図 10-17　マルチ・コール付パワー・クーポン債のバックワード・インダクション

以上の Excel を利用したシングル・ファクターの PRDC 債プライシングは、実際の実務には利用できないが、PRDC 債の基本構造を理解する上では重要であると思われる。

10-5）スワップ・スプレッドに連動した仕組債

2 つのスワップの金利差に連動した仕組債を、CMS スプレッド債と呼ぶ。クーポン条件は通常ゼロ・フロアーが付いており次のようになっているケースが多い。

$$Coupon = \max(20y - 2y - 50\ \text{〔bp〕},\ 0\ \text{〔\%〕})$$

これは、50 bp を行使レートとした 20 年 −2 年のスワップ・スプレッドのコール・オプションとみなすことができる。

$$Coupon = \max(20y - 2y,\ 50\ \text{〔bp〕})$$

CMS スプレッド債の評価は、商品オプション取引で利用される、スプレッド・オプション・モデルを利用するのが自然であるが、通常のスプレッド・オプション・モデルでは、マイナスを許容できない。そのほかの簡便法として、スプレッドそのものが対数正規分布すると仮定することもできる。この場合も、スプレッドはゼロ以下にはならないので「非現実的」ではあるが、金利水準が高い場合の簡便法としてはある程度有効である。

ここでは、2つの金利スワップ・レートの変動が、それぞれ対数正規分布すると仮定して、モンテ・カルロ・シミュレーションによる評価を考えてみる。2つの金利スワップ・レートの変動には相関があるので、2つの金利スワップ・レートのボラティリティー（標準偏差）を x、y とし両者の相関係数を ρ とすれば、

$$x^2+2\rho xy+y^2$$

である。この式は2次形式なので対称行列によって、次のように表現できる。

$$\begin{bmatrix} x & y \end{bmatrix}\begin{bmatrix} 1 & \rho \\ \rho & 1 \end{bmatrix}\begin{bmatrix} x \\ y \end{bmatrix}$$

これは 2×2 の正値対称行列なので、次のようにLU分解できる。

$$A=LU$$
$$A=LL^T$$
$$\begin{bmatrix} 1 & \rho \\ \rho & 1 \end{bmatrix}=\begin{bmatrix} a & 0 \\ b & c \end{bmatrix}\begin{bmatrix} a & b \\ 0 & c \end{bmatrix}=\begin{bmatrix} a^2 & ab \\ ab & b^2+c^2 \end{bmatrix}$$

これをコレスキー分解と呼ぶ。

$$\begin{cases} a^2=1 \\ ab=\rho \\ b^2+c^2=1 \end{cases}$$

であるから、

$$L=\begin{bmatrix} 1 & 0 \\ \rho & \sqrt{1-\rho^2} \end{bmatrix}$$

を得る。この結果を利用して、2年金利スワップ・レートと20年金利スワップ・レートの確率差分方程式をそれぞれ次のようにおく。

式 1）2 年金利スワップ・レートの確率差分方程式

$$S(t+\Delta t)_{2Y} = S(t)_{2Y}\, e^{\left[\left(\mu_{2Y}-\frac{\sigma_{2Y}^2}{2}\right)\Delta t+\sigma_{2Y}\rho\Delta W_{20Y}+\sigma_{20Y}\sqrt{1-\rho^2}\Delta W_{2Y}\right]}$$

式 2）20 年金利スワップ・レートの確率差分方程式

$$S(t+\Delta t)_{20Y} = S(t)_{20Y}\, e^{\left[\left(\mu_{20Y}-\frac{\sigma_{20Y}^2}{2}\right)\Delta t+\sigma_{20Y}\Delta W_{20Y}\right]}$$

上の確率差分方程式で、モンテ・カルロ・シミュレーションを実行する。モンテ・カルロ・シミュレーションは自由に条件設定できるので、フォワード・ボラティリティーも市場にフィットした値を入力する。まず OTC スワプション市場から満期別のボラティリティーを入力しスムージングをする。

一般に、スワプションのボラティリティーの期間構造は、満期 2 年あたりが一番高くなるコブ状（Hump）になっている。レボナトは、ボラティリティーをスムージングするために、次のようなフィット関数を提案している。ここでは、この方法をアド・ホックに利用してみよう（**図 10-18**）。

$$V(t) = K\left[[a+bt]e^{-ct}+d\right]$$

これで準備が整ったので、モンテ・カルロ・シミュレーションを実行する（**図 10-19**）。

同じように 20 年金利スワップ・レートのモンテ・カルロ・シミュレーションを実行し、20 年スワップ・レートと 2 年スワップ・レートのスプレッドを計算する（**図 10-20**）。この値の平均値が 20Y−2Y の CMS スプレッド債のクーポンである。

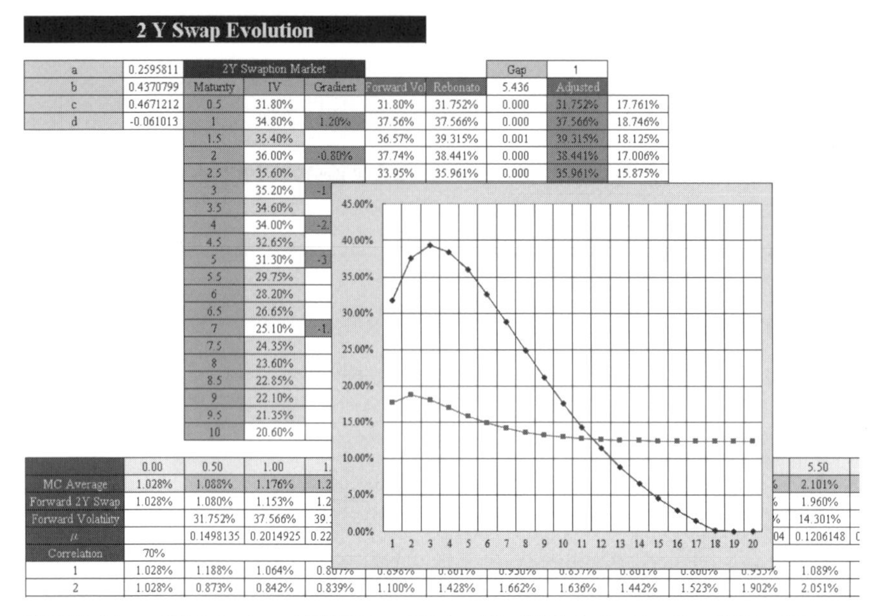

■図10-18　レボナトのフィット関数によってスムージングされたフォワード・ボラティリティー

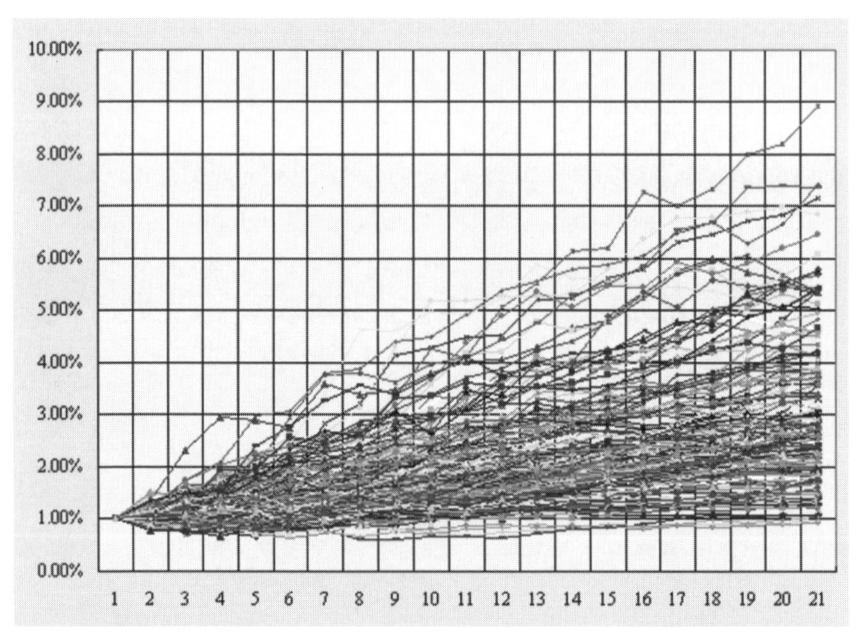

■図10-19　2年スワップ・レートのモンテ・カルロ・シミュレーションの一部

20Y-2Y CMS Spread Evolution

	0.00	0.50	1.00	1.50	2.00	2.50	3.00	3.50	4.00
MC Average	1.214%	1.214%	1.190%	1.148%	1.105%	1.061%	1.016%	0.970%	0.925%
20Y-2Y CMS	1.214%	1.212%	1.192%	1.156%	1.122%	1.088%	1.052%	1.015%	0.976%
Correlation	70.00%								
									1.064%
									1.246%
									0.849%
									1.119%
									1.272%
									0.852%
									0.741%
									1.151%
									0.684%
									1.119%
									1.141%
									1.079%
									0.792%
									1.067%
									0.959%
									0.805%
									1.180%
									0.454%
									1.250%
									1.226%
									0.452%
									0.481%
									0.179%
									1.020%
									0.856%
									1.090%
									0.793%
									0.993%
29	1.214%	1.030%	0.817%	0.834%	0.841%	0.878%	0.808%	0.891%	0.847%

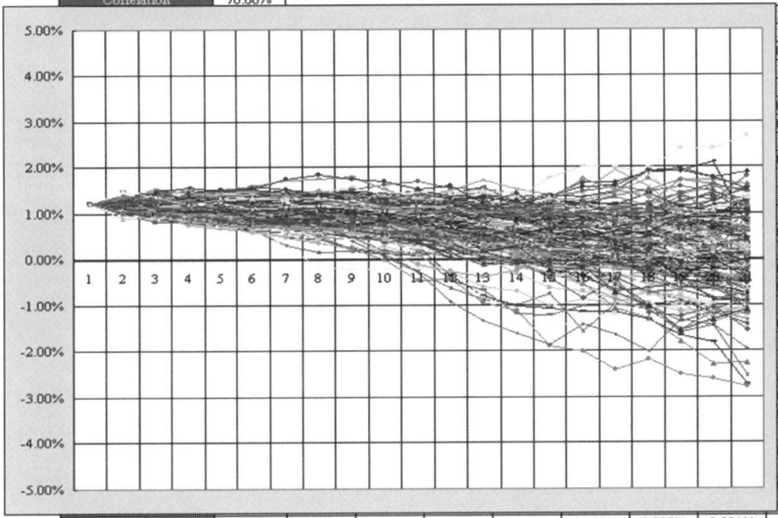

■図 10-20　20Y － 2Y CMS スプレッド（相関 70%）のシミュレーション結果

このシミュレーション結果では、CMS スプレッドがマイナスになっている場合もあるので、クーポン・フロアーが 50 bp の場合は、その条件をあらかじめインプットすればよい。問題は単純なモンテ・カルロ・シミュレーションではコーラブル条項が評価できないことである。というのも、モンテ・カルロ・シミュレーションは契約時点から満期方向へ展開していくので、バミューダン・スタイルの評価のように、満期からさかのぼるバックワード・インダクションが適用できないからである。しかしながら、今日では平均二乗モンテ・カルロ・シミュレーションという評価手法が開発されており、バミューダン・スタイルの評価も可能になっている。

10-6）ノックイン条件付株価連動債

これまで解説してきた仕組債の多くは、円建て元本保証型という、我が国の投資家のニーズに対応した商品であった。リバース・デュアル・カレンシー債を考えれば理解できるように、元本部分でリスクをとれない場合は、債券満期を長期化することによって、クーポン部分の比率を高めなければ、魅力的なクーポンを生み出すことはできない。しかしながら、近年の低金利環境下では、債券の長期化にも限界がある。ここで元本を棄損するリスクをとれば、満期が短期であっても魅力的なクーポンを生み出すことができる。低金利環境下において、運用難にあえぐ投資家のニーズに応えて開発された仕組債が株価リンク債である。株価のみならずほかのインデックスにリンクした債は、そのインデックスのオプションを売却したプレミアムでクーポンをエンハンスする仕組みになっている。ノックイン条件付リンク債の場合は、ノックインしない限り、売却したオプションのプレミアムによって高いクーポンを享受できるが、ノックインすれば債券ではなく、リンクしたインデックス（あるいは株式）のプット・オプションのショート・ポジションを保有することになる。オプション満期にインデックス価格が行使価格100円を下回った場合、投資家はプット・オプションを行使する。インデックス価格水準によっては、投資家は元本を毀損する可能性がある。

具体的な数値で検証してみよう。**図10-21**は現在価格が100円で、行使価格も100円の株式オプション（満期6カ月でボラティリティー30%）のプット・プレミアムである。イン＆アウト・パリティーからダウン＆イン・プットとダウンアウト・プットの和は、プット・プレミアムに等しい。通常のプット・オプション・プレミアムは7.26円であるが、現在価格の70%下にバリアを設定したダウン＆イン・プットでは2.69円程度となる。

ノックイン条件付株価連動債では、バリア・オプションのプレミアムが、そのままクーポンに反映されるので、バリアをどの水準に設定するかが重要である。

Barrier	Down In Put (1)	Down Out Put(2)	(1)+(2)	BS Put
100	7.2636	0.0000	7.2636	7.2636
90	7.1259	0.1377	7.2636	7.2636
80	5.6262	1.6374	7.2636	7.2636
70	2.6881	4.5755	7.2636	7.2636
60	0.6302	6.6334	7.2636	7.2636
50	0.0540	7.2096	7.2636	7.2636
40	0.0009	7.2626	7.2636	7.2636
30	0.0000	7.2636	7.2636	7.2636
20	0.0000	7.2636	7.2636	7.2636
10	0.0000	7.2636	7.2636	7.2636

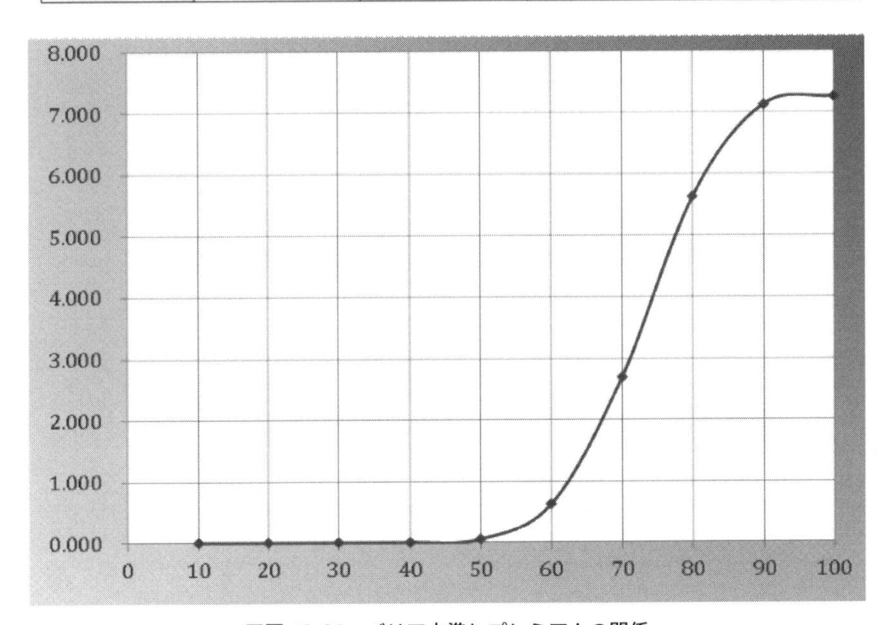

■図 10-21　バリア水準とプレミアムの関係

図 10-22 は、日経平均が 15,000 円時点で、バリアが 10,500 円、行使価格 15,000 円のダウン＆イン・プットのプレミアムを計算した Excel シートである。プレミアムは 1,385 円程度である、100 円あたりに換算すると 9.234 円となる。満期が 1 年であるから、ノックインされない場合は 10% 近い利回りが享受できることがわかる。

European Barrier Option Pricing		
S	15000	Price of Underlying Asset
H	10500	Barrier
X	15000	Strike Price
t	1	Time to Maturity
σ	30%	Volatility of Underlying Asset
ч	-0.722	
b	-2.00%	Cost of Carry Rate
r	0.00%	Risk Free Rate
q	2.00%	Dividend yield
λ	0.261	
K	0	Knock out Cash Rebate
A	1923.237209	
B	987.5040819	
C	-12.29451764	
D	385.3387116	
E	0	
F	0	
η	1	

	Down In Put
Premium	1385.137
Q'ty	0.006667
Income	9.234249
Rate of Return	9.234%

Index Price	Bond Price	Rate of Return
15000	109.234	9.23%
14500	105.901	5.90%
14000	102.568	2.57%
13500	99.234	-0.77%
13000	95.901	-4.10%
12500	92.568	-7.43%
12000	89.234	-10.77%
11500	85.901	-14.10%
11000	82.568	-17.43%
10500	79.234	-20.77%
10000	75.901	-24.10%

■図10-22　ダウン&イン・プット・オプションのExcelシート

ただし、ノックインされ満期にプット・オプションが行使された場合の支払いが1,385円を超えた場合（厳密にはクーポンはオプション・プレミアムだけでなく1年金利も含んでいる）は元本が毀損される。

第11章

国際金融危機とデリバティブ理論の変貌

「過去によって未来をもくろむな。」（エドマンド・バーク）

2007 年 8 月 9 日、BNP パリバは傘下のファンドの凍結を宣言し、銀行間ユーロ短期資金貸借市場は大きく動揺した。これをパリバ・ショックと呼ぶ。パリバ・ショック後に発生した、銀行間ユーロ短期資金貸借市場の混乱は、これまでも何度も発生した現象の 1 つに思われた。

例えば、1998 年 8 月 17 日にロシア中央銀行が、対外債務の 90 日間支払い停止を発表した際も、スワプション市場をはじめとして、国際金融市場は、一時的な混乱に巻き込まれた。結果として、ドリーム・チームと謳われたヘッジ・ファンド、LTCM（Long Term Capital Management）は破綻したものの、国際金融市場は再び通常に戻った。

パリバ・ショックによる銀行間ユーロ資金貸借市場の混乱も、当初は一時的な現象だと考える関係者もいたが、翌年の 9 月 15 日にはリーマン・ブラザーズが約 6,000 億ドルもの負債を抱え倒産。金融危機が、銀行間短期ユーロ資金貸借市場を超えて、すでに国際金融市場全体に広がっていることが明らかになった。そして、数年後には、これが国際金融市場の、新たなる常態（New Normal、ニュー・ノーマル）であるとの認識が市場関係に浸透した。

今次の国際金融危機は、サブプライム・ローン問題というアメリカ合衆国の国内問題が、証券化商品を通じて各国に「輸出」され、世界経済全体に多大な影響を及ぼしたケースである。その結果、国際金融市場のみならず、国際金融市場を支えている情報インフラストラクチャー（情報技術基盤）や法令・規制さらに会計基準に至るまで、あらゆる関連分野の変更が余儀なくされた。アメリカ合衆国の連邦準備制度理事会議長を務めたグリーンスパン氏は、2008 年のリーマン・ブラザーズ倒産直後の議会で、この危機を 1929 年に始まる大恐慌以来の「100 年に一度の津波」と証言したといわれている。

11-1）デリバティブ理論を変えたパリバ・ショック

1990 年代に民間に浸透したインターネットは、1990 年代後半になるとシリコンバレーを中心にしてインターネット企業設立ブームを引き起こした。しかし、21 世紀に入るとエンロンやワールドコムといった巨大企業の不正会計や、2001 年 9 月 11 日の米国同時多発テロともあいまって、「ニュー・エコノミー」の到来と期待されていたインターネット・バブルはあえなく崩壊した。

この事態を受けて、金融政策のマエストロと呼ばれたアメリカ合衆国連邦準備制度議長グリーンスパン（A. Greenspan）は、間髪入れることなく低金利政策を実行した。しかしながら、のちにこの低金利政策は、米国住宅バブルを生み出してしまったのではないかと批判された。米国の住宅市場は 2002 年から 2006 年まで活況を呈し、価格は上昇した、このバブル形成過程の中で住宅ローンは証券化され、金融商品として世界中の投資家に販売された。ところが、2007 年頃より住宅価格の下落が始まり、住宅ローンに連動した金融商品もそれにつれて下落した。

この住宅バブルの特徴は、第 8 章ですでに解説したシンセティック CDO のように、きわめて大きなレバレッジのかかったデリバティブ内包金融商品が、広く全世界に出回っていた事実である。もっとも象徴的な事件は、2008 年 9 月 15 日のリーマン・ブラザーズの破綻である。この破綻は、アメリカ合衆国市場最大の企業倒産といわれた。その直後から米国長期財務証券（Long Bond）の金利水準とドル金利スワップ・レートの逆転現象が発生した。これまでの国際金融危機では、「質への逃避」としてもっとも信用力の高い米国財務証券が買われ、有力銀行の信用度のプロキシー（代理変数）とされるスワップ/LIBOR カーブとの格差である TED（Treasury EuroDollar）スプレッドが拡大する現象が観察された。**図 11-1** のグラフは 1998 年のロシア財政危機の際の TED の動きである。

しかしながら、2008 年 9 月のリーマン・ショック後では逆の現象が発生したのである（**図 11-2**）。

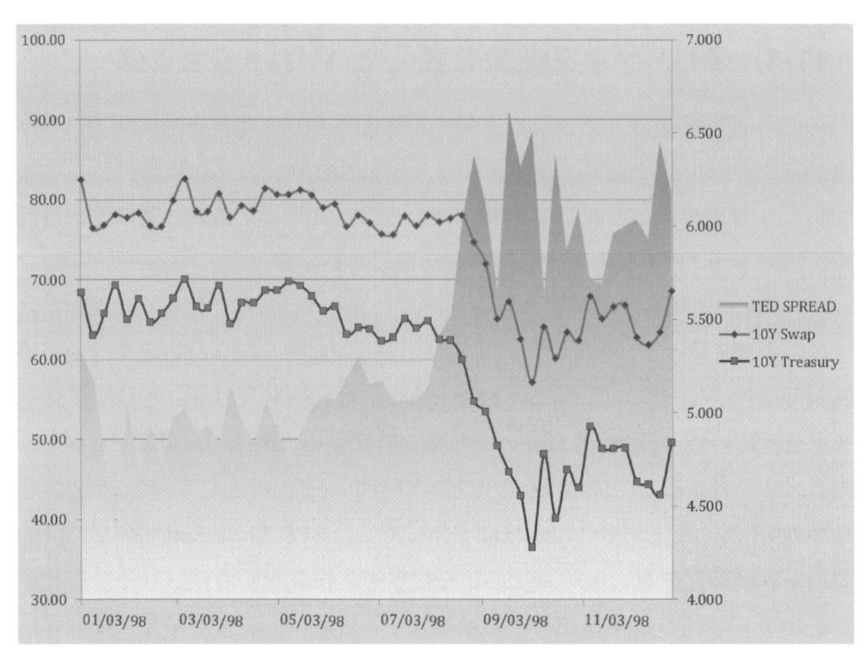

■図 11-1　1998 年 8 月のロシア財政危機の際の TED スプレッドの拡大

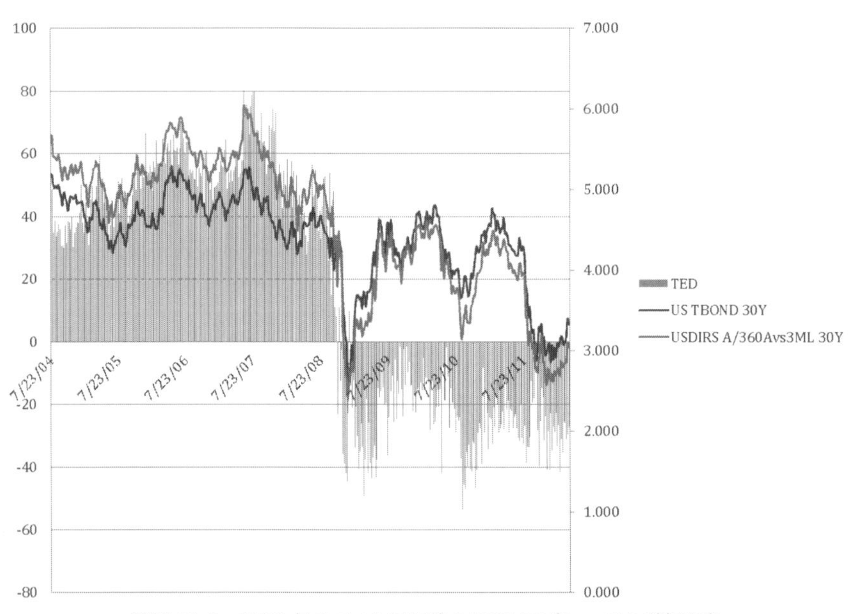

■図 11-2　2008 年 9 月 15 日以降の TED スプレッドの逆転現象

ブローカー画面（**図 11-3**）を見ればわかるように、リーマン・ショックの 8 年後の 2016 年においても、TED スプレッドは、満期 5 年超においてマイナスである。

SMKR099

SMKR099　SwapMarker　05/30 JST10:26
SMKR99　(c) 2016 Tullett Prebon Information　27-May-2016 18:58 LDN
------------------- Tullett Prebon USD Medium Term Swaps -------------------

	Price Bid	Price Ask	Mid Yield	Swap Spread Bid	Swap Spread Ask	IRS Semi-Bond	IRS Ann-Actual	Spread to 10Y Bid	Spread to 10Y Ask
2Y	99.29+	99.300	0.910	12.00	16.00	1.031-071	1.019-059		
3Y	99.14+	99.150	1.060	8.75	12.75	1.148-188	1.136-176		
4Y			1.222	2.50	6.50	1.248-288	1.234-273		
5Y	99.302	99.306	1.384	-5.00	-1.00	1.335-375	1.320-360		
6Y			1.526	-11.00	-7.00	1.417-457	1.402-442		
7Y	99.220	99.22+	1.671	-17.50	-13.50	1.496-536	1.481-521		
8Y			1.729	-16.50	-12.50	1.565-605	1.549-588		
9Y			1.789	-16.00	-12.00	1.630-670	1.613-653		
10Y	97.30+	97.310	1.850	-16.00	-12.00	1.690-730	1.673-713		
11Y	11Y - 14Y		1.850	-10.25	-6.25	1.748-788	1.731-770		
12Y	Spread		1.850	-5.00	-1.00	1.800-840	1.783-822		
13Y	to		1.850	-0.25	3.75	1.848-888	1.830-870		
14Y	10Y		1.850	4.00	8.00	1.890-930	1.872-912		
15Y			2.049	-12.50	-8.50	1.924-964	1.906-946	7.50	11.50
20Y			2.248	-19.75	-15.75	2.051-091	2.032-071	20.00	24.00
25Y			2.446	-33.50	-29.50	2.112-152	2.093-133	26.25	30.25
30Y	96.31+	97.00+	2.645	-50.25	-46.25	2.143-183	2.124-164		
40Y			2.645	-48.25	-44.25	2.163-203	2.144-184		
50Y			2.645	-49.75	-45.75	2.148-188	2.129-169		

SwapMarkerﾒﾆｭｰ SMKR@

■図 11-3　米国財務証券と US ドル金利スワップの画面
（データソース　Tullet & Prebon/QUICK）

図 11-2 のグラフに見られるように 2008 年のリーマン・ショックでは、Treasury への質への逃避よりも、さらに早い速度でドル金利スワップ・レートが低下した。

国家の信用力のプロキシーが、Treasury の金利である。それに対して、有力銀行の信用力は、ユーロ・マネー金利で観測できる。TED スプレッドとは、Treasury と EuroDollar の金利差のことである。常識的に考えれば、国家の信用力は、銀行の信用力よりも高い。しかしながら、現物である財務証券と、償還元本の存在しない金利スワップを比較した場合、エクスポウジャーという観点からすれば、大きな差があることがわかる。別の見方をすれば、償還元本が存在する財務省と、形式的な元本を想定して、金利部分のみを相殺する金利スワップを比較することは、哲学者ギルバート・ライル（Gilbert Ryle）の顰（ひそみ）にならえば、いわゆるカテゴリー・ミステイクだったのである。

しかしながら、国際金融危機は、その前年の 2007 年夏にヨーロッパで始まっていた。2007 年 8 月 9 日、BNP パリバは、傘下の 3 つのファンドの凍結を宣言した。この影響で、銀行間ユーロ短期資金貸借市場が大きく動揺、この日を分水嶺として、これまで市場参加者間の「暗黙の了解」で無リスクだと考えられていた銀行間のユーロ短期資金貸借金利に、信用リスクが上乗せされるようになった。**図 11-4** のチャートがその様子を表している。

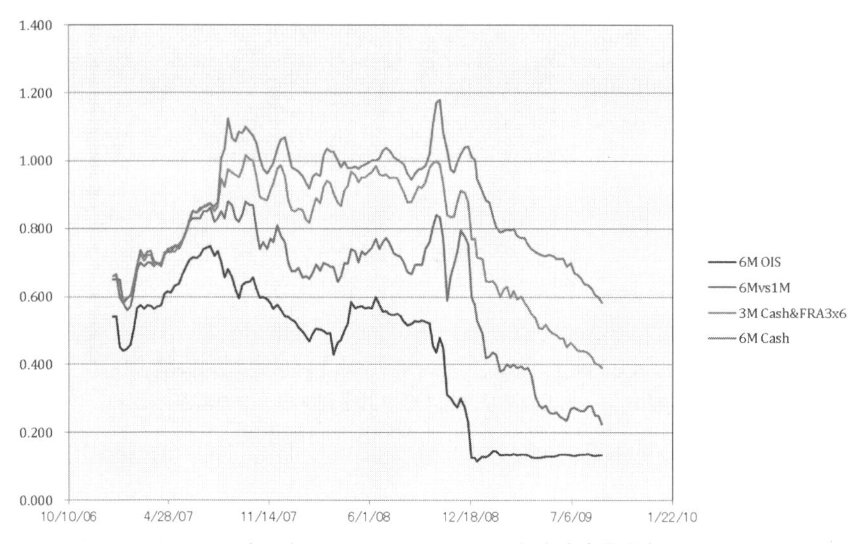

■図 11-4　パリバ・ショックによるユーロ短期資金貸借市場の混乱

図 11-4 に描かれた 4 つのチャートを解説する。裁定不可能条件を基礎としたデリバティブ理論では、デフォルトの可能性のない、金融機関同士の資金貸借においては、同じ満期であれば、どのような経路を辿っても同じ金利に収束するとされる。もっとも、実際には各金融商品の市場流動性や、参加者の選考によって、ベイシス（理論との乖離）は存在する。しかしながら、基本的には、第 2 章で解説したように、結果的には、裁定メカニズムが働いて、理論値からの過度な逸脱は修正されてきた。

その考え方に従うと、6 カ月金利水準は、6 カ月資金貸借（銀行間定期預金）と 3 カ月資金貸借と FRA's 3X6（3 カ月先スタートの 3 カ月金利）の合成、さらに 6 カ月満期の金利スワップ（変動金利は 1 カ月先資金貸借）、そして翌日物金利（オーバーナイト金利）を毎日6カ月間複利計算した金利（＝6カ月 OIS）と「理論的」には一致するはずである。**図11-5**のイメージは、これら4つの6カ月満期の資金取引のキャッシュ・フローである。図11-4のチャートからも6カ月OIS以外の3つの6カ月資金取引は2007年8月までは、ほぼ同一の金利水準を保っている（**図11-6**）。

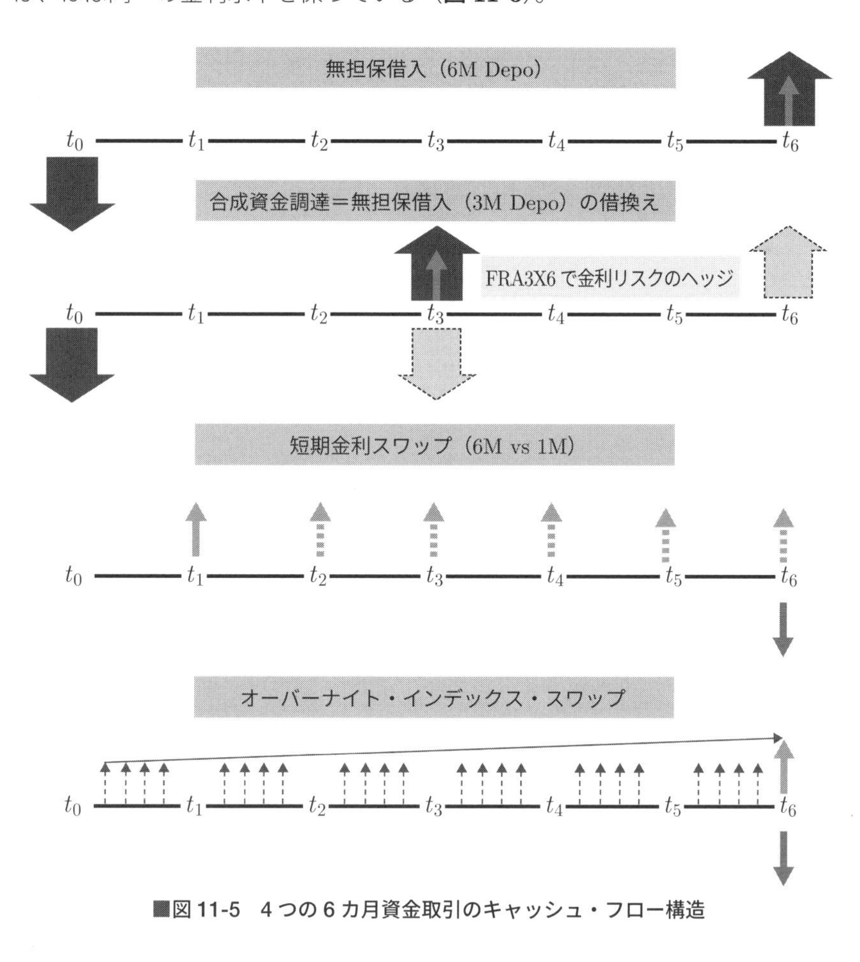

■図11-5　4つの6カ月資金取引のキャッシュ・フロー構造

SMKR051

SMKR051　SwapMarker　05/30 JST11:13
SMKR51　2016 Tullett Prebon Information　30-May-2016 03:13　SNG
JPY Short Term IRS and FRAs　03-5549-8050

	6m LIBOR FRA	6m TIBOR FRA	3m LIBOR FRA	3m TIBOR FRA
0x6	0.0117/-0.0183	0.1240/ 0.0940	0x3-0.0099/-0.0399	0.0750/ 0.0450
1x7	-0.0175/-0.0475	0.1013/ 0.0713	1x4-0.0400/-0.0700	0.0588/ 0.0288
2x8	-0.0363/-0.0663	0.0850/ 0.0550	2x5-0.0600/-0.0900	0.0425/ 0.0125
3x9	-0.0600/-0.0900	0.0638/ 0.0338	3x6-0.0850/-0.1150	0.0200/-0.0100
4x10	-0.0800/-0.1100	0.0463/ 0.0163	4x7-0.1063/-0.1363	0.0013/-0.0288
5x11	-0.0975/-0.1275	0.0300/ 0.0000	5x8-0.1238/-0.1538	-0.0138/-0.0438
6x12	-0.1138/-0.1438	0.0150/-0.0150	6x9-0.1400/-0.1700	-0.0275/-0.0575
7x13	-0.1275/-0.1575	0.0063/-0.0238	7x1-0.1550/-0.1850	-0.0400/-0.0700
8x14	-0.1388/-0.1688	-0.0025/-0.0325	8x1-0.1663/-0.1963	-0.0488/-0.0788
9x15	-0.1475/-0.1775	-0.0088/-0.0388	9x1-0.1738/-0.2038	-0.0550/-0.0850

	LIBOR			TIBOR			1y TIBOR IRS
	AM1s	AM3s	SB6s	AM1s	AM3s	SB6s	
3m	-0.0750	-0.0249		0.0219	0.0600		IMM1 -0.0235
6m	-0.1075	-0.0625		-0.0019	0.0325		IMM2 -0.0597
9m	-0.1350	-0.0931		-0.0213	0.0075		IMM3 -0.0793
1y	-0.1556	-0.1169	-0.0663	-0.0375	-0.0119	0.0550	IMM4 -0.0905
18m	-0.1831	-0.1494	-0.1038	-0.0588	-0.0381	0.0263	
2y	-0.1988	-0.1688	-0.1263	-0.0694	-0.0531	0.0063	

SwapMarkerﾒﾆｭｰ SMKR@

■図 11-6　FRA's と短期金利スワップのブローカー画面
（データソース　Tullet&Prebon/QUICK）

簡単な数式で見てみよう。**図 11-7** は、3 カ月 FRA's と 6 カ月 FRA's の裁定関係を表している。第 2 章で解説した金利フォワード・レート決定のメカニズムの復習である。ここでは単純化のために 3 カ月先を 0.25 年、6 カ月を 0.5 年としている。

$$\left(1+\frac{1}{4}r_{6X9}\right)\left(1+\frac{1}{4}r_{9X12}\right)=1+\frac{1}{2}r_{6X12}$$

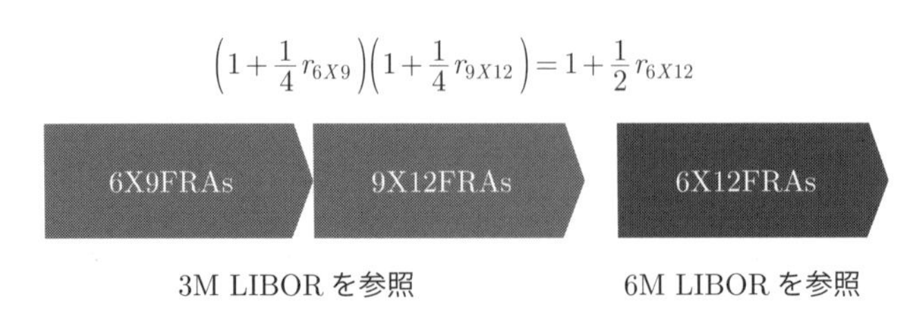

■図 11-7　3 カ月 FRSA's と 6 カ月 FRA's の裁定関係

この関係式は、取引相手が、お互いにデフォルトしないという前提によって、はじめて成り立つ考え方である。これまでのデリバティブ理論では、ユーロ資金貸借市場（＝銀行間無担保資金貸借）に参加している金融機関は（現実的にはありうる事態だが）デフォルトしないことが暗黙の了解だったので、デリバティブのプライシングに際しても、ユーロ資金貸借市場の金利指標であるLIBOR 金利は、満期に関係なく、信用リスクがゼロと想定されていた。しかしながら、**図 11-8** で理解できるように、デリバティブ間の裁定関係も、パリバ・ショックから数週間後には崩れていった。

3か月物と6ヵ月物のFRA'sの裁定関係の破綻

	FRA6X12	FRA6X9&FRA9x12	GAP
2007/12/28	0.8420	0.7933	4.8705
2007/12/21	0.8200	0.7908	2.9209
2007/12/14	0.8650	0.8229	4.2144
2007/12/7	0.9500	0.9030	4.6969
2007/11/30	0.9750	0.9286	4.6410
2007/11/22	0.9500	0.8970	5.2983
2007/11/16	0.9570	0.9045	5.2465
2007/11/9	0.9350	0.8970	3.7983
2007/11/2	0.9500	0.9090	4.0955
2007/10/26	0.9520	0.9105	4.1452
2007/10/19	1.0120	0.9612	5.0832
2007/10/12	1.0900	1.0273	6.2666
2007/10/5	1.0700	1.0228	4.7178
2007/9/28	1.0710	1.0158	5.5196
2007/9/21	1.0250	0.9747	5.0299
2007/9/14	0.9500	0.9030	4.6969
2007/9/7	0.9650	0.9587	0.6338
2007/8/31	0.9900	0.9687	2.1314
2007/8/24	1.0050	0.9988	0.6239
2007/8/17	0.9320	0.9346	-0.2604
2007/8/10	1.0900	1.0900	0.0001
2007/8/3	1.0520	1.0539	-0.1902
2007/7/27	1.0720	1.0735	-0.1454

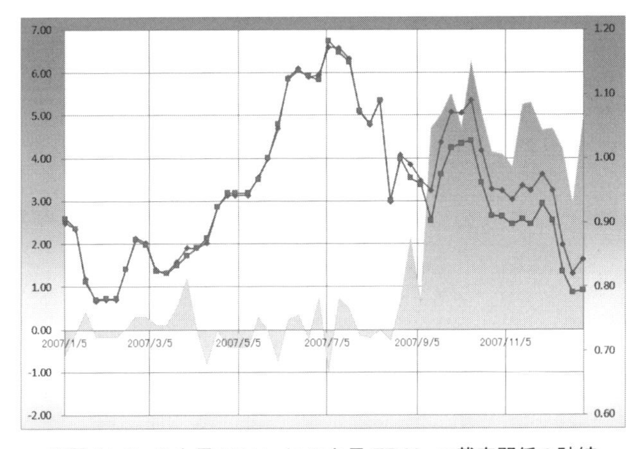

■図 11-8　3 カ月 FRA's と 6 カ月 FRA's の裁定関係の破綻

実際の市場データで検証することにしよう。パリバ・ショックの 4 カ月前の 2007 年 4 月 13 日の FRA's 市場では FRA's 6X9 は 0.842%、FRA's 9X12 は 0.908% であった。したがって FRA's 6X12 の理論値は 0.876% である。ここで実際の FRA's 6X12 は 0.868% で建値（たてね）されているので、ベイシスによる誤差を考慮すれば理論どおりである。

$$\left(1+\frac{92}{360}\times 0.00842\right)\left(1+\frac{91}{360}\times 0.00908\right)=1+\frac{183}{360}r_{6X12}$$
$$r_{6X12}=0.876\,〔\%〕\cong 0.868\,〔\%〕$$

ところが、国際金融危機が始まってから 5 年以上も経過した、2013 年 1 月 18 日でも依然として、8 月 9 日以前に成立していた裁定関係が破綻している。

$$\left(1+\frac{92}{360}\times 0.001425\right)\left(1+\frac{92}{360}\times 0.001387\right)=1+\frac{184}{360}r_{6X12}$$
$$r_{6X12}=0.1406\,〔\%〕\neq 0.1900\,〔\%〕$$

同じ 2013 年 1 月 18 日の OIS と FRA'S の関係について検証してみる。ここで OIS レートを、信用リスクがゼロの金利だと仮定してみる。6 カ月 OIS は 0.07063%、1 年 OIS は 0.06375% であるから、6 カ月先スタートの 6 カ月 OIS（フォワード 6 カ月 OIS）の理論レートは、0.06832% である。

$$\left(1+\frac{181}{365}r_{OIS6M}\right)\left(1+\frac{184}{360}f_{6X12}\right)=1+\frac{365}{365}r_{OIS1Y}$$
$$\left(1+\frac{181}{365}\times 0.0007063\right)\left(1+\frac{184}{360}f_{6X12}\right)=1+\frac{365}{365}\times 0.0006375$$
$$f=0.06832\,〔\%〕\neq 0.190\,〔\%〕=FRA_{6X12}$$

そこで、FRA's 6X12 の生存確率を $SV_{FRA_{6X12}}$ として無リスクを仮定した OIS レートと整合性をとってみると、

$$\left(1+\frac{181}{365}\times 0.0007063\right)\left(1+\frac{184}{360}\times 0.0019\right)SV_{FRA_{6X12}}$$
$$=1+\frac{365}{365}\times 0.0006375$$
$$SV_{FRA_{6X12}}\cong 99.932\,〔\%〕$$

市場参加者は、FRA's 6X12 の（回収率を考慮しない）生存確率が 99.932% と考えていることがわかる。

生存確率ではなく、OIS 上乗せ信用スプレッドとして考えてみる。FRA's 6X12 の実勢レートは 0.190% であり、OIS 6X12 理論レートは 0.06832% であ

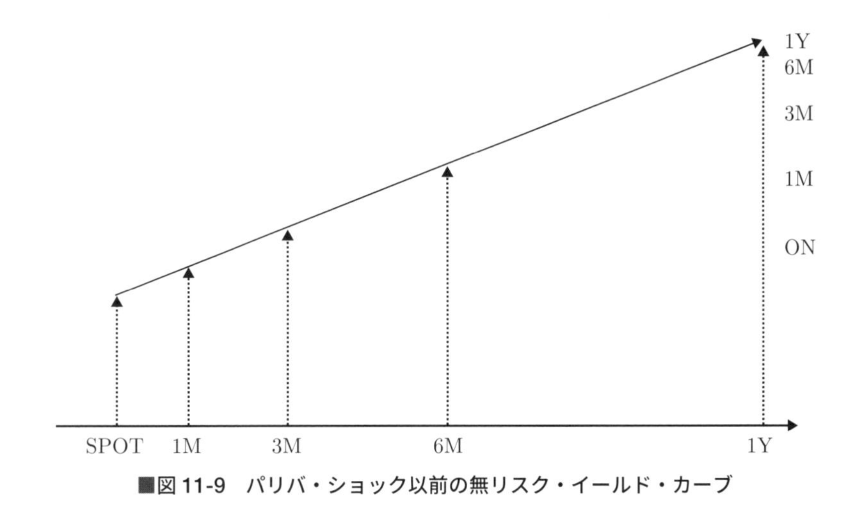

■図 11-9　パリバ・ショック以前の無リスク・イールド・カーブ

るから、その差である 12.168 bp が信用スプレッドに相当する。この信用スプレッドは、期間（テナー）が異なる（1 日と 6 カ月）資金貸借期間の信用格差であるからテナー・ベイシス（Tenor Basis）と呼ばれる。

パリバ・ショック以降、同じ信用リスクと想定されていた LIBOR（＝FRA's）が貸借期間ごとに信用格差（テナー・ベイシス）が付いてしまったのである（**図 11-9**）。

LIBOR に、テナー・ベイシス（貸借期間に依存した信用リスク）が存在するならば、無担保で 6 カ月貸し出す金利と 3 カ月先貸し出す金利は、同一のイールド・カーブで結び付けることはできない。これまで信用リスクがゼロでないはずの、銀行間（無担保）資金貸借市場の指標金利（LIBOR）を、計算の利便性などの理由から、信用リスク・ゼロとみなしてデリバティブ・プライシングをするという市場参加者の自己欺瞞が、短期資金貸借市場の混乱の中で顕在化したのである。

さて LIBOR レートが、信用リスクを含んだ金利であるとすれば、これまで単一であった LIBOR カーブは、満期ごとに別々の LIBOR カーブに分裂することになる。これをマルチ・カーブと呼ぶ（**図 11-10**）。

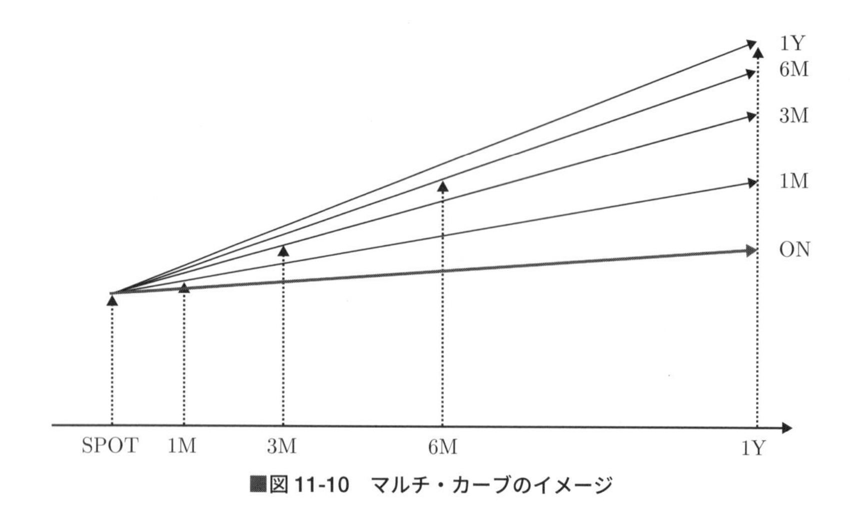

■図 11-10　マルチ・カーブのイメージ

このように、貸借期間の異なった短期金利のフォワード金利生成に、別々のカーブが適用されるという事態は、デリバティブ・プライシングを煩雑にしてしまった。しかしながら、それは、フォワード金利生成のカーブ（Forwarding Curve）が、複数（マルチ・カーブ）になったにすぎず、コンピューターによる計算技術の発展した今日では、問題ですらない。

問題の本質は、将来のキャッシュ・フローを割り引く際に利用する、無リスク・カーブ（Discounting Curve）は何かという、経済学の根幹にかかわる哲学的問題である。現時点（2019 年）で実務的な現実を考慮した、もっとも有力な暫定的解決は、無リスク・ディスカウンティング・カーブは OIS から計算されるイールド・カーブ（あるいはディスカウント・ファクター）である。

さて、パリバ・ショック以来、分裂した期間の異なる LIBOR を調整するために、インター・ディーラー・ブローカーは、テナー・ベイシス・スワップの仲介を始めた（**図 11-11**）。

図 11-11 で、例えば、1ML vs 3ML の列は、1 カ月 LIBOR に何ベイシス上乗せすれば 3 カ月 LIBOR とベイシス・スワップができるかを示している。OIS が無リスク金利の指標レートになった場合は、OIS レートとのテナー・ベイシスが重要である。**図 11-12** は実際の市場データから計算したマルチ・

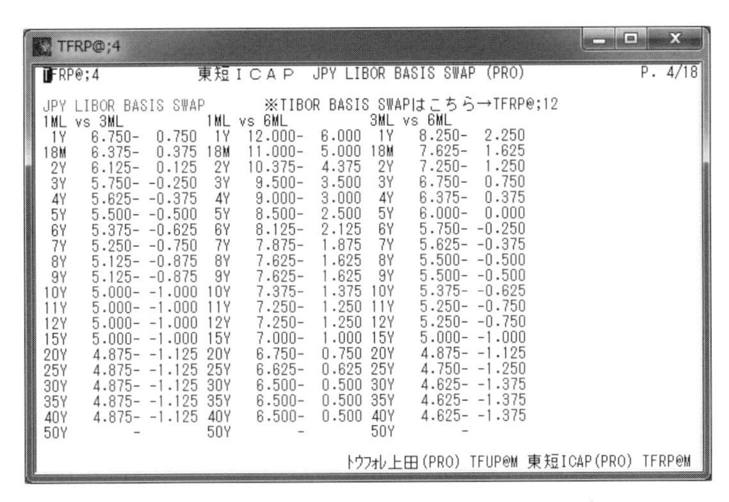

TFRP@;4

TFRP@;4　東短ＩＣＡＰ　JPY LIBOR BASIS SWAP (PRO)　P. 4/18

JPY LIBOR BASIS SWAP　※TIBOR BASIS SWAPはこちら→TFRP@;12

1ML vs 3ML			1ML vs 6ML			3ML vs 6ML		
1Y	6.750-	0.750	1Y	12.000-	6.000	1Y	8.250-	2.250
18M	6.375-	0.375	18M	11.000-	5.000	18M	7.625-	1.625
2Y	6.125-	0.125	2Y	10.375-	4.375	2Y	7.250-	1.250
3Y	5.750-	-0.250	3Y	9.500-	3.500	3Y	6.750-	0.750
4Y	5.625-	-0.375	4Y	9.000-	3.000	4Y	6.375-	0.375
5Y	5.500-	-0.500	5Y	8.500-	2.500	5Y	6.000-	0.000
6Y	5.375-	-0.625	6Y	8.125-	2.125	6Y	5.750-	-0.250
7Y	5.250-	-0.750	7Y	7.875-	1.875	7Y	5.625-	-0.375
8Y	5.125-	-0.875	8Y	7.625-	1.625	8Y	5.500-	-0.500
9Y	5.125-	-0.875	9Y	7.625-	1.625	9Y	5.500-	-0.500
10Y	5.000-	-1.000	10Y	7.375-	1.375	10Y	5.375-	-0.625
11Y	5.000-	-1.000	11Y	7.250-	1.250	11Y	5.250-	-0.750
12Y	5.000-	-1.000	12Y	7.250-	1.250	12Y	5.250-	-0.750
15Y	5.000-	-1.000	15Y	7.000-	1.000	15Y	5.000-	-1.000
20Y	4.875-	-1.125	20Y	6.750-	0.750	20Y	4.875-	-1.125
25Y	4.875-	-1.125	25Y	6.625-	0.625	25Y	4.750-	-1.250
30Y	4.875-	-1.125	30Y	6.500-	0.500	30Y	4.625-	-1.375
35Y	4.875-	-1.125	35Y	6.500-	0.500	35Y	4.625-	-1.375
40Y	4.875-	-1.125	40Y	6.500-	0.500	40Y	4.625-	-1.375
50Y	-		50Y	-		50Y	-	

ﾄｳﾌｫﾚ上田(PRO) TFUP@M 東短ICAP(PRO) TFRP@M

■図 11-11　円 LIBOR のテナー・ベイシス・スワップ画面
（データソース　東短 ICAP/QUICK）

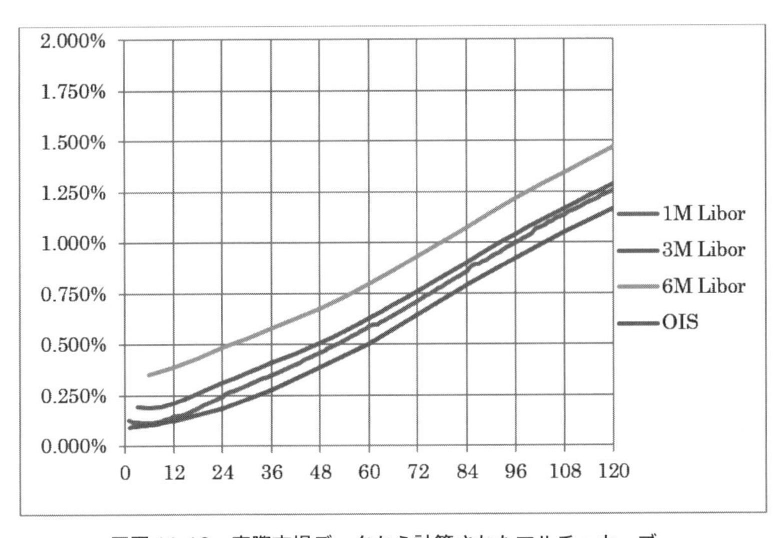

■図 11-12　実際市場データから計算されたマルチ・カーブ

カーブである。

次に、ここでは無リスクに限りなく近いと考えられるオーバーナイト金利を、満期まで複利計算した金利水準（OIS から計算されるディスカウント・

ファクターを割引の基準とした場合に、デリバティブ・プライシングがどう変化するかを解説する。

LIBOR を基準としたディスカウント・ファクターでは、標準的な金利スワップのパー・レート R は、

$$R_{Fixed}\sum_{i=1}^{N}\delta_i Df_i^{Libor}=1-Df_N^{Libor}$$

であった。これを OIS を基準としたディスカウント・ファクターにすると、

$$R_{Fixed}\sum_{i=1}^{N}\delta_i Df_i^{OIS}=\sum_{i=1}^{N}\delta_i F_i Df_i^{OIS}$$

となる。右辺の変動金レッグの現在価値がやや複雑になる。**図 11-13** はそのイメージである。この評価式は、ISDA の基本契約の 1 つである担保契約 CSA（Credit Support Annex）を結んでいる相手（カンターパーティー）の場合に採用されるので、インター・ディーラーの金利スワップ市場に参加している金融機関は、この評価式で評価される。実務的には、エクスポウジャーが変化するたびに現金担保が受け払いされる。

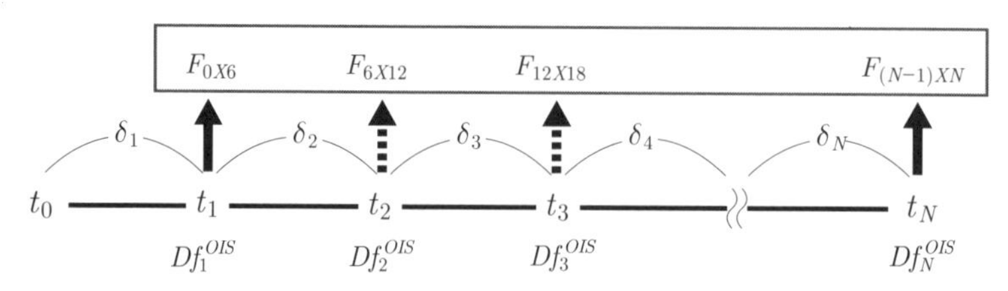

■図 11-13　OIS ディスカウンティングによる変動金利レッグの評価

キャップ&フロアーやスワプションは、単純にディスカント・ファクターを置き換えることでよい。

$$Caplet_{6X12}=Df_{1Y}^{OIS}[F_{6X12}N(d_1)-KN(d_2)]\delta_{6X12}$$

$$PayersOption=\sum_{i=1}^{N}\delta_i Df_i^{OIS}[R_{Fixed}N(d_1)-KN(d_2)]$$

ただし、ディスカウント・ファクターが異なるので、プレミアムの現在価値が異なってくる。この難点を実務的に回避する動きは、OTC スワプション市場において、リーマン・ショック（2008 年 9 月 15 日）直後から顕在化した。

インター・ディーラー・ブローカーは、これまでのようなスポット・ベースのプレミアムでは、2 つのディスカウント・ファクターのどちらで割り引くかで値が異なるので、スワプション満期時点でのフォワード・プレミアムで建値するようになった。ただ、スポットから眺めたボラティリティーと満期時点でのフォワード・ボラティリティーは異なるので、過去データには、若干の不整合が発生した。同様に、担保の相違、決済方法の違いなどで、厳密にいえばプレミアム（およびインプライドされたボラティリティー）は異なるので、情報ベンダーを通じて配信される OTC ブローカーのスワプション・データは、いったいどのような金利スワプション取引のデータなのか、について混乱が生じた。

OIS ディスカウンティングによる評価は、リスク中立評価基準（ニューメレール）を LIBOR レートから OIS レートへのゼロ・クーポン債（あるいは銀行間資金貸借勘定（Money Market Account））への変更を意味する。したがって、ボラティリティーも OIS を基準にした、フォワード・リスク・ニュートラルに関する確率（測度）となる。

11-2）マイナス金利政策とデリバティブ理論

2016 年 1 月 29 日、日本銀行は、長年にわたるゼロ金利政策からマイナス金利政策へ移行した。黒田日銀総裁による「異次元の金融緩和」が実行に移されたのである。我が国では長期にわたってゼロ金利政策が続いていたので、一般には、マイナス金利政策も、日本銀行がもっとも早く採用した国だと思われがちだ。しかし、国際金融危機後、最初にマイナス金利政策を採用したのはスウェーデンであり、その後にユーロ中央銀行（ECB）とスイス国立銀行（SNB）が追随している。

マイナス金利政策は、伝統的に多くの中央銀行が採用してきた金融政策とは異なる「非伝統的金融政策」の 1 つであり、国際金融危機後に懸念された急速なデフレーションを回避するための一時的な処置のはずだった。マイナス金利政策に関する詳細な解説は、本書の目的ではないので、以下ではマイナス金利政策がデリバティブ理論に与えた影響を解説しよう。

オプション理論は、ブラック・ショールズ・マートン・モデル以外にも、さまざまなモデルが開発・研究されてきたが、金融市場の実務家に共通のモデルは、現在でもブラック・ショールズ・マートン・モデル（とその派生モデル）であることはすでに解説した。このモデルでは、価格変化率（収益率）の対数が正規分布すると仮定されている。くどいようだが、なぜ変化額や変化率ではなく、変化率の対数なのかといえば、価格がマイナスになる事態を回避するための理論上の仮定である。

確かに、ドル円が 50 円になることはあっても、マイナス 10 円にはならないし、株価や商品価格がマイナスということも考えらない。この事実から、ノーベル経済学賞を受賞した現代経済学の巨匠サミュエルソン教授は、対数正規分布モデルを提案した。彼はシカゴ大学の統計学者サベッジ（J. Savage）が再発見した、1900 年のバシュリエ（L. Bachelier）の価格変動モデルを知っていた。バシュリエの価格変動モデルは、今日では、アインシュタインのブラウン運動理論に先行する業績であると評価されることもあるが、バシュリエが想定したのは正規分布モデルであった。

サミュエルソンの研究対象は、ワラント（新株引き受け権）であったので、対数正規分布という仮定は不自然ではない。しかしながら、金利は「貨幣の収益率」であるからマイナスの可能性はありうる。この事実には、多くの実務家が気づいていたが、現実問題あるいは過去からの常識として、マイナス金利を一応、想定外として取引していた。事実、金利期間構造モデルには正規分布を仮定したモデルが多いし、現在も利用されている（ハル・ホワイト・モデルなど）が、対数正規モデル（ブラック・モデル 76）から逆算されたボラティリティー（インプライド・ボラティリティーあるいはブラック・ボラティリティー）が市場参加者の「共通言語」として長い間利用されてきた。

図 11-14 のグラフは、金利が 1% からスタートして、ランダムに変化した場合の、経路（サンプル・パス）をいくつかピックアップしたものである。対

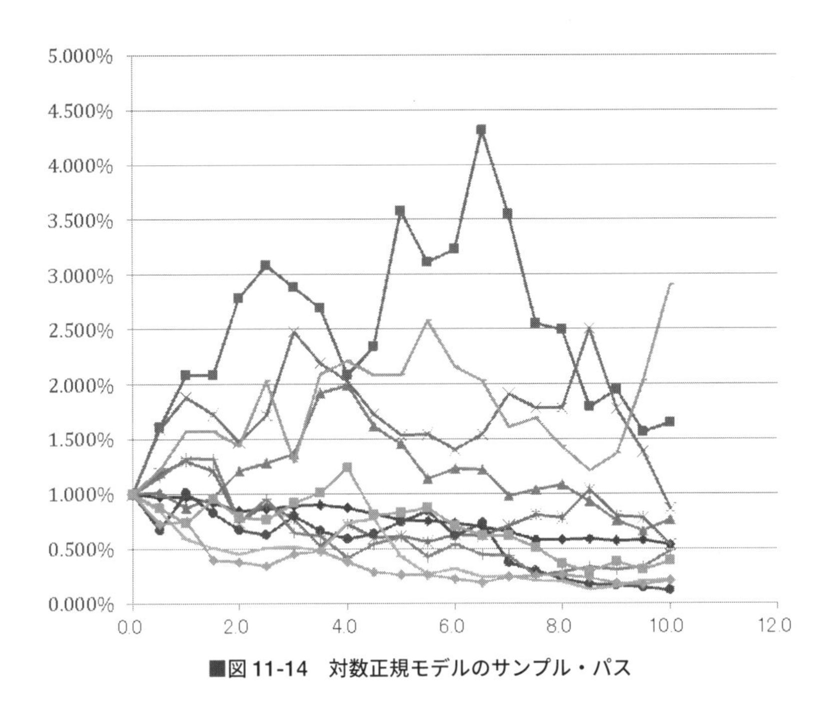

■図 11-14　対数正規モデルのサンプル・パス

数正規分布を仮定したチャートなので、決してマイナスにはならない。

図 11-15 に正規分布モデルのサンプル・パスを示す。

正規分布の場合は、1% を中心にして上下に公平に変化している。2014 年 12 月、スイスがマイナス金利政策を実施した際、若干の混乱ののち、インター・ディーラー・ブローカーは、EUR および CHF に関して、金利をシフトさせた対数正規のボラティリティーの配信を始めた。同じ金利スワプション取引に関して対数正規（ブラック）、シフト型対数正規が併存することになったのである。インター・ディーラー・ブローカーはさらに、対数正規ボラティリティーと整合的な正規（バシュリエ）ボラティリティーも金融情報ベンダーに配信したので、スワプション市場は 3 つのボラティリティーが存在する事態となった。

図 11-16 は、これまでのスワプション・ボラティリティー画面である。空白の部分は、スワプションの対象であるフォワード金利スワップ・レートがマ

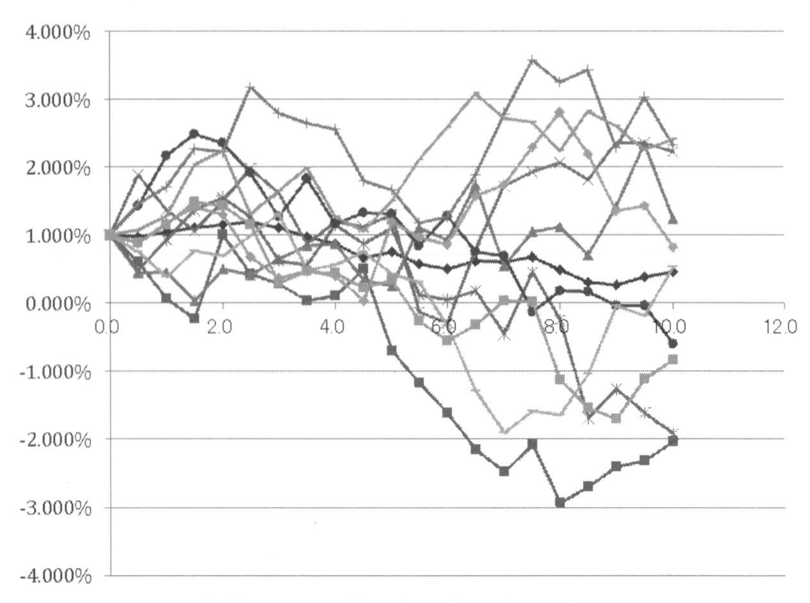

■図 11-15　正規モデルのサンプル・パス

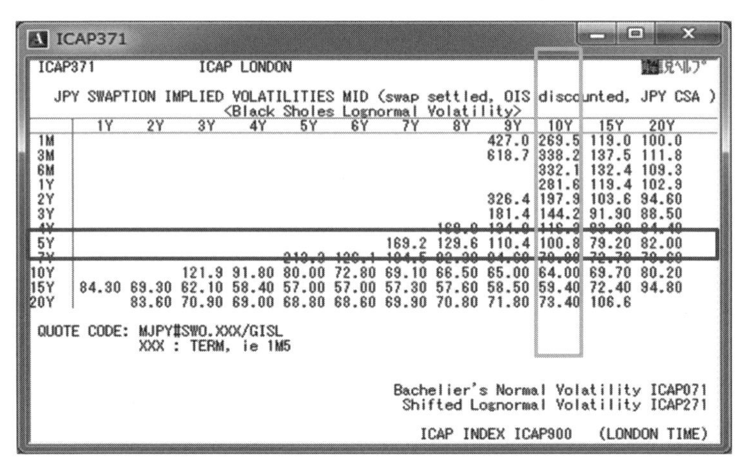

ICAP371

ICAP371　ICAP LONDON

JPY SWAPTION IMPLIED VOLATILITIES MID (swap settled, OIS discounted, JPY CSA)
<Black Sholes Lognormal Volatility>

	1Y	2Y	3Y	4Y	5Y	6Y	7Y	8Y	9Y	10Y	15Y	20Y
1M									427.0	269.5	119.0	100.0
3M									618.7	338.2	137.5	111.8
6M										332.1	132.4	109.3
1Y										281.6	119.4	102.9
2Y									326.4	197.9	103.6	94.60
3Y									181.4	144.2	91.90	88.50
4Y								[illegible]	[illegible]	[illegible]	[illegible]	[illegible]
5Y							169.2	129.6	110.4	100.8	79.20	82.00
7Y					[illegible]	[illegible]	[illegible]	[illegible]	[illegible]	[illegible]	[illegible]	[illegible]
10Y			121.9	91.80	80.00	72.80	69.10	66.50	65.00	64.00	69.70	80.20
15Y	84.30	69.30	62.10	58.40	57.00	57.00	57.30	57.60	58.50	59.40	72.40	94.80
20Y		83.60	70.90	69.00	68.80	68.60	69.90	70.80	71.80	73.40	106.6	

QUOTE CODE: MJPY#SWO.XXX/GISL
XXX : TERM, ie 1M5

Bachelier's Normal Volatility ICAP071
Shifted Lognormal Volatility ICAP271

ICAP INDEX ICAP900　(LONDON TIME)

■図 11-16　これまでのスワプション・ボラティリティーのブローカー画面
（データソース　Tullet&Prebon Icap/QUICK）

イナスになっているか、限りなくゼロ金利に近いので、対数正規ボラティリティーでは、計算不可能であるか、1600% といった（理論整合的だが実務的に受け入れがたい）数値が逆算される部分である。

図 11-17 は、フォワード金利スワップ・レートを 1% 上方シフトさせた場合の、スワプション・ボラティリティー画面である。

図 11-18 は、正規ボラティリティーの画面である。正規ボラティリティー

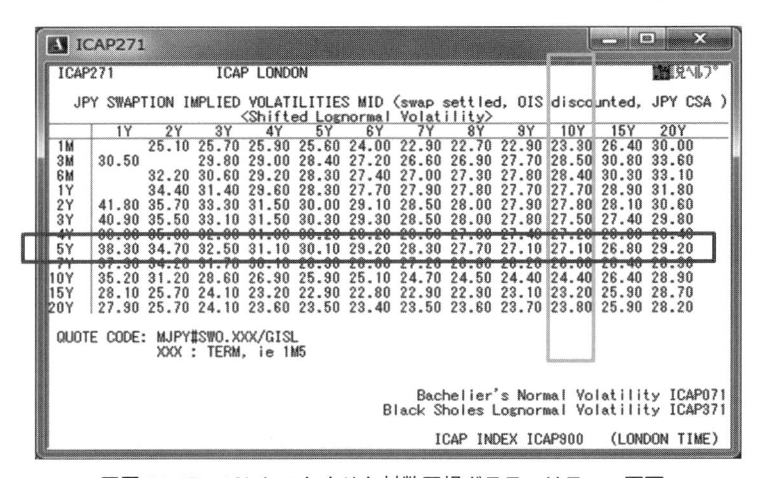

ICAP271

ICAP271　ICAP LONDON

JPY SWAPTION IMPLIED VOLATILITIES MID (swap settled, OIS discounted, JPY CSA)
<Shifted Lognormal Volatility>

	1Y	2Y	3Y	4Y	5Y	6Y	7Y	8Y	9Y	10Y	15Y	20Y
1M		25.10	25.70	25.90	25.60	24.00	22.90	22.70	22.90	23.30	26.40	30.00
3M	30.50		29.80	29.00	28.40	27.20	26.60	26.90	27.70	28.50	30.80	33.60
6M		32.20	30.60	29.20	28.30	27.40	27.00	27.30	27.80	28.40	30.30	33.10
1Y		34.40	31.40	29.60	28.30	27.70	27.90	27.80	27.70	27.70	28.90	31.80
2Y	41.80	35.70	33.30	31.50	30.00	29.10	28.50	28.00	27.90	27.80	28.10	30.60
3Y	40.90	35.50	33.10	31.50	30.30	29.30	28.50	28.00	27.80	27.50	27.40	29.80
4Y	[illegible]	[illegible]	[illegible]	[illegible]	[illegible]	[illegible]	[illegible]	[illegible]	[illegible]	[illegible]	[illegible]	[illegible]
5Y	38.30	34.70	32.50	31.10	30.10	29.20	28.30	27.70	27.10	27.10	26.80	29.20
7Y	[illegible]	[illegible]	[illegible]	[illegible]	[illegible]	[illegible]	[illegible]	[illegible]	[illegible]	[illegible]	[illegible]	[illegible]
10Y	35.20	31.20	28.60	26.90	25.90	25.10	24.70	24.50	24.40	24.40	26.40	28.90
15Y	28.10	25.70	24.10	23.20	22.90	22.80	22.90	22.90	23.10	23.20	25.90	28.70
20Y	27.90	25.70	24.10	23.60	23.50	23.40	23.50	23.60	23.70	23.80	25.90	28.20

QUOTE CODE: MJPY#SWO.XXX/GISL
XXX : TERM, ie 1M5

Bachelier's Normal Volatility ICAP071
Black Sholes Lognormal Volatility ICAP371

ICAP INDEX ICAP900　(LONDON TIME)

■図 11-17　1% シフトさせた対数正規ボラティリティー画面

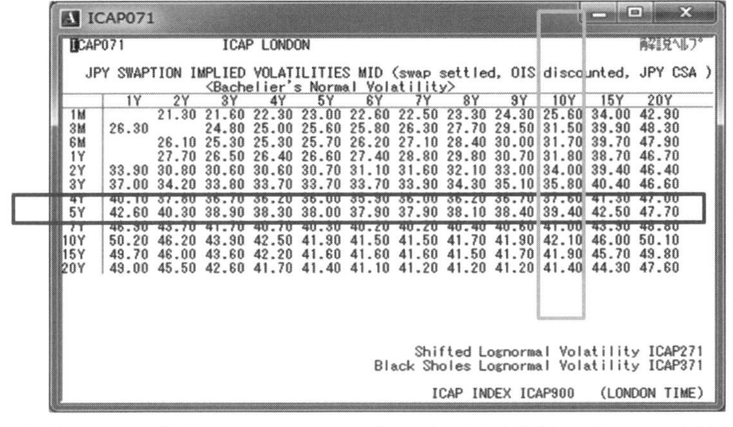

ICAP071

ICAP071　ICAP LONDON

JPY SWAPTION IMPLIED VOLATILITIES MID (swap settled, OIS discounted, JPY CSA)
<Bachelier's Normal Volatility>

	1Y	2Y	3Y	4Y	5Y	6Y	7Y	8Y	9Y	10Y	15Y	20Y
1M		21.30	21.60	22.30	23.00	22.60	22.50	23.30	24.30	25.60	34.00	42.90
3M	26.30		24.80	25.00	25.60	25.80	26.30	27.70	29.50	31.50	39.90	48.30
6M		26.10	25.30	25.30	25.70	26.20	27.10	28.40	30.00	31.70	39.70	47.90
1Y		27.70	26.50	26.40	26.60	27.40	28.80	29.80	30.70	31.80	38.70	46.70
2Y	33.90	30.80	30.60	30.60	30.70	31.10	31.60	32.10	33.00	34.00	39.40	46.40
3Y	37.00	34.20	33.80	33.70	33.70	33.70	33.90	34.30	35.10	35.80	40.40	46.60
4Y	[illegible]	[illegible]	[illegible]	[illegible]	[illegible]	[illegible]	[illegible]	[illegible]	[illegible]	[illegible]	[illegible]	[illegible]
5Y	42.60	40.30	38.90	38.30	38.00	37.90	37.90	38.10	38.40	39.40	42.50	47.70
7Y	[illegible]	[illegible]	[illegible]	[illegible]	[illegible]	[illegible]	[illegible]	[illegible]	[illegible]	[illegible]	[illegible]	[illegible]
10Y	50.20	46.20	43.90	42.50	41.90	41.50	41.50	41.70	41.90	42.10	46.00	50.10
15Y	49.70	46.00	43.60	42.20	41.60	41.60	41.60	41.50	41.70	41.90	45.70	49.80
20Y	49.00	45.50	42.60	41.70	41.40	41.10	41.20	41.20	41.20	41.40	44.30	47.60

Shifted Lognormal Volatility ICAP271
Black Sholes Lognormal Volatility ICAP371

ICAP INDEX ICAP900　(LONDON TIME)

■図 11-18　正規ボラティリティーのブローカー画面（バシュリエ・モデル）

は 1900 年頃に開発されたバシュリエ・モデルが利用される。

拡散変換（Displaced Diffusion）モデルを利用することで、修正ブラック・モデル 76 のボラティリティーを拡散変換したモデルを、シフト型対数正規モデル（Shifted Lognomal Model）と呼ぶ。次の式では α がシフト幅である。

$$PayersOption = \sum_{i=1}^{N} \delta_i Df_i \ \left[(R_{Fixed} + \alpha) N(d_1) - (K + \alpha) N(d_2) \right]$$

バシュリエの正規モデルは、次のとおりである。

$$PayersOption = \sum_{i=1}^{N} \delta_i Df_i \ \left[\left(R_{Fixed} - K \right) N\left(d \right) + \sigma_B \sqrt{t} N'(d) \right]$$

$$d = \frac{R_{Fixed} - K}{\sigma_B \sqrt{t}}$$

図 11-18 のブローカー画面では 5 年満期の 10 年金利スワップのオプション（5Y into 10Y）の正規ボラティリティーは、39.40 となっている。ここで 39.40 は、39.4% ではなく 0.394% である。

金利水準を 1% シフトさせた対数正規ボラティリティー画面では、シフトしない場合は 100.8% だったボラティリティーが 27.1% になっている。

これら 3 つは利用するモデルが違ったとしても、計算されるオプション・プレミアムは同じである必要がある。そうでなければ、公正な時価評価とはいえないからだ。**図 11-19** は、3 つのモデルが同じプレミアムになるのかを検証した簡単な Excel シートである。

Modified Black 1976 vs Bachelier 1900				
	Lognormal	Shifted Lognormal	Normal	Normal
σ	100.800%	26.853%	0.388%	0.388%
T	5	5	5	5
K	0.468%	1.468%	0.468%	0.468%
F	0.468%	1.468%	0.468%	0.468%
d1	1.126978	0.300222		
d2	(1.126978)	(0.300222)		
N(d1)	0.870124	0.617996		
N(d2)	0.129876	0.382004		
Shift		1.00%		
d1			0.000000	0.000000
N(d1)			0.500000	0.500000
N'(d1)			0.398942	0.398942
Forward Premium	0.003464362	0.003464363	0.003464362	0.003460274
		7.01818E-10	2.68719E-06	

■図 11-19　3 つのモデルのプレミアムを検証した Excel シート

市場で観測される、対数正規ボラティリティーから正規ボラティリティーへの変換に関しても、SABR モデルを開発したハーガンによる次のような近似式が利用される。

$$\sigma_N = \sigma_B \frac{F-K}{\ln\frac{F}{K}} \frac{1}{1+\frac{1}{24}\left(1-\frac{1}{120}\ln^2\frac{F}{K}\right)\sigma_B^2 t+\frac{1}{5760}\sigma_B^4 t^2}$$

次に、マイナス金利環境下において、円通貨を評価基準とした我が国投資家と、ドル通貨を評価基準とした投資家の投資行動の違いを比較する。まず、異種通貨のベイシス・スワップ市場を見てみよう。この取引は、第 2 章で触れたように、クロス・カレンシー・ベイシス・スワップ（以下 CCBS）と呼ばれる。ドル円の CCBS の場合は、3 カ月 LIBOR の交換が標準的な取引である。CCBS に関しては、パリバ・ショック以前にも、需給要因によるベイシスが存在した。**図 11-20** がドル円の CCBS のブローカー画面である。

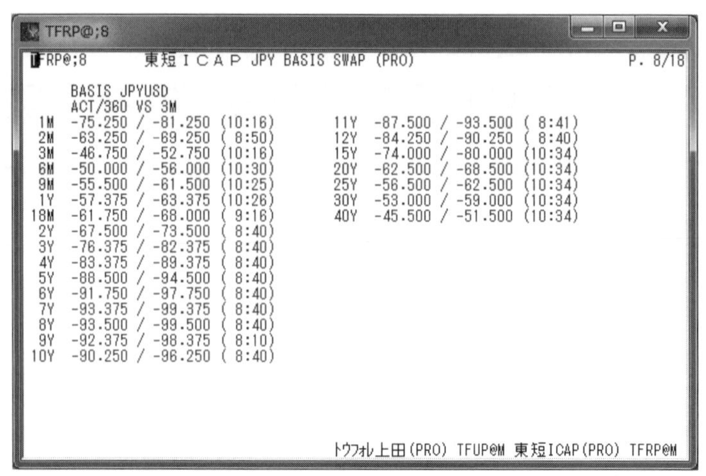

TFRP@;8

TFRP@;8　東短 I C A P JPY BASIS SWAP (PRO)　P. 8/18

BASIS JPYUSD
ACT/360 VS 3M

1M	-75.250	-81.250	(10:16)
2M	-63.250	-69.250	(8:50)
3M	-46.750	-52.750	(10:16)
6M	-50.000	-56.000	(10:30)
9M	-55.500	-61.500	(10:25)
1Y	-57.375	-63.375	(10:26)
18M	-61.750	-68.000	(9:16)
2Y	-67.500	-73.500	(8:40)
3Y	-76.375	-82.375	(8:40)
4Y	-83.375	-89.375	(8:40)
5Y	-88.500	-94.500	(8:40)
6Y	-91.750	-97.750	(8:40)
7Y	-93.375	-99.375	(8:40)
8Y	-93.500	-99.500	(8:40)
9Y	-92.375	-98.375	(8:10)
10Y	-90.250	-96.250	(8:40)
11Y	-87.500	-93.500	(8:41)
12Y	-84.250	-90.250	(8:40)
15Y	-74.000	-80.000	(10:34)
20Y	-62.500	-68.500	(10:34)
25Y	-56.500	-62.500	(10:34)
30Y	-53.000	-59.000	(10:34)
40Y	-45.500	-51.500	(10:34)

ﾄｳﾌｫﾙ上田(PRO) TFUP@M 東短ICAP(PRO) TFRP@M

■図 11-20　ドル円 CCBS のブローカー建値
（データソース　東短 ICAP/QUICK）

ドル円 CCBS の場合は US ドル LIBOR をフラットとして建値される。したがって、上の建値からは 5 年の CCBS の場合、3 カ月 US ドル LIBOR と等価な 3 カ月の円変動金利は円 LIBOR マイナス 90 bp 程度であることがわかる。ここで例えば、5 年満期の円建て債券利回りが 1% で、ドル建て債券が 3% であると考えると、外国為替リスクを考慮しない場合は、ドル建て債券投資のほうが 2% も有利である。もし、我が国の投資家が 3% という見かけ上の高利回りに誘われて、先を争ってドル建て債券に投資したと仮定すれば、ドルの需要が高まる。そして、このような我が国のドル選好が、CCBS 市場で顕在化していると推測できる。5 年の CCBS が円 LIBOR マイナス 90 bp であるということは、1% 近い上乗せ金利コストを支払ってでも、高金利のドル債に投資しようとする、我が国の投資家の行動の結果であるかもしれない。これは 1980 年代のデュアル・カレンシー債投資と同じように、元本償還時の外国為替リスクをとった、危険な投資であることはいうまでもない。

一方、ドル通貨を基準とした外国投資家が、1% という一見魅力のない低金利の円建て債に投資するのはなぜだろうか。**図 11-21** がその答えである。

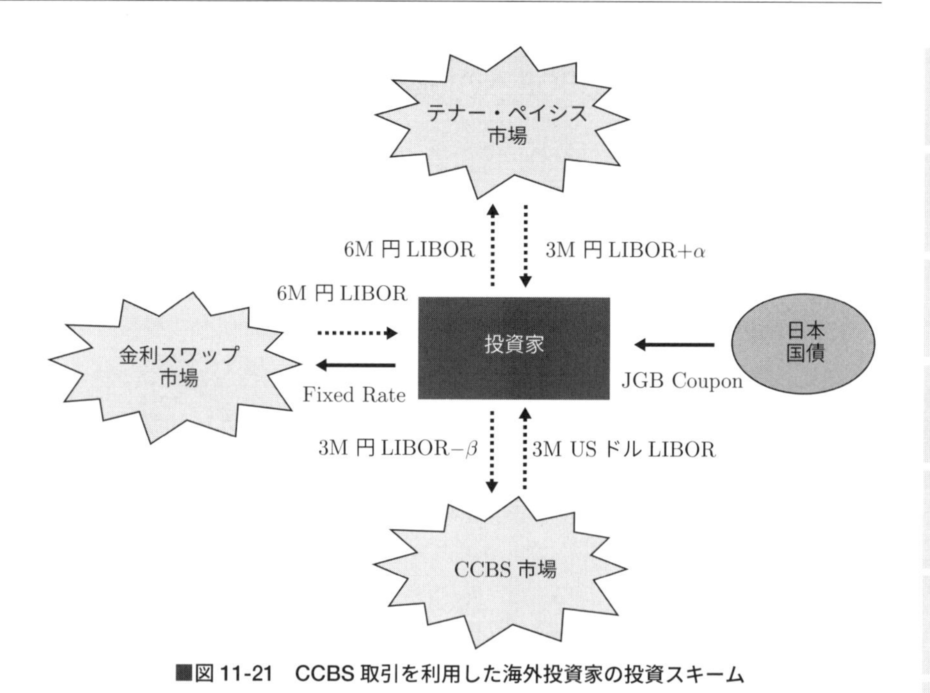

■図 11-21　CCBS 取引を利用した海外投資家の投資スキーム

日本国債に投資した外国人投資家は、金利スワップ市場で固定金利のペイ・ポジション（固定金利の支払い）をとることで、日本国債の固定クーポンを 6 カ月円 LIBOR に変換する。さらにテナー・ベイシス市場で、6 カ月円 LIBOR を 3 カ月円 LIBOR ＋ α を受け取る。最後に CCBS 市場で 3 カ月円 LIBOR を 3 カ月ドル LIBOR に変換する。最終的には、ドル通貨による投資になっていることがわかる。

無リスクで摩擦のない市場を前提とすれば、これら一連の取引からの理論的損益はゼロである。しかしながら、ベイシスが存在する現実の市場では、収益機会が存在することが理解できるであろう。ここで 3M vs 6M のテーナー・ベイシスが 6 bp で、ドル円の CCBS が、ドル LIBOR フラット vs 円 LIBOR マイナス 90 bp だとすれば、外国人投資家は、円建て債券の満期償還時の外国為替リスクをとることなしに、3 カ月ドル LIBOR プラス 96 bp の投資をしたことになる。

11-3）短期金利指標 LIBOR への懐疑とこれからのデリバティブ市場

最後に、2007 年 8 月 9 日のパリバ・ショックに端を発して、2008 年 9 月 15 日のリーマン・ショックでクライマックスを迎えた、国際金融危機に関して、情報インフラストラクチャーおよび制度的側面を簡単に整理して、本書を締めくくることにする。

今次の国際金融危機に際して、各国の金融当局の対応は早かった。リーマン・ショックの 1 年後の 2009 年 9 月に開催された G20 ピッツバーグ・サミットでは、OTC デリバティブ市場の情報インフラストラクチャー改革、すなわち電子取引基盤（SEF：Swap Execution Facility）、中央清算機関（CCP：Central CounterParty）、取引データ蓄積機関（TR：Trade Repository）の 3 点セットが合意された。

この情報インフラストラクチャー改革は、取引所に上場されたデリバティブ取引に比べて、不透明な OTC デリバティブ取引を、ドラスティックな改革によって透明化しようとする、金融当局の意図で実行されたと考えられる。電子取引基盤とは、これまでディーラーやブローカーが電話で交渉していた取引を、スクリーンで取引する設備である。スクリーン取引は、外国為替取引では、すでにロイター社（RTS：Reuters Transaction System）、続いて EBS（Electronic Broking Services）が、1990 年代初頭から開始した取引手法で、金利スワップ取引でも 20 年前からいくつも開発が試みられた。しかし、外国為替取引などに比べ普及が遅れていた。

なぜ普及が遅れたかには理由がある。外国為替や株式取引の場合は、契約が成立した時点から数日で決済される。ところが、金利スワップの場合、満期まで金利の交換が続いてしまう。しかも資金取引は、その取引数が外国為替や株式に比べるときわめて少ない。電子トレーディング・システムの背後に先物取引所のような清算機関が存在すれば、市場参加者の取引は、日々清算機関で集計されて、参加者全員の勝ち尻と負け尻が清算（クリアリング）される。このようにして清算された金額を、決済（セトルメント）することをマルチ・ラテラル・ネッティング（Mutilateral Netting）と呼ぶ。清算機関が存在しない場合は、相手と勝ち負けを清算し、決済する。これをバイラテラル・ネッティング（Bilateral Netting）と呼ぶ。

電子取引基盤（SEF）で発注された取引は、中央清算機関（CCP）で清算される。CCP は、OTC デリバティブ取引において、取引所の役割を担うのである。さらに、中央清算機関の取引情報は、取引データ蓄積機関（TR）に送付され、通貨当局も取引状況が把握できる。ただし、CCP で清算できるデリバティブ取引は、現時点（2019 年）では、標準的な金利スワップ取引など限定的である。そのため、SEF と CCP で清算できない、OTC デリバティブ取引では、証拠金が課されることとなった。証拠金規制が、OTC デリバティブ取引にどのような影響を与えるかは、経過観察中であるといえる。

次に、制度面について簡単に整理する。まず法制面に関していえば、我が国では 2010 年 5 月に「金融商品取引法」が改正、アメリカ合衆国では 2010 年 7 月に「ドッド・フランク・ウォール街改革及び消費者保護法」が施行された。金融機関内部の管理（内部統制）体制では、2009 年 10 月 SSG（シニア・スーパーバイザリー・グループ）の“Risk Management Lessons from Global Banking Crisis of 2008”（Oct 21, 2009）において規制強化を宣言し、2010 年 10 月にはバーゼル銀行監督委員会（BCBS）は、バーゼルIIIの概要を公表した。

外部開示（外部監査）に関しては、国際会計基準審議会（IASB）が、2011 年 5 月に IFRS 第 13 号「公正価値測定」、2014 年 7 月に IFRS 第 9 号「金融商品」が公表され、我が国の会計基準も徐々に国際会計基準へ収れんする傾向にある。ただし、IFRS（International Financial Reporting Standards、国際財務基準）は、バランス・シート偏重の傾向があり、会計専門家の間でも批判があるのが実状である。

このようなインフラストラクチャー改革や制度改正の流れにあって、2008 年 3 月のウォール・ストリート・ジャーナルの報道に端を発する「LIBOR 事件」は、OTC デリバティブ評価基準となる基礎データを考える上で大きな教訓となった。いうまでもなく、LIBOR は、銀行間の短期資金貸借取引の指標金利として、英国銀行協会（BBA）がロンドン時間午前 11 時時点での短期資金貸し出し金利（Offered Rate）として公表していた（2014 年から、インター・コンチネンタル取引所 ICE が公表）。主要国の短期金利では 16 行（事件発覚当時 US ドルは 18 行）のパネル・バンクが選定され、各銀行のレートを、平準化するために平均値を公表する仕組みである。この場合、16 行の単純平均ではなく、レートの高いほうから 4 行、低いほうから 4 行を除外した 8 行の平均値とされた。これで、単一の銀行の意図的なレート操作ができないとだれもが考えていた。ところが、その LIBOR レートが不正に操作されていたわけである。円換算で 3 京円を優に超える（当時は 5 京円超）、巨額な金利関連 OTC デリバティブ残高の評価の変動金利指標が LIBOR であるから、数ベイシスの違いが時価評価に及ぼすインパクトは衝撃的だった。

2013 年 4 月に英国金融庁（FSA）から分離独立した英国金融監督機構（FCA）の長官ブレイリー氏は、2017 年 7 月 26 日、LIBOR は持続可能な短期指標ではないとして、2021 年 4 月以降は廃止する可能性を示唆した。FCA は 2013 年の発足以来、銀行間の短期資金貸借市場を観察した結果、その流動性はきわめて低く、そこで成立する短期金利の客観性を疑ったのである。

ところで、多くの主要通貨の短期金利指標が、ロンドン時間で建値されているのはなぜか。その理由は、おそらく、第二次世界大戦後に形成されたユーロ・マネー市場を無視しては説明できない。ロンドンのシティを中心にヨーロッパに大量の US ドル預金が存在するようになったのは、第二次世界大戦後にマーシャルプラン（欧州復興計画、1948 年）によって、大量の US ドルがヨーロッパに流れ込んだからだといわれている。これは米国の通貨当局（FRB）の管理外の USD ドルという意味で、ユーロ・ドル（非居住者ドル）と呼ばれた。ドルに限らず、その国の居住者以外が保有する通貨は、ユーロ・マネーと呼ばれる。

もう一点重要なことは、アメリカ合衆国内問題である。1929 年の株式大暴落の経験から、アメリカ合衆国では 1933 年銀行法（グラス・スティーガル）を成立した。この法律でよく言及されるのは、銀証分離だが、銀行だけに限定してみれば、金利上限規制（レギュレーション Q）が重要である。これは資金獲得競争から中小銀行を保護する目的もあった。金利に上限があれば、大銀行といえども、中小銀行ができないような、高金利預金による資金調達には限界がある。裏を返せば 1960 年代までのアメリカ合衆国の銀行は、国内完結的資金運用の時代だったといえる。ところが、1960 年代以降は、インフレーションなどの要因から、規制は徐々に緩和され、アメリカ合衆国の銀行もドルの海外調達が可能になった。

LIBOR は、このような 1960 年代後半の世界経済環境の中で、1969 年にマニファクチャラー・ハノーバー銀行が、イラン政府に対するシンジケート・ローンの主幹事となった際の、客観的短期金利指標として、複数の銀行の短期金利の平均をとったのが最初だといわれている。その後、LIBOR は 1986 年に英国銀行協会が公表するようになり、金利スワップ取引を代表とするいわゆるデリバティブ取引には不可欠な短期金利指標となった。

さて、2021 年 4 月以降、LIBOR が廃止された場合、LIBOR に替わる短期指標はどうなるのか。無リスクで流動性も高いという観点からすれば、真っ先に候補にあがるのは、各国の政策金利にも利用される、銀行間無担保オーバーナイト金利である。しかしながら、銀行間のオーバーナイト資金貸借といえども果たして「無リスク」なのかという疑問も残る。2019 年時点では、スイスと US ドルは、すでに担保付きの新しい金利であるサロン（SARON：SWISS Average Rate Overnight）とソファー（SOFR：Secured Overnight Financing Rate）を利用している。そして、我が国と英国は、これまで利用してきた無担保オーバーナイト・アベレージであるトナー（TONA：Tokyo Orvernight Average）とソニア（SONIA：Sterling Overnight Index Average）となる可能性が大きいと考えられる。そして、ユーロに関しては、イオニア（EONIA：Euro Overnight Index Average）に代わる代替指標（ESTR：Euro Short-time Rate）が公表される予定になっている。

LIBOR が廃止されて問題となってくるのは、既存の金融取引の時価評価である。債券やデリバティブのポジション管理・時価評価システムは、大幅な改造・追加開発あるいは新評価システムへの移行が必要となることは、火を見るよりも明らかである。FCA ブレイリー長官の宣言では、LIBOR が存続するのは 2021 年 4 月までなので、金融業界および金融システム・ベンダーなどの金融周辺産業を巻き込んだ早急な対応が必要である。このように LIBOR の消滅は、今後のデリバティブ市場のあり方を大きく変えることになるであろう。

補足説明

補足説明 1

正規分布の発見的導出

物理学者チャンドラセカール（S. Chandrasekhar, 1910 ～ 1995）の秀逸な論文「物理学と天文学における確率の諸問題」（“Stochastic Problems in Physics and Astronomy” Journal of Modern Physics, 1938）で展開されるランダム・フライト（＝ランダム・ウォーク）の解説は、正規分布の二項分布から発見的に導出される傑作である。

この古典的論文は、プリゴジン（『存在から発展へ』みすず出版、1984）やハーケン（『協同現象の数理』東海大学出版会、1980）の著作にも引用されており、現在では “Selected Papers on Noise and Stochastic Processes”（Edited by N. Wax, DOVER, 1954）に所収されている。ここでは、その論文に全面的に依存しつつ、二項分布と正規分布の関係を追っていくことにする。

19 世紀初頭に、ラプラス（Pierre-Simon Laplace）が完成させた古典的確率論は、17 世紀に友人の賭け事師ド・メレ（C. de Mèrè）に触発されたパスカル（B. Pascal）、そして彼と往復書簡を交わしたフェルマー（P. de Format）によって始まるといわれている。17 世紀後半から 18 世紀にかけては、ヤコブ・ベルヌーイ（Jacob Bernoulli）やド・モアブル（A. de Moivre）といった数学の巨人たちが確率の数学理論に大きく貢献した。

■二項分布

二項分布は、コイン投げの数学モデルである、ベルヌーイの試行（Bernoullian Trial）を出発点とするのが常道である。まず、10 回のコイン投げを考えてみる。ここで 10 回すべて表になる確率 $P(10,\ 10)$ は、

$$P(10,10)=\left(\frac{1}{2}\right)^{10}\to 0.09765\%$$

と計算できる。それでは、10 回中 5 回だけ表が出現する確率 $P(5,\ 10)$ はどの

ようにして求めるべきだろうか。まず、表が5回出現する確率は、

$$P(5)=\left(\frac{1}{2}\right)^5 \to 3.125\%$$

であるが、この確率計算では、コイン投げ回数全体が考慮されていない。ここで、裏が5回出現する確率も $P(10-5)=P(5)$ であるから、結局のところ、

$$P(5)P(10-5)=\left(\frac{1}{2}\right)^5\left(\frac{1}{2}\right)^5=\left(\frac{1}{2}\right)^{10} \to 0.09765\%$$

となり、$P(10,\ 10)$ と同じ確率になってしまう。しかし、経験的にも直感的にも、私たちは、$P(5,\ 10)$ のほうが圧倒的に高い確率であることを知っている。この疑問はどこに起因するのだろうか。パスカルの三角形がこの疑問に答えてくれる（図 **A1-1**）。

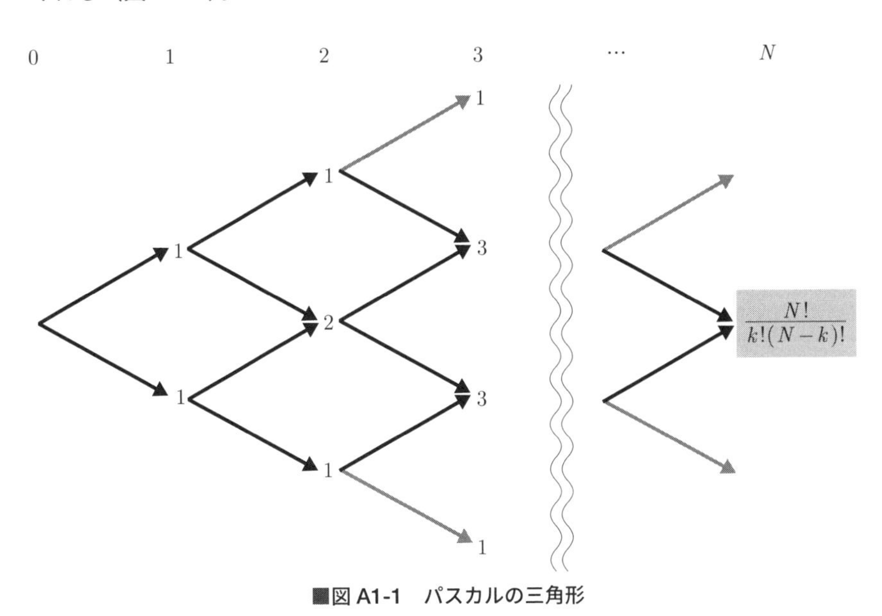

■図 A1-1　パスカルの三角形

図A1-1から明らかなように、パスカルの三角形は、その格子点（Lattice）に到達する経路数を示している。図A1-1を見れば、10回のコイン投げで、10回とも表が出現する経路は、1本しか存在しえないことがわかる。一方、

10回のコイン投げで、5回表が出現する経路は、いくつも存在している。プロセスを重視する者は、同じ5回といっても、その出現パターンは多様であるから、それを同一視できないと批判するかもしれない。しかし、いま問題となっているのは、ある格子点へ到達する経路数であるから、過去の履歴を考慮する必要はない。

つまり、パスカルは、ベルヌーイの試行において、そこへ辿り着くまでの歴史を捨象して、最終結果だけを抽出したケースであるといえる。ここで、パスカルの三角形における、任意の格子点までの経路数は、二項係数を用いて、

$$ {}_N\mathrm{C}_k = \frac{N!}{k!(N-k)!} $$

となる。したがって、10回のコイン投げで5回表が出現するパターンは、

$$ {}_{10}\mathrm{C}_5 = \frac{10!}{5!5!} = \frac{10\times9\times8\times7\times6}{5\times4\times3\times2} = 252 $$

となる。つまり、10回すべてが表のケースの252倍であることがわかる。一般に、2つの選択肢の中で、1回の試行で自分に好ましい状態が出現する確率をpとすれば、N回の試行において、自分に好ましい状態がk回出現する確率は、

$$ P(k,N) = \frac{N!}{k!(N-k)!}\,p^k\,(1-p)^{N-k} $$

となる。

ところで、この式が確率としての意味をもつには、kの状態をすべて網羅したあとに、その個々の数値の総和が1になる必要がある。そこで、1回の試行で自分の好ましくない状態が出現する確率をq（$=1-p$）とおいてみる。すると、

$$ p+q=1 $$

であるから、そのN乗も1である。

$$(p+q)^N = 1$$

このように、ベルヌーイの試行は、確率 p、q の二項展開によって数学モデル化ができるのである。

さて、確率分布の特徴を把握するには、平均や分散といった母数を知ることが重要である。まず平均だが、

$$E(k)=\sum_{k=1}^{N} k\frac{N!}{k!(N-k)!}p^k p^{N-k}$$

である。ここで、$(p+q)^N$ に直目して p に関して微分すると、

$$N(p+q)^{N-1}=\sum_{k=1}^{N} k\frac{N!}{k!(N-k)!}p^{k-1}p^{N-k}$$

となり、p の次数が１つだけ減ってしまう。ここで、両辺に p を掛けて、もとの次数に復活させると、

$$Np(p+q)^{N-1}=\sum_{k=0}^{N} k\frac{N!}{k!(N-k)!}p^k p^{N-k}$$

となり、右辺は二項分布の平均値の定義となる。また $p+q=1$ であるから、

$$E(k)=Np$$

を得る。

次に分散であるが、これは二乗平均と平均の二乗との差として定義される。すなわち、

$$\sigma^2 = E\left(k^2\right)-E(k)^2$$

である。ここで二乗平均を求めるため、

$$N(N-1)p(p+q)^{N-2}+N(p+q)^{N-1}=\sum_{k=2}^{N} k^2\,{}_N\mathrm{C}_k p^{k-2}q^{N-k}$$

とすると、この場合も微分操作よって p の次数が減ってしまうので、再び両辺に p を掛ける。

$$N(N-1)p^2(p+q)^{N-2}+Np(p+q)^{N-1}=\sum_{k=0}^{N}k^2{}_N\mathrm{C}_k p^k q^{N-k}$$

このようにして、二項分布の二乗平均を得る。

$$N(N-1)p^2+Np=\sum_{k=0}^{N}k^2{}_N\mathrm{C}_k p^k q^{N-k}\to E\left(k^2\right)$$

したがって、二項分布の分散は、

$$\begin{aligned}\sigma^2&=E\left(k^2\right)-E(k)^2\\&=N(N-1)p^2+Np-(Np)^2\\&=Np(1-p)\end{aligned}$$

となる。

■ランダム・フライト

確率 50% で上昇・下落を繰り返すランダム・フライトについて考察してみる。原点から出発する N ステップ後に、原点よりも m ステップだけ上方に存在する確率を考えてみよう。二項分布で、k 回上昇した場合、$(N-k)$ 回下落したことを意味するので、この差を m とおけばよい。すなわち、

$$\begin{aligned}m&=k-(N-k)\\k&=\frac{N+m}{2}\end{aligned}$$

であるので、$P(m,N)$ は、次のように変形できる、

$$P(m,N)=\frac{N!}{\left(\dfrac{N+m}{2}\right)!\left(\dfrac{N-m}{2}\right)!}\left(\frac{1}{2}\right)^N$$

次に、ステップ回数が無限に接近するケースを定式化する（$N\to\infty$）。ここ

で比較的大きな N に関する階乗計算は、スターリングの近似公式（Stirling's formula）を利用することができる。階乗を近似するために 1730 年にスターリング（J. Stirling, 1692 ～ 1770）が導いた関係は、

$$N! \cong N^N e^{-N} \sqrt{2\pi N}$$

であった。ここで、両辺の対数をとれば、

$$\log N! \cong \left(N + \frac{1}{2}\right) \log N - N + \frac{1}{2} \log 2\pi$$

となる。

図 A1-2 はスターリングの近似公式の精度を検証した Excel シートである。

D14　=+(B14^B14)*EXP(-B14)*(2*PI()*B14)^0.5

スターリングの公式

n	階乗	スターリング近似	誤差	誤差率
1	1.0	0.9	0.1	7.7863%
2	2.0	1.9	0.1	4.0498%
3	6.0	5.8	0.2	2.7298%
4	24.0	23.5	0.5	2.0576%
5	120.0	118.0	2.0	1.6507%
6	720.0	710.1	9.9	1.3780%
7	5040.0	4980.4	59.6	1.1826%
8	40320.0	39902.4	417.6	1.0357%
9	362880.0	359536.9	3343.1	0.9213%
10	3628800.0	3598695.6	30104.4	0.8296%
n	階乗の対数	スターリング近似の対数	誤差	誤差率
90	318.15264	318.15171	0.00093	0.0003%
91	322.66350	322.66258	0.00092	0.0003%
92	327.18529	327.18438	0.00091	0.0003%
93	331.71789	331.71699	0.00090	0.0003%
94	336.26118	336.26030	0.00089	0.0003%
95	340.81506	340.81418	0.00088	0.0003%
96	345.37941	345.37854	0.00087	0.0003%
97	349.95412	349.95326	0.00086	0.0002%
98	354.53909	354.53824	0.00085	0.0002%
99	359.13421	359.13336	0.00084	0.0002%
100	363.73938	363.73854	0.00083	0.0002%

■図 A1-2　スターリングの近似公式の精度

したがって、

$$\log P(m,N)=\log N!-\log\left(\frac{N+m}{2}\right)!-\log\left(\frac{N-m}{2}\right)!+N\log\left(\frac{1}{2}\right)$$

である。スターリングの公式を代入すれば、

$$\log P(m,N)\cong\left(N+\frac{1}{2}\right)\log N-\frac{1}{2}(N+m+1)\log\left(\frac{N+m}{2}\right)$$
$$-\frac{1}{2}(N-m+1)\log\left(\frac{N-m}{2}\right)-\frac{1}{2}\log 2\pi+N\log\left(\frac{1}{2}\right)$$

と近似できる。さらに、

$$\log\left(\frac{N+m}{2}\right)=\log\left[\frac{1}{2}\left(1+\frac{m}{N}\right)\right]$$

と変形すれば、大数 N に比べて m は小数であると考えることができので $\left(\frac{m}{N}\to 0\right)$、対数関数のテイラー級数展開によって、

$$\log\left(1\mp\frac{m}{N}\right)\cong\mp\frac{m}{N}-\frac{m^2}{2N^2}$$

と近似できる。この関係を利用すれば、

$$\log P(m,N)\cong\frac{1}{2}\log N+\log 2-\frac{1}{2}\log 2\pi-\frac{m^2}{2N}$$
$$P\left(m,N\right)\cong\sqrt{\frac{2}{\pi N}}\exp\left(-\frac{m^2}{2N}\right)$$

を得る。

ところで、これまでの議論は、あくまでステップ回数を基準にしてなされたものであった。ここで、ステップ幅を導入すれば、原点からの乖離幅 x の確率に変形可能である。そこで 1 回あたりのステップ幅を a とすれば、原点からの距離は、

$$x=ma$$

となるので、これを代入して変数をステップ回数から距離に変換できる。

しかしながら、この変換は、ただ代入すればよいわけではない。なぜなら、パスカルの三角形を見ればわかるように、ステップ総数 N が偶数か奇数かによって、互いに到達できないノードが存在するのである。したがって、すべてのノードのステップ幅を包含するには、N が偶数・奇数いずれのケースも含む必要がある。そこで、微少距離 Δx に対応する、ステップ幅を 2 倍にすれば、

$$P(x,N)\Delta x = P(m,N)\frac{\Delta x}{2a}$$

によって確率変数の変換ができるので、次のようになる。

$$P(x,N) = \frac{1}{\sqrt{2\pi Na^2}}\exp\left(-\frac{x^2}{2Na^2}\right)$$

■時間経過と確率の関係

最後に、時間経過と確率の関係を考えてみよう。まず、単位時間あたりのステップ回数を n としてみる。ここで時間 t において、x から $x+\Delta x$ の間に存在する確率を $P(x,\ t)\Delta x$ とすれば、

$$P(x,T)\Delta x = \frac{1}{\sqrt{2\pi nta^2}}\exp\left(-\frac{x^2}{2nta^2}\right)\Delta x$$

となる。

補足説明

補足説明 2

ブラック・ショールズ・マートン・モデル

ブラック・ショールズ・マートン・モデルの導出は、現代確率過程論の成果によって「エレガント」に導出されることが多い。しかしながら、多くの実務家にとっては、数学的に洗練化された導出より、すぐに手もとのExcel（あるいは計算アプリケーション）を使って計算可能な関数によって解説したほうが、このモデルの意味を理解するためには有益であるように思われる。

ブラック・ショールズ・マートン・モデルの直感的な理解を阻む壁は、対数正規分布である。対数正規分布は、正規分布と異なり、左右対称な分布ではない。つまり、お行儀の悪い分布なのである。したがって、分布の最大値が平均値と一致しない。ブラック・ショールズ・マートン・モデルでは、対数正規分布に従う元データを、正規分布に変換した上で、さらに正規分布を標準正規分布に変換する。この2重の変数変換が、実務家のブラック・ショールズ・マートン・モデルの理解を難しくしている。

A2-1）対数正規分布の平均値

生物の増殖のように、指数的に成長する現象にランダム要因を導入する場合、対数正規分布が適用される。対数正規分布を仮定するメリットは、マイナスになる可能性を排除できるからである。生物の個体数がゼロになれば、その種の絶滅を意味するので、マイナスはありえない。この仮定が、金融資産の分析にも踏襲されているのである。もっとも、非伝統的な金融政策の影響で、我が国を含むいくつかの国の短期金利はマイナスに突入しているので、こと金利に関しては、マイナスの排除という制約条件に必ずしもこだわる必要はない。しかしながら、株価や外国為替といった、資産価格の「絶対水準」に関していえば、マイナスの排除は非現実的な仮定ではない。

ここではまず、対数正規分布が適用される、ランダムな指数的成長について考察してみよう。次の式は、毎期の成長率 r がランダムな場合の、N 期の資産価格あるいは生物の個体数を表している。

$$\tilde{X}_N = X_0(1+\tilde{r}_1)(1+\tilde{r}_2)\cdots(1+\tilde{r}_N)$$

この両辺の対数をとれば、

$$\log \tilde{X}_N = \log X_0 + \log(1+\tilde{r}_1) + \log(1+\tilde{r}_2) + \cdots + \log(1+\tilde{r}_N)$$

となる。さらに、

$$\log \frac{\tilde{X}_N}{X_0} = \log(1+\tilde{r}_1) + \log(1+\tilde{r}_2) + \cdots + \log(1+\tilde{r}_N)$$

と変形してみると、右辺はランダム変数の和になっている。$N \to \infty$ では、中心極限定理によって、正規分布に収束することがわかる。ここで、成長率 r を連続複利ベースの成長率 y に置き換えてみると、

$$e^y = 1 + r$$
$$y = \log(1+r)$$

となるので、次のように書き換えることができる。

$$\log \frac{\tilde{X}_N}{X_0} = \tilde{y}_1 + \tilde{y}_2 + \cdots + \tilde{y}_N$$

この式により、N 期後の資産価格 X_N と現時点の資産価格比 $\frac{X_N}{X_0}$ の対数が、(連続的な成長率ベースで) 正規分布するということを意味していることが理解できる。

さて、資産価格比の対数が正規分布する場合、当該資産価格の N 期における平均値はどのようにして計算できるのであろうか。

$$\tilde{X}_N = X_0 e^{\tilde{y}_1 + \tilde{y}_2 + \cdots + \tilde{y}_N}$$

と変形できる。正規分布する連続成長率 y の平均値を m とすれば、N 期の平

均資産価格は、直感的にいえば、

$$E(X_N) = X_0 e^m$$

であるように思える。しかしながら、この直感は誤っている。対数正規分布がやっかいなのは、この点である。そこで、ランダムな連続成長率 y が平均 m の場合、N 期の資産価格の平均値はどのように計算されるのかを論証してみる。

まず、確率変数 y が平均 m、分散 σ^2 の正規分布に従うとき、その分布関数は、

$$F(y) = \frac{1}{\sqrt{2\pi}\sigma}\int_{-\infty}^{+\infty}\exp\left(-\frac{(y-m)^2}{2\sigma^2}\right)dy = 1$$

である。ここで定義域における $-\infty$ から x までの累積確率は、

$$P(y) = \frac{1}{\sqrt{2\pi}\sigma}\int_{-\infty}^{y}\exp\left(-\frac{(y-m)^2}{2\sigma^2}\right)dy$$

となり、Excel 関数では= NORMDIST(y, m, σ , true) で計算可能である。正規分布関数は微分可能なので、次のような確率密度関数をもつ。

$$dF(y) = f(y) = \frac{1}{\sqrt{2\pi}\sigma}\exp\left(-\frac{(y-m)^2}{2\sigma^2}\right)$$

確率密度関数によって、y から $y + dy$ の無限小間に存在する確率は、

$$p(y) = f(y)dy$$

となり、これを定義域の全領域に適用した場合は積分（総和）表現を使って、

$$F(y) = \int_{-\infty}^{+\infty}dF(y) = \int_{-\infty}^{+\infty}f(y)dy = 1$$

と表記できる。ここで確率変数 $g(y)$ の期待値 $E(g(y))$ は、

$$E(g(y)) = \int_{-\infty}^{+\infty} g(y)\,dF(y)$$

と定義される。

さて、確率変数 X の対数変換、

$$\log X = Y$$

が正規分布ということは、もとの変数 X から見れば、

$$X = \exp(Y) = e^Y$$

が正規分布することにほかならない。したがって、確率変数 X の平均値は、平均 m、標準偏差 σ で正規分布する確率変数 Y を利用して、次のように表現できる。

$$E\left(e^Y\right) = \frac{1}{\sqrt{2\pi}\sigma}\int_{-\infty}^{+\infty} \exp(Y)\exp\left(-\frac{(Y-m)^2}{2\sigma^2}\right)dY$$

ここで、新しい変数 $Z = Y - m$ を導入すれば、次のように表現できる。

$$\begin{aligned}
E\left(e^Y\right) &= \frac{1}{\sqrt{2\pi}\sigma}\int_{-\infty}^{+\infty} \exp(Z+m)\exp\left(-\frac{Z^2}{2\sigma^2}\right)dZ \\
&= \frac{1}{\sqrt{2\pi}\sigma}\int_{-\infty}^{+\infty} \exp(m)\exp\left(\frac{2\sigma^2 Z - Z^2}{2\sigma^2}\right)dZ \\
&= \frac{1}{\sqrt{2\pi}\sigma}\int_{-\infty}^{+\infty} \exp(m)\exp\left(\frac{\sigma^2}{2} - \frac{(Z-\sigma^2)^2}{2\sigma^2}\right)dZ \\
&= \frac{1}{\sqrt{2\pi}\sigma}\int_{-\infty}^{+\infty} \exp\left(m + \frac{\sigma^2}{2}\right)\exp\left(-\frac{(Z-\sigma^2)^2}{2\sigma^2}\right)dZ \\
&= \exp\left(m + \frac{\sigma^2}{2}\right)\frac{1}{\sqrt{2\pi}\sigma}\int_{-\infty}^{+\infty} \exp\left(-\frac{(Z-\sigma^2)^2}{2\sigma^2}\right)dZ
\end{aligned}$$

ここで新たな確率変数 Z の関数に着目すると、

$$\frac{1}{\sqrt{2\pi}\sigma}\int_{-\infty}^{+\infty}\exp\left(-\frac{\left(Z-\sigma^2\right)^2}{2\sigma^2}\right)dZ \to 1$$

であるから、

$$E\left(e^Y\right)=\exp\left(m+\frac{\sigma^2}{2}\right)$$

に帰着する。これが対数正規分布の平均値である。

A2-2）満期時における資産価格の期待値

前節の結果を利用して、金融資産価格の t 期後の平均値を求める。まず、連続複利ベースの収益率 r で成長する金融資産の t 期での価格は、

$$X_t = X_0 e^{rt}$$

であった。ここで対数価格の平均を $E(\log X_t)$ とすれば、

$$X_0 e^{rt} = e^{E(\log X_t)+\frac{\sigma^2 t}{2}}$$

とおくことができる。ここで対数をとれば、

$$\log X_0 + rt = E\left(\log X_t\right)+\frac{\sigma^2 t}{2}$$

となる。整理すれば、

$$E\left(\log X_t\right)=\log X_o+\left(r-\frac{\sigma^2}{2}\right)t$$

である。さらに、

$$E(X_t) = X_0 e^{\left(r-\frac{\sigma^2}{2}\right)t}$$

を得る。

A2-3）ブラック・ショールズ・マートン・モデルを導き出す

平均 m、標準偏差 σ の正規分布の累積密度関数は、

$$P(x) = \int_{-\infty}^{x} \frac{1}{\sqrt{2\pi\sigma^2}} e^{-\frac{1}{2}\left(\frac{x-m}{\sigma}\right)^2} dx$$

であった。したがって、平均 $E(\log X_t)$ で標準偏差（ボラティリティー）$\sigma\sqrt{t}$ の場合の、満期時点でのコール・オプションの価値は、行使価格 K の超過部分の期待値であるから、

$$E\left(\max\left(X_t - K, 0\right)\right)$$
$$= \int_{K}^{\infty} \max\left(X_t - K, 0\right) \frac{1}{\sqrt{2\pi\sigma^2 t}} e^{-\frac{1}{2}\left(\frac{\log X_t - E\left(\log X_t\right)}{\sigma\sqrt{t}}\right)^2} d\left(\log X_t\right)$$

とおける。

次に変数変換を施して、平均 0、標準偏差 1 の標準正規分布による表示方法に切り替えてみる。ここで正規化とは、平均 $E(\log X_t)$ と標準偏差（ボラティリティー）$\sigma\sqrt{t}$ によって、新しい確率変数 v、

$$v = \frac{\log X_t - E\left(\log X_t\right)}{\sigma\sqrt{t}}$$

に変換することである。

しかし、それ以外に変更すべき点が 2 つある。それは将来時点の確率変数である X_t の部分である。図 **A2-1** が、コンパクトにその様子を示している。

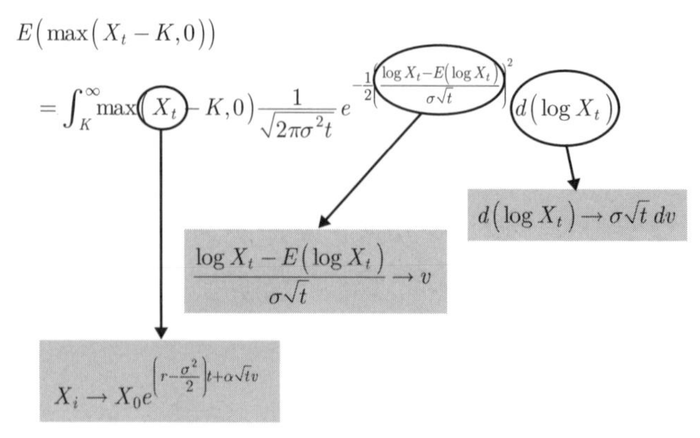

■図 A2-1　新しい確率変数 v への変換

まず、$d(\log X_t)$ を dv に変換する意味を考える。これは新しい尺度（メジャー）への移行であるから、古い尺度と新しい尺度のスケールを調整する操作である。

つまり、古い尺度が 1 単位変化した場合に、新しい尺度はどのくらいの割合で変化するかを計算するのである。ここで、両者の微小変動における比をとると、

$$
\log X_t = \sigma\sqrt{t}v + E\left(\log X_t\right)
$$

$$
\frac{d\left(\log X_t\right)}{dv} = \sigma\sqrt{t}
$$

となり、新しい尺度と古い尺度の比は $\sigma\sqrt{t}$ であることがわかる。

次に、max( ) を変更する。

$$
E\left(\log X_t\right) = \log X_0 + \left(r - \frac{\sigma^2}{2}\right)t
$$

であるから、

$$
v = \frac{\log X_t - \left(\log X_0 + rt - \frac{\sigma^2}{2}t\right)}{\sigma\sqrt{t}}
$$

となるので、これを $\log X_t$ について解く。

$$\log X_t = \log X_0 + \left(r - \frac{\sigma^2}{2}\right)t + \sigma\sqrt{t}v$$

両辺の対数をとれば、$\max(X_t - K,\ 0)$ は、

$$\max\left(X_0 e^{\left(r-\frac{\sigma^2}{2}\right)t+\sigma\sqrt{t}v} - K, 0\right)$$

と変形できる。

以上、３つの変更を考慮して、新しい変数 v で書き換えると、

$$\begin{aligned}
&E\left(\max\left(X_t - K, 0\right)\right) \\
&\quad = \int_K^\infty \max\left(X_0 e^{\left(r-\frac{\sigma^2}{2}\right)t+\sigma\sqrt{t}v} - K, 0\right)\frac{1}{\sqrt{2\pi\sigma^2 t}}e^{-\frac{1}{2}v^2}\sigma\sqrt{t}dv
\end{aligned}$$

となる。

次になすべき作業は、$\max(\ )$ 部分の処理である。この部分は、簡単にいえば、

$$X_0 e^{\left(r-\frac{\sigma^2}{2}\right)t+\sigma\sqrt{t}v} \geq K$$

の部分だけを積分せよということである。

$$e^{\left(r-\frac{\sigma^2}{2}\right)t+\sigma\sqrt{t}v} \geq \frac{K}{X_0}$$

として両辺の対数をとれば、

$$\left(r - \frac{\sigma^2}{2}\right)t + \sigma\sqrt{t}v \geq \log\left(\frac{K}{X_0}\right)$$

となる。ここで、新しい座標 v について解く。

$$v \geq \frac{\log\left(\frac{K}{X_0}\right)-\left(r-\frac{\sigma^2}{2}\right)t}{\sigma\sqrt{t}}$$

これ以下の積分は 0 なので計算する必要がないので、

$$E\left(\max\left(X_t-K,0\right)\right)$$
$$=\int_{\frac{\log\left(\frac{K}{X_0}\right)-\left(r-\frac{\sigma^2}{2}\right)t}{\sigma\sqrt{t}}}^{+\infty}\left[X_0 e^{\left(r-\frac{\sigma^2}{2}\right)t+\sigma\sqrt{t}v}-K\right]\frac{1}{\sqrt{2\pi}}e^{-\frac{v^2}{2}}dv$$

と表記できる。これが満期 t における、コール・オプションの期待値である。

以降は、基本的には数式変形のテクニックとなる。大括弧を展開して 2 つの部分 A と B に分解し、それらを個別に変形する。

$$A=\int_{\frac{\log\left(\frac{K}{X_0}\right)-\left(r-\frac{\sigma^2}{2}\right)t}{\sigma\sqrt{t}}}^{+\infty}X_0 e^{\left(r-\frac{\sigma^2}{2}\right)t+\sigma\sqrt{t}v}\frac{1}{\sqrt{2\pi}}e^{-\frac{v^2}{2}}dv$$

$$B=\int_{\frac{\log\left(\frac{K}{X_0}\right)-\left(r-\frac{\sigma^2}{2}\right)t}{\sigma\sqrt{t}}}^{+\infty}K\frac{1}{\sqrt{2\pi}}e^{-\frac{v^2}{2}}dv$$

以下は部分 A の変形プロセスである。

$$X_0 e^{\left(r-\frac{\sigma^2}{2}\right)t+\sigma\sqrt{t}v}\rightarrow X_0 e^{rt-\frac{\sigma^2}{2}t+\sigma\sqrt{t}v}\rightarrow X_0 e^{rt}e^{-\frac{\sigma^2}{2}+\sigma\sqrt{t}v}$$

と変形できるので、$X_0 e^{rt}$ をくくり出す。

$$A=X_0 e^{rt}\int_{\frac{\log\left(\frac{K}{X_0}\right)-\left(r-\frac{\sigma^2}{2}\right)t}{\sigma\sqrt{t}}}^{+\infty}e^{-\frac{\sigma^2}{2}t+\sigma\sqrt{t}v}\frac{1}{\sqrt{2\pi}}e^{-\frac{v^2}{2}}dv$$

さらに、次のように変形できる。

$$e^{-\frac{\sigma^2}{2}t+\sigma\sqrt{t}v}e^{-\frac{v^2}{2}}=e^{-\frac{1}{2}\left(v-\sigma\sqrt{t}\right)^2}$$

最終的には、

$$A=X_0e^{rt}\int_{\frac{\log\left(\frac{K}{X_0}\right)-\left(r-\frac{\sigma^2}{2}\right)t}{\sigma\sqrt{t}}}^{+\infty}\frac{1}{\sqrt{2\pi}}e^{-\frac{1}{2}\left(v-\sigma\sqrt{t}\right)^2}dv$$

を得る。

ここで厄介なのは、せっかく新しい変数 v で規格化（標準正規分布）しても、上のように式を整理してしまうと $e^{-\frac{1}{2}\left(v-\sigma\sqrt{t}\right)^2}$ となり、$\sigma\sqrt{t}$ 分だけ平均からずれてしまうことである。

このずれを修整するには、再び新たな変数を導入する必要がある。この場合、標準偏差は同じなので平行移動するだけで問題ない。スケール変換の必要はない。

以上のことを考慮して新しい変数を z とすれば、

$$z=v-\sigma\sqrt{t}$$
$$dz=dv$$

であるから、

$$A=X_0e^{rt}\int_{\frac{\log\left(\frac{K}{X_0}\right)-\left(r-\frac{\sigma^2}{2}\right)t}{\sigma\sqrt{t}}-\sigma\sqrt{t}}^{+\infty}\frac{1}{\sqrt{2\pi}}e^{-\frac{1}{2}z^2}dz$$

となる。ここで、これを標準正規分布の累積密度関数記号 $N(z)$ で表記すれば、

$$A=X_0e^{rt}N\left[1-\left\{\frac{\log\left(\frac{K}{X_0}\right)-\left(r-\frac{\sigma^2}{2}\right)t}{\sigma\sqrt{t}}-\sigma\sqrt{t}\right\}\right]$$

である。さらに大括弧内部は次のように整理される。

$$d_1 = \frac{\log\left(\frac{X_0}{K}\right) + \left(r + \frac{\sigma^2}{2}\right)t}{\sigma\sqrt{t}}$$

整理すると A 部分は、次のようになる。

$$A = S_0 e^{rt} N(d_1)$$

B 部分であるが、これは A 部分に比べ簡単である。

$$B = \int_{\frac{\log\left(\frac{K}{X_0}\right) - \left(r - \frac{\sigma^2}{2}\right)t}{\sigma\sqrt{t}}}^{+\infty} K \frac{1}{\sqrt{2\pi}} e^{-\frac{v^2}{2}} dv$$

であるから、K をくくり出せば、次のようになる。

$$B = K \int_{\frac{\log\left(\frac{K}{X_0}\right) - \left(r - \frac{\sigma^2}{2}\right)t}{\sigma\sqrt{t}}}^{+\infty} \frac{1}{\sqrt{2\pi}} e^{-\frac{v^2}{2}} dv$$

標準正規分布の累積密度関数表示 $N(v)$ で表記すれば、

$$B = KN\left[1 - \left\{\frac{\log\left(\frac{K}{X_0}\right) - \left(r - \frac{\sigma^2}{2}\right)t}{\sigma\sqrt{t}}\right\}\right]$$

となる。さらに、A 部分と同様に大括弧の内部を以下のように整理する。

$$d_2 = \frac{\log\left(\frac{X_0}{K}\right) + \left(r - \frac{\sigma^2}{2}\right)t}{\sigma\sqrt{t}}$$

これで B 部分は、

$$B = KN(d_2)$$

となる。

最後に A と B を総合する。

$$E(\max(X_t - K, 0)) = X_0 e^{rt} N(d_1) - KN(d_2)$$

ここでコール・オプションの現在価値は、

$$Call = e^{-rt} E(\max(X - K, 0))$$

なので、

$$Call = X_0 N(d_1) - Ke^{-rt} N(d_2)$$

となり、ブラック・ショールズのコール・オプション式が導出される。

補足説明 3

マートンのデフォルト構造モデル

ブラック・ショールズそしてマートンは、単に株式オプションのプレミアム算出モデル以上の含意を、ブラック・ショールズ・マートン・モデルから読み取っていた。それは、企業価値の計量モデルとしての、オプション理論である。彼らによれば、企業が発行する株式自体が、企業価値を対象資産とするコール・オプションである。なぜなら、バランス・シートの恒等関係から、企業価値は、負債と資本の総和であり、株式価値は、企業価値から負債を差し引いた純粋な資本を表象している。つまり、株式は負債額を行使価格とした、企業価値のコール・オプションにほかならない。

企業のデフォルトを、オプション理論の観点から説明した論文は、マートンの「企業債務の価格付けに関して～金利のリスク構造」（R. Merton "On the Pricing of Corporate Debt : The Risk Structure of Interest Rates" Journal of Finance, 1974）をその嚆矢とする。そして、このアイデアを参考にして、金融情報ビジネスとして立ち上げたのが KMV 社（のちにムーディーズ社の傘下となる）である。オプション・モデルを利用して、デフォルト確率を演繹するアプローチを、デフォルト確率内生（Endogenous）あるいは構造（Structural）アプローチと呼ぶ。一方、すでに存在する社債のクレジット・スプレッドから、デフォルト確率を逆算する手法もある。これをデフォルト確率外生（Exogenous）あるいは誘導（Reduced）アプローチと呼ぶ。例えば、デフォルト確率の期間構造を推定する場合は後者のアプローチが採用される。

A3-1）構造型と誘導型について

まず、構造型と誘導型の相違について解説する。この用語は、マクロ経済学分析で使われることが多い。例えば、もっとも単純なケインズのマクロ経済モデル体系では、国民所得（Y）の一部が消費（C）となり、残りは投資（I）

あるいは預金（S）に回される。

$$C = a + bY$$
$$Y = C + I$$
$$I = S$$

これが、ケインズのマクロ経済モデル体系において、定義式（仮説）に相当する。政策への適用が要求される経済学では、この定義式を、物理学の運動方程式に相当する行動方程式と再解釈することで、「動学化」するのが常套手段である。これは、マネタリストが、フィッシャーの貨幣数量と物価に関する恒等関係を、貨幣数量方程式（ケンブリッジ方程式）と再解釈した手順と同じである。動学化しなければ、経済政策に利用できないからである。

しかしながら、多くの場合、係数である a や b が特定できない。もし、これらの係数が普遍定数であるならば、構造型のままで科学的予測が可能であるが、現実にはこれらの係数を統計的に「推定」しなければならない。一方、過去の消費量や国民所得の過去データは確定している。そこで確定した過去データから係数を帰納的に推定するために変形した式が必要となる。

$$C = \left(\frac{a}{1-b}\right) + \left(\frac{b}{1-b}\right) I$$
$$Y = \left(\frac{a}{1-b}\right) + \left(\frac{1}{1-b}\right) I$$

このように、観測可能な過去データから係数を帰納的に推定できる形式にした方程式を、誘導型と呼ぶ。したがって、構造型と誘導型は同一のモデルの表現形式の違いである。しかしながら、過去データによる帰納的推定は、英国経験論哲学者ヒューム（D. Hume）が指摘した大問題である帰納の正当性に行き当たる。つまり、過去データを未来に適用できるかという哲学難問である。

ブラック・ショールズ・マートン・モデルは、これまで、過去データから帰納的に推定されていた企業のデフォルト確率を、市場で売買されている株式と負債（社債）のバランスシート構造の関係から、演繹的に導出できる可能性を開いたのである。

A3-2）企業価値と株価の関係

企業価値と株価（資本）および社債（負債）の関係を図式化してみる（図**A3-1**）。理論的には、株価は企業価値と比例して上昇する。

企業負債を考える（図**A3-2**）。簡単のため、負債をすべて社債による資金調達によって賄っていると仮定してみる。株式と異なって、社債は金利が一定なので、企業価値の上昇の恩恵は受けない。ところが、企業が債務超過に陥っ

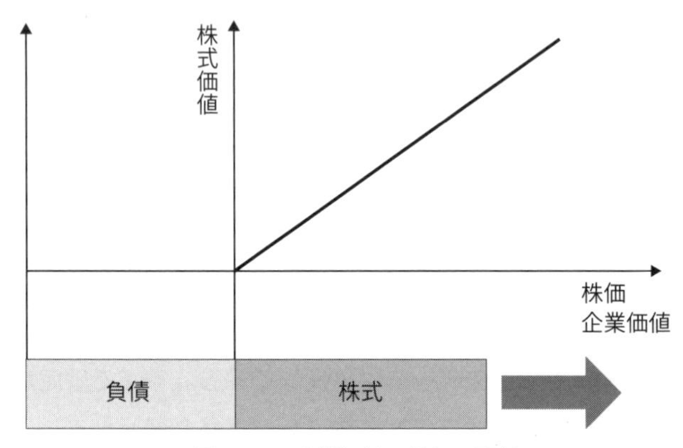

■図 A3-1　企業価値と株価の関係

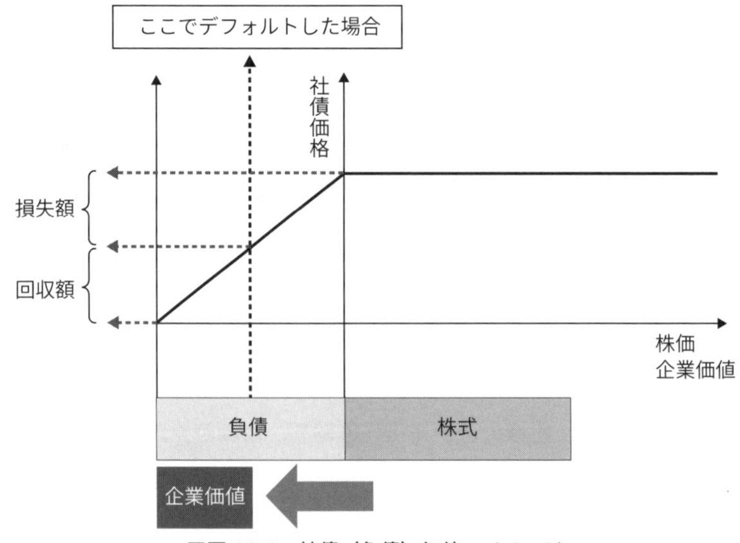

■図 A3-2　社債（負債）価値のイメージ

た場合は、企業価値分しか回収できない。

企業価値の変動にまったく影響を受けない、債券を想定してみる。いうまでもなく、それは国債である。**図 A3-3** が国債のペイオフである。

ここで、社債価格から国債価格を差し引くと、プット・オプションが複製される（**図 A3-4**）。

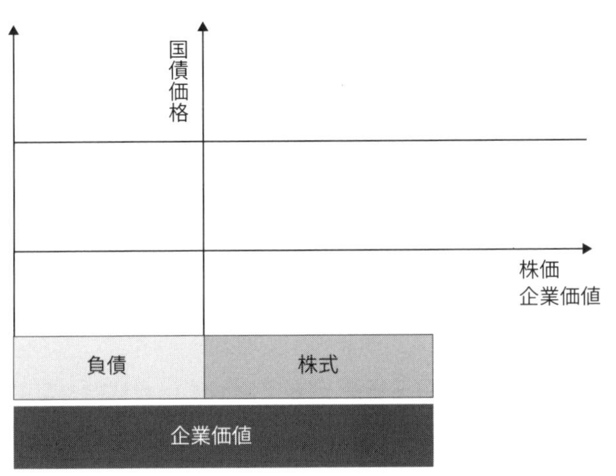

■図 A3-3　無リスク債（国債）の価値変化のイメージ

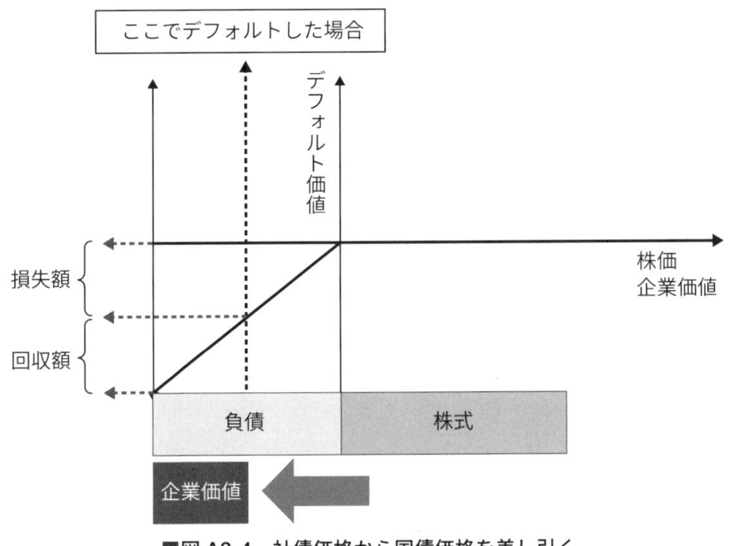

■図 A3-4　社債価格から国債価格を差し引く

つまり、社債の利回りが国債の利回りに比べて高いのは、負債額を行使価格とする企業価値のプット・オプションが内包されているからなのである。利回りの差は、価格の面から考えると、社債が国債よりも安く取引されていることを意味する。この価格差は、まさにプット・オプションのプレミアムである。このプレミアムは、いわばデフォルトのコストであるといえる。

A3-3）ブラック・ショールズ・マートン・モデルによる企業価値の複製

さてここで、企業の現在価値を V_0 として、時点 t の負債総額を D としてみる。また、この企業の負債はすべて満期 t のゼロ・クーポン債だと想定する。すると、デフォルトのコストは、ブラック・ショールズ・モデルのプット・オプション式として次のように表現できる。

$$P_0 = De^{-rt}N(-d_2) - V_0N(-d_1)$$

デフォルトを、時点 t で負債総額 D を下回っている状態と定義すれば、デフォルト確率が $N(-d_2)$ で計算できることになる。注意しなければいけないのは、De^{-rt} は負債総額の現在価値である。これは無リスク金利で割り引かれているので、社債の現在価値 B_0 とは一致しない。ここで、この社債に適用される連続複利ベースの利回りを y とすれば、

$$B_0 = De^{-yt}$$
$$\to \log B_0 = \log D - yt \to y = -\frac{1}{t}\log\frac{B_0}{D}$$

とおくことができる。社債の現在価値 B_0 は、同じ満期のゼロ・クーポン国債の現在価値 De^{-rt} から、デフォルトのコスト P_0 を差し引いた価値に等しいので、

$$y = -\frac{1}{t}\log\frac{De^{-rt} - P_0}{D}$$

となる。整理すると、

$$y = -\frac{1}{t}\log\left(\frac{V_0}{D}N(-d_1) + e^{-rt}N(d_2)\right)$$

を得る。

ここで、無リスク金利 r との差である信用スプレッド（Credit Spread）は、

$$\begin{aligned}
CreditSpread &= y - r \\
&= -\frac{1}{t}\log\left(\frac{V_0}{D}N(-d_1) + e^{-rt}N(d_2)\right) - r \\
&= -\frac{1}{t}\log\left(\frac{V_0}{D}N(-d_1) + e^{-rt}N(d_2)\right) - \frac{t}{t}r\log e \\
&= -\frac{1}{t}\log\left(\frac{V_0}{D}N(-d_1) + e^{-rt}N(d_2)\right) - \frac{1}{t}\log e^{rt} \\
&\quad -\frac{1}{t}\log\left(\frac{V_0}{De^{-rt}}N(-d_1) + N(d_2)\right)
\end{aligned}$$

となる。

ここで、企業価値に占める負債額の比率（財務レバレッジ）LR を次のように定義する。

$$LR = \frac{De^{-rt}}{V_0}$$

企業のクレジット・スプレッドは財務レバレッジに依存することがわかる。

ところで、ブラック・ショールズ・マートン・モデルを、企業価値の分析に応用する際の難点は、企業価値が取引可能でないということである。プット・オプションを複製するには、企業価値を $-N(-d_1)$ だけ売却しなければならないが、企業価値は市場で取引されていないのである。そのため、プット・オプションの市場がない場合は、別の方法を模索する必要がある。ここで注目すべきは、株式が企業価値のコール・オプションであるという事実である。したがって、当該企業の株価の現在価値 S_0 は、

$$S_0 = V_0N(d_1) - De^{-rt}N(d_2)$$

となる。両辺に$-\dfrac{N(-d_1)}{N(d_1)}$を掛ければ、

$$-\frac{N(-d_1)}{N(d_1)}S_0 = -V_0 N(-d_1) + De^{-rt}N(d_2)\frac{N(-d_1)}{N(d_1)}$$

$$V_0 = \frac{1}{N(d_1)}S_0 + De^{-rt}\frac{N(d_2)}{N(d_1)}$$

となり、企業価値が株式と国債によって複製できる可能性があることを意味している。

補足説明4

デリバティブ・プライシングの基礎確率偏微分方程式

伊藤の確率理論（Ito's Stochastic Calculus）がデリバティブ・プライシングには不可欠であることは、よく知られている。伊藤の確率理論は、ブラウン運動の数学的定式化であるウイナー過程（dW）の二乗が時間（dt）に一致するという驚くべき結果を示した。これを伊藤の2次変分（あるいはレヴィの規則）と呼ぶ。この結果を受けて、確率微分方程式のテイラー展開が可能になったといえる。デリバティブ・プライシングの根幹をなす基礎偏微分方程式（the Fundamental Partial Differential Equation of Contingent Claims Pricing）は、ヘッジ・ポートフォリオに伊藤の確率理論を適用することで導出される。

まず、デリバティブ・プライシングという狭い枠を超えて、伊藤の確率理論の意義から解説しよう。この理論が、ブラウン運動の数学的研究に端を発した、確率過程論という比較的新しい（20世紀以降）分野での業績であることに注意しなければならない。微分方程式論や確率論は、昔から研究されてきたのだが、両者を統合したのはコルモゴロフ（A. Kolmogorov）の「確率論における解析的方法」（1931）である。

物理学では、1905年に発表されたアインシュタインのブラウン運動の理論以来、多くの物理学者がブラウン運動を記述する直感的方法で方程式を打ち立てたが、数学的な整備は必ずしも十分ではなかった。当時、彼らがブラウン運動の記述に利用した数学は、古典的な微積分学であり、微分不可能な軌跡をもつブラウン運動の記述に、古典的な微積分が適用できるかどうかに関しての数学的議論は等閑視されていた。

コルモゴロフは、1902年のルベーグ（H. Lebesgue）に始まる積分論を、確率微積分計算に適用した。同じころ、サイバネティクスの創始者であるウイナー（N. Wiener）がブラウン運動を定式化した（ウイナー過程）。伊藤は、微分不可能な確率変動を、ウイナー過程を含む積分から定義して（伊藤積分)、微積分学の基本定理から微分方程式を逆算した。この微分方程式は、アインシュタインの拡散方程式（あるいは、その一般系であるフォッカー・プランク方程式）のような、確率分布の時間発展ではなく、単一のブラウン粒子に着目して、ニュートンの運動方程式にランダム項を付け加えたランジュバン方程式を、さらに数学的に精緻化した方程式であった。これを伊藤のランジュバン方程式と呼ぶ。

これから、デリバティブ・プライシングで利用される、伊藤の公式の直感的な解説をする。ここでは平均 μ、標準偏差 δ でランダムに変動する価格過程 x と、時間 t に依存する、デリバティブ価格過程 f を考える。まず価格過程 x はランジュバン方程式（Langevin Equation）によって次のように記述できる。

$$dx = \mu(x,t)dt + \sigma(x,t)dW$$

ここで、dW がウイナー過程（Winner Process）である。これは物理学的には、例えばタバコの煙のように、漂速（Drift Velocity）μ でランダムに拡散する粒子の変動を記述する方程式である。

派生価格過程 f と価格過程 x と時間 t の関係は、テイラー級数展開によって、

$$f(x+dx,t+dt) = f(f,t) + \frac{\partial f}{\partial x}dx + \frac{\partial f}{\partial x}dt + \frac{1}{2}\frac{\partial^2 f}{\partial x^2}(dx)^2 + \frac{1}{2}\frac{\partial^2 f}{\partial t^2}(dt)^2 + \frac{1}{2}\frac{\partial^2 f}{\partial x \partial t}(dx)(dt) + \cdots$$

となる。

伊藤の確率理論では、次のような規則が成立することが証明されている。

$$dt^2 \to 0$$
$$dW^2 \to dt$$
$$dtdW \to 0$$

この規則を利用すれば、

$$f(x+dx,t+dt)=f(x,t)+\frac{\partial f}{\partial x}dx+\frac{\partial f}{\partial t}dt+\frac{1}{2}\frac{\partial^2 f}{\partial x^2}(dx)^2$$

と整理される。デリバティブ価格の微小変動（微分）df は、

$$\begin{aligned}f(x+dx,t+dt)-f(x,t)&=df\\&=\frac{\partial f}{\partial x}dx+\frac{\partial f}{\partial t}dt+\frac{1}{2}\frac{\partial^2 f}{\partial x^2}(dx)^2\end{aligned}$$

となる。ここで、さらに、$(dx)^2=(\mu dt+\sigma dW)^2$ を上式に代入すれば、

$$\begin{aligned}f(x+dx,t+dt)-f(x,t)&=df\\&=\frac{\partial f}{\partial x}dx+\frac{\partial f}{\partial t}dt+\frac{1}{2}\frac{\partial^2 f}{\partial x^2}(\mu dt+\sigma dW)^2\end{aligned}$$

となる。整理すると、

$$df=\left(\mu\frac{\partial f}{\partial x}+\frac{\partial f}{\partial t}+\frac{1}{2}\sigma^2\frac{\partial^2 f}{\partial x^2}\right)dt+\sigma\frac{\partial f}{\partial x}dW$$

となり、デリバティブ価格の確率微分方程式が得られる。

最後に、$dW^2 \to dt$ を Excel で実際に計算してみる。まず、平均 0、標準偏差 1 のランダム変数を 365 回累積させる。**図 A4-1** は 1 本だけのサンプル・パスであるが、無数のサンプル・パスを展開して平均をとるとゼロになることが予想される。

次に、そのランダム変数の二乗を計算する（**図 A4-2**）。

何度試行を繰り返しても、平均 0、標準偏差 1 のランダム変数の二乗は時間 t になる。三乗や四乗ではそうはならない。ウイナー過程の 2 次変分は時間になるのである。次の式が数式表現された 2 次変分である（W はウイナー過程＝ブラウン運動）。

$$\lim_{n\to\infty}\sum_{k=0}^{2^n-1}\left[W\left(\frac{(k+1)t}{2^n}\right)-W\left(\frac{kt}{2^n}\right)\right]^2=\sigma^2 t$$

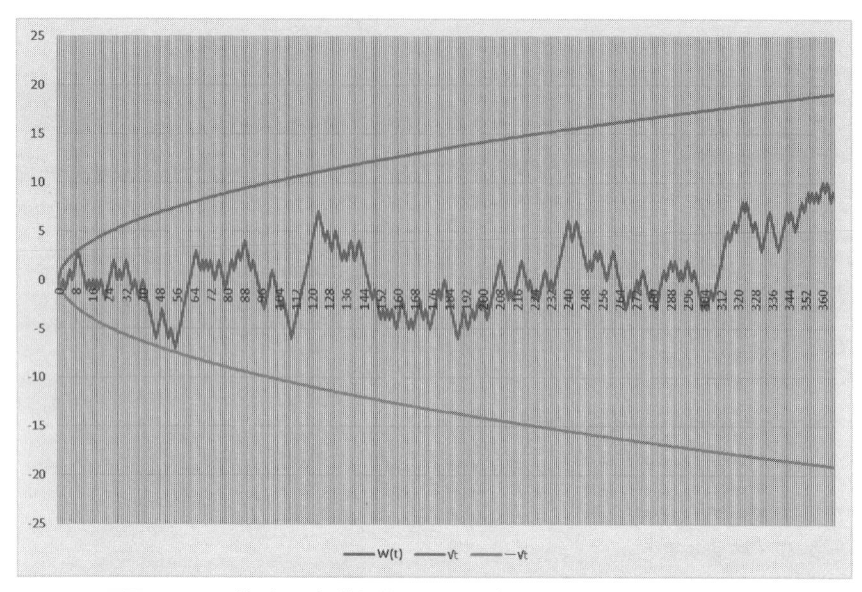

■図 A4-1　平均ゼロ、標準偏差 1 のランダム・ウオークのサンプルパス

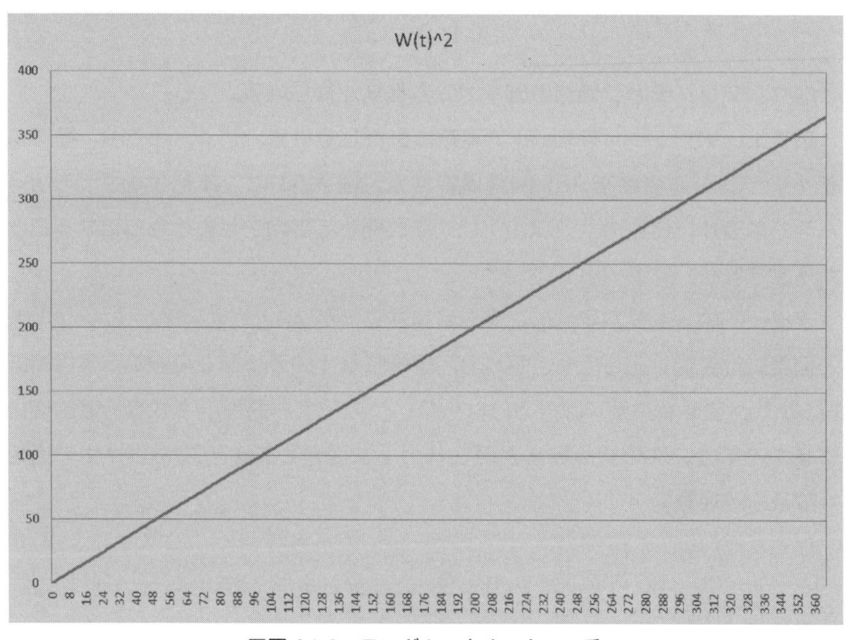

■図 A4-2　ランダム・ウオークの二乗

この数学的事実は強烈である。確率過程が決定論に豹変するのである。それは同時に、伊藤の公式がデリバティブ・プライシングに決定的な重要性をもっている証でもある。

補足説明 5

有限差分法によるオプション・プライシング

デリバティブ市場は、1980 年代後半から急激に肥大化した。当時は、次々に開発される複雑なデリバティブ取引に、コンピューター技術が追いついていけなかった。例えば、1986 年に発表されたバロンネ・アデシー・ウオーレイ・モデルは、アメリカン・オプションのプレミアムを公式という形で探求するものであった（準解析解）が、その後、コンピューターが急速に浸透した結果、今日ではその重要性は低くなっている。

1990 年代に入るとデリバティブ取引の現場では、近似的な解析解の探求に悪戦苦闘するよりも、新商品をいち早くモデル化して、数値計算するアプローチが主流となった。そもそも、現象を記述する偏微分方程式で、解析解が求められる方程式は限られているので、実務家にとっては現実的な解決であった。ブラック・ショールズ・マートン・モデルが解析的に解けるのは、厳密な解析解が存在する偏微分方程式の 1 つである、拡散方程式を利用しているからである。しかしながら、拡散係数やボラティリティー一定といった厳しい仮定を崩して、現実の市場に適合させなければならない実務家にとっては、解析解の探求ではなく、数値計算こそが重要である。

デリバティブ・プライシングに利用される、数値計算アプローチは大きく 2 つに分類される。1 つは偏微分方程式を離散化して計算する方法である。この方法は有限差分法（FDM：Finite-Difference Methods）と呼ばれ、オイラーに始まるといわれている。金利の期間構造モデルで利用されるツリー展開（Tree Expansion）も、有限差分法の拡張であるといえる。例えば、陽的有限差分アプローチは、1990 年にハル・ホワイトが提案した三項ツリー（Trinomial Tree）に対応している。

もう 1 つは、コンピューターの発展とともに、急速に重要性を増してきたモンテ・カルロ・シミュレーションである。モンテ・カルロ・シミュレーションでは、確率変動する価格（サンプル・パス）を多数発生させ、その平均値を計算するというきわめて単純な発想である。この場合、確率分布やパラメータの制約条件を自由に設定できるので、利用価値がきわめて高い。誤解を恐れずにいえば、モンテ・カルロ・シミュレーションで計算できないデリバティブ商品は存在しない。しかしながら、このような手法で乱造されたデリバティブ商品は、デリバティブ・プライシングの基本原理である「対象資産の複製」から逸脱している場合も多く、適用には注意が必要である。モンテ・カルロ・シミュレーションに関しては、確率変数の精度などの数値計算の専門的な議論が重要であるし、簡単な計算例は、第10章のCMSスプレッド債で解説したので割愛する。

A5-1）マスター方程式からフォッカー・プランク方程式へ

現象を位置 x と時間 t の変化で関係付けた方程式を、統計力学ではマスター方程式と呼ぶ。図 **A5-1** は、時点 t に $x+\Delta x$ に存在していたブラウン粒子が、確率 p で Δt 後に位置 x に下落し、時点 t に $x-\Delta x$ に存在していた場合は、確率 q で位置 x まで上昇する様子を表している。

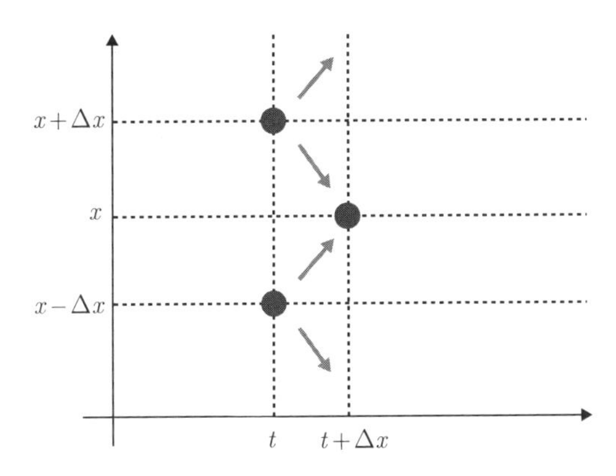

■図 A5-1　単一のブラウン粒子の挙動に関する思考実験

p を下落確率、q を上昇確率とすれば、図 A5-1 はマスター方程式として、

$$f(x,t+\Delta t)=pf(x+\Delta x,t)+qf(x-\Delta x,t)$$

と定式化できる。これら 3 つの項をテイラー級数展開すると、右辺第 1 項は、

$$f(x+\Delta x,t)=f(x,t)+\frac{\partial f(x,t)}{\partial x}\Delta x+\frac{1}{2}\frac{\partial^2 f(x,t)}{\partial x^2}(\Delta x)^2+\cdots$$

となり、第 2 項は、

$$f(x-\Delta x,t)=f(x,t)-\frac{\partial f(x,t)}{\partial x}\Delta x+\frac{1}{2}\frac{\partial^2 f(x,t)}{\partial x^2}(\Delta x)^2+\cdots$$

である。整理すると、

$$\frac{\partial f(x,t)}{\partial t}\Delta t=(p-q)\frac{\partial f(x,t)}{\partial x}\Delta x+\frac{1}{2}\frac{\partial^2 f(x,t)}{\partial x^2}(\Delta x)^2$$

となる。この偏微分方程式を、フォッカー・プランク方程式と呼ぶ。フォッカー・プランク方程式は、ブラウン粒子の確率分布の時間発展を記述する「決定論的」方程式である。

ランダムな現象を記述するにはもう 1 つの方法がある。それは確率分布全体ではなく、単一のブラウン粒子（サンプルパス）に着目する方法である。物理学説史の文脈では、この方程式をランジュバン方程式と呼ぶ。伊藤の確率微分方程式は、このランジュバン方程式に確率論的基礎を与えたものである。

ここで重要なポイントは、拡散現象のようなランダム現象の数学的記述には、2 つのアプローチがあるということである。これは、1 つの現象を 2 つの別の側面から記述していることを意味している。すなわち、フォッカー・プランク方程式は、決定論的な確率分布の時間発展を偏微分方程式で、伊藤のランジュバン方程式は、非決定論的なサンプルパスを確率微分方程式で記述しているというわけである。

図 A5-2 はフォッカー・プランク方程式の物理的意味を表している。

ここで上昇確率 q と下落確率 p が 50% の場合は、右辺第 1 項の漂流項はゼ

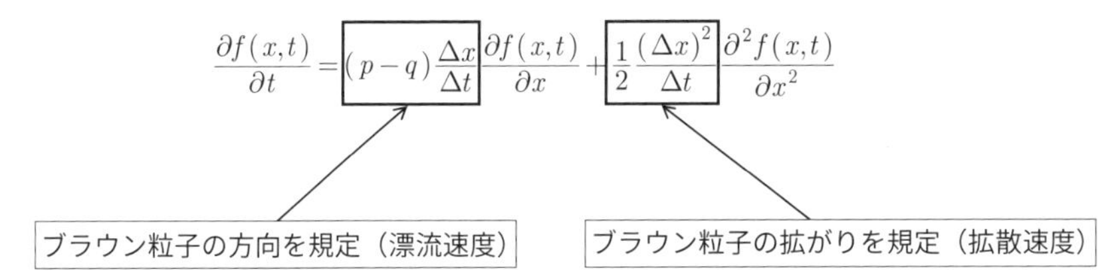

■図 A5-2　フォッカー・プランク方程式の物理的意味

ロになり、拡散項だけが残る。これがアインシュタンの拡散方程式である。拡散方程式は現象 f の時間変化が、現象 f の二乗に比例していることを示している。これは酔った人が右に歩いたり、左に歩いたりして、なかなか進まない様子を数式表現したものである（酔歩、ランダムウオーク）。ここで現象 f が二乗時間変化に比例する場合は、波動方程式となる（図 **A5-3**）。これは量子力学におけるシュレーディンガーの波動方程式ではなく、古典的な波動方程式であり、拡散方程式と同様、解析解が存在する。

$\frac{\partial^2 f(x,t)}{\partial x^2}$	現象（関数 f）の空間における 2 次の変化率（曲率＝ガンマ＝コンベキシティー）
$\frac{\partial f(x,t)}{\partial t} \Leftrightarrow \frac{\partial^2 f(x,t)}{\partial x^2}$	現象（関数 f）の空間における 2 次の変化率（曲率＝ガンマ＝コンベキシティー）と時間における 1 次の変化率（速度）に比例関係がある。
$\frac{\partial^2 f(x,t)}{\partial x^2} \Leftrightarrow \frac{\partial^2 f(x,t)}{\partial x^2}$	現象（関数 f）の空間における 2 次の変化率（曲率＝ガンマ＝コンベキシティー）と時間における 2 次の変化率（時間のゆがみ！）に比例関係がある。

■図 A5-3　拡散現象と波動現象の違い

再び拡散方程式に戻る。拡散係数が一定であるということは、デリバティブ・プライシングにおいては、ボラティリティーが一定であることを意味する。ここでボラティリティーが、時間依存（ストカスティック・ボラティリティー）や価格水準依存（ローカル・ボラティリティー）の場合は、もはや拡散係数は一定ではないので、解析的な解決は不可能である（図 **A5-4**）。したがって、デリバティブ取引の多くは、数値計算が必要となる。

$$\frac{\partial f(x,t)}{\partial t} = D\frac{\partial^2 f(x,t)}{\partial x^2}$$
$$\frac{\partial f(x,t)}{\partial t} = D(x,t)\frac{\partial^2 f(x,t)}{\partial x^2}$$

■図 A5-4　時間や価格水準によって変化する拡散係数

A5-2）有限差分法

有限差分法（FDM：Finite-Difference Methods）は基本的に3つの手法に分類される。まず、現時点において確定できる複数の情報と未来単一の情報を関連付ける手法である。これはフォッカー・プランク方程式の導出過程と同じ手法である。したがって、時間方向の差分には前進差分が適用される（図 **A5-5**）。

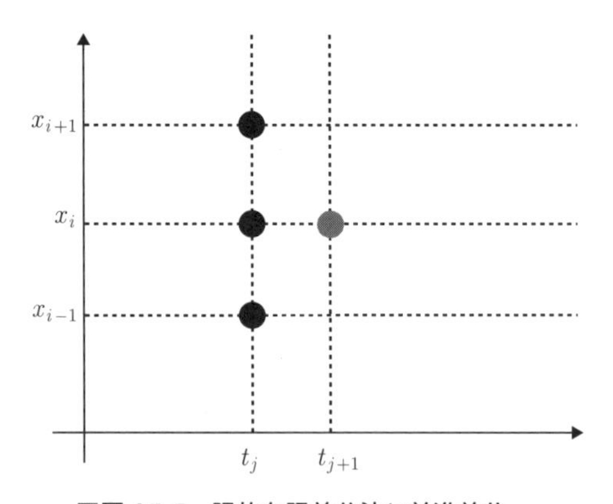

■図 A5-5　陽的有限差分法と前進差分

しかしながら、不確定値が複数存在する場合、それらを直接（陽）的に解くことはできない。しかし、それらの相互関係が明らかであるならば、連立方程式体系を利用して解くことができる。この場合、時間差分は後退差分を利用する（図 **A5-6**）。

陽的有限差分法と陰的有限差分法のほかに中央差分を利用する、クランク・ニコルソン法があるが、ここでは割愛する。

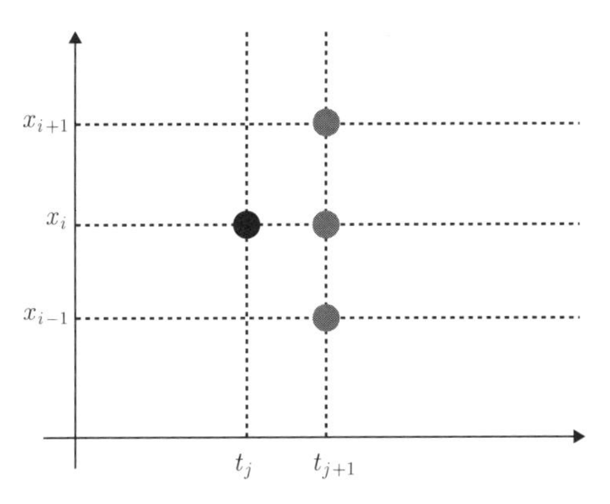

■図 A5-6　陰的有限差分法と後退差分

陽的差分法は、現在（既知）から未来（不確実）へ向かう方程式を差分化している。しかしながら、デリバティブ・プライシングにおいて未知数なのは現在であって、確実な情報は最終的な満期（未来）である（図 **A5-7**）。

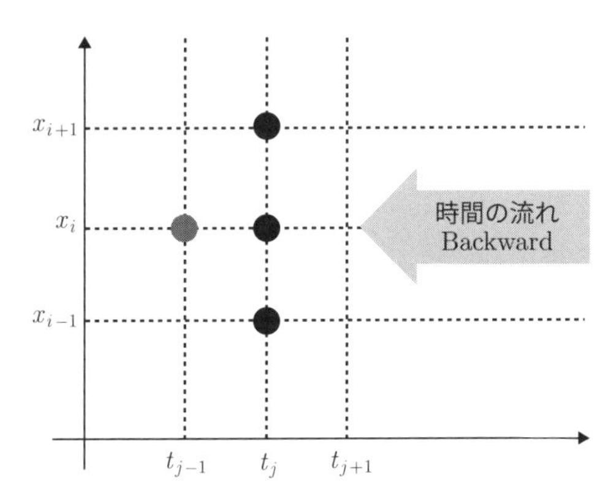

■図 A5-7　オプション・プライシングにおける陽的差分

拡散方程式や波動方程式といった偏微分方程式は、自然現象のモデル化において、決定的な意義をもってる。なぜなら、私たちが直感的に認識可能な時空（カントのいう感性）、すなわち 3 次元の空間と 1 次元の時間（不可逆）を関連付ける方程式だったからである。

陽的有限差分法を利用して、ヨーロピアン・プットのプライシングをしてみる。「補足説明 4」では、伊藤の確率理論によって、デリバティブの確率微分方程式を導出した。

$$df = \left(\mu \frac{\partial f}{\partial x} + \frac{\partial f}{\partial t} + \frac{1}{2}\sigma^2 \frac{\partial^2 f}{\partial x^2} \right) dt + \sigma \frac{\partial f}{\partial x} dW$$

この価格変動方程式が無リスクならば、ドリフトの収益率は無リスク金利 r である。

$$\mu \frac{\partial f}{\partial x} + \frac{\partial f}{\partial t} + \frac{1}{2}\sigma^2 \frac{\partial^2 f}{\partial x^2} = rf$$

また、配当 q のドリフトは $\mu = r - q - \frac{\sigma^2}{2}$ であるから、

$$\left(r - q - \frac{\sigma^2}{2} \right) \frac{\partial f}{\partial x} + \frac{\partial f}{\partial t} + \frac{1}{2}\sigma^2 \frac{\partial^2 f}{\partial x^2} - rf = 0$$

となる。ここで微分を差分に置き換えると、次のようになる。

$$\left(r - q - \frac{\sigma^2}{2} \right) \frac{f_{i+1,j} - f_{i-1,j}}{2\Delta x} + \frac{1}{2}\sigma^2 \frac{f_{i+1,j} - 2f_{i,j} + f_{i-1,j}}{(\Delta x)^2}$$

$$-rf_{i,j} + \frac{f_{i,j} - f_{i,j-1}}{\Delta t} = 0$$

次に、時点間の f（確率分布）の関係を、

$$f_{i,j-1} = af_{i-1,j} + bf_{i,j} + cf_{i+1,j}$$

とおくと、

$$a \equiv \left[\left(\frac{\sigma}{\Delta x} \right)^2 - \frac{r - q - \frac{\sigma^2}{2}}{\Delta x} \right] \frac{\Delta t}{2}$$

$$b \equiv 1 - r\Delta t - \left(\frac{\sigma}{\Delta x} \right)^2 \Delta t$$

$$c \equiv \left[\left(\frac{\sigma}{\Delta x} \right)^2 + \frac{r - q - \dfrac{\sigma^2}{2}}{\Delta x} \right] \frac{\Delta t}{2}$$

となる。この係数を利用して解くことができる。図 **A5-8** は陽的差分法を利用して、ブラック・ショールズ・マートン・モデルを計算した Excel シートである。

陽的有限差分法によるヨーロピアン・プットの解法

Spot Date	2019/2/6	Volatility	20.00%	安定性条件		
オプション満期	2019/8/5	r	2.00%	8.333	25.000	TRUE
T-t	0.49315	q	1.00%	0.020	4.000	TRUE
M	150			0.003	400.000	TRUE
△t	0.003288	a	0.16749427			
X(0)	100	b	0.66660091			
△X	1.020061	c	0.16583906			
△V	0.01986254					
K	90					
Ln(K)	4.60517019					
Grid	150					
Vmax	4.90310831	15				
Vmin	1.92372711	135				
Xmax	134.707843					
Xmin	6.84642835					

解析アプローチ	
Exp(-rt)	0.99018547
Exp(-qt)	0.99508063
d1	1.13640299
d2	0.99595361
N(-d1)	12.79%
N(-d2)	15.96%
Put Premium	1.500
数値計算アプローチ	
Put Premium	1.447

■図 A5-8　陽的差分法によるプット・オプション解法

陽的差分法は、マスター方程式から拡散方程式を導出した手順をそのまま適用した手法である。ここで問題となるのは、空間幅（価格幅）と時間幅（時間間隔）の収束である。

$$\frac{\partial f(x,t)}{\partial t} = \frac{1}{2} \frac{(\Delta x)^2}{\Delta t} \frac{\partial^2 f(x,t)}{\partial x^2}$$

$$D = \frac{1}{2} \frac{(\Delta x)^2}{\Delta t}$$

$$\frac{\Delta t}{(\Delta x)^2} D = \frac{1}{2}$$

上の式から、空間幅と時間幅を同じように短縮すれば、値は安定しないことが推測される。したがって、陽的差分法の適用に関しては収束の安定性条件が必要となる。すでに第7章で言及したように、陽的差分を利用して三項ツリー展開したハル・ホワイト・モデルでは、安定して収束する条件は、微小な離散金利幅 Δr、微小な離散時間間隔 Δt とすれば、

$$\frac{\sigma\sqrt{3\Delta t}}{2} \leq \Delta r \leq 2\sigma\sqrt{\Delta t}$$

としている。

補足説明 6

現金担保付債券貸借取引

中長期金利スワップは、国債フォワード取引および先物取引と密接な関係があるが、1999 年 3 月までは、有価証券取引税の影響で、国債レポ市場すなわち国債フォワード市場の発展が著しく遅れた。ただ、橋本政権下の 1996 年に始まった金融ビッグバンと呼ばれる金融制度改革によって、暫定的に国債レポ市場と同じ経済効果をもつ、現金担保付債券貸借取引が開始された。今日では、現先取引と並んで、我が国の短期金融市場で不可欠の市場となっている。ここでは、債券フォワード取引の価格形成メカニズムを解説し、債券先物取引との関係を考察する。

先渡価格は、レポ・レート（＝キャリー・コスト）によって決定される。債券の場合は、金利と債券貸借料率の差額がレポ・レートを構成する。したがって、債券の先渡価格 FV は、現在価値 PV とレポ・レートそしてキャリー日数 d によって、

$$PV\left(1+\frac{d}{360 or 365}r_{repo}\right)=FV$$

となる。ここで、債券の現在価値 PV とは、債券の現在価格に受け渡しまでの経過利息を足したものである。すなわち、

$$(P+a_0)\left(1+\frac{d}{360 or 365}r_{repo}\right)=FV$$

となる。なぜ経過利息を足すのか。それには**図 A6-1** を見てもらいたい。

取引日（Trade Date）に債券が売買されると、決済日（Settlement Date）において、債券の所有権が売り手から買い手に移転される。日本国債取引では、取引日から 3 営業日後が標準的な決済日となっており、これを T+3 と呼ぶ（2005 年現在)。このタイムラグは、決済リスクを考慮すれば決して短い

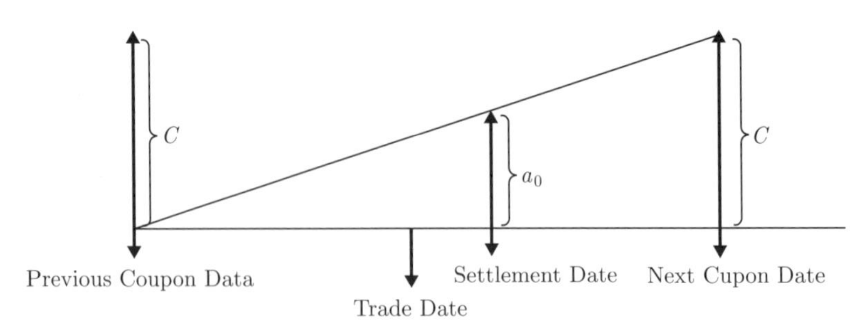

■図 A6-1　経過利息の考え方

とはいえず、目下のところ T+1 への努力がなされている。ちなみに、米国財務証券取引は T+1 である。ここで、買い手に債券の所有権が移った場合でも、最初に到来するクーポンは全額買い手の持分だとはいえない。そこで、債券の買い手は、決済日までのクーポン分を債券価格に上乗せしなければならないのである。

経過利息の計算方法は、各債券市場によって千差万別であるが、日本国債の場合、

$$a_0 = \frac{d_0}{365}$$

となる。

このように、債券取引では、クーポンの経過利息を考慮しなければならないので、先渡価格の公式は、外国為替のそれに比べて、やや複雑になる。**図 A6-2** は、先渡期間内にクーポン支払いが一度発生するケースを図式化したものである。

この場合、理論先渡価格とは別個に、クーポン額 C と満期日までの経過利息 a_1 がチャージされる。

$$(P + a_0)\left(1 + \frac{d_1}{360or365} r_{repo}\right) = FV + C + a_1$$

ここで厳密にいえば、クーポンの支払い時点が満期以前であるから、クーポンをさらに運用できる。その日数を d_2、運用金利を r とすれば、

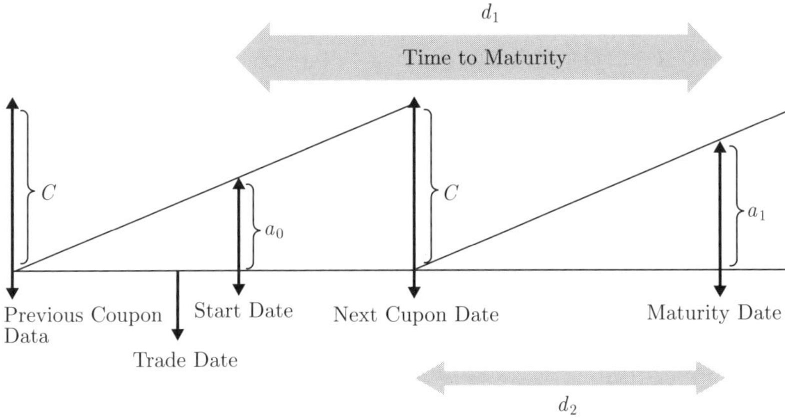

d_1
Time to Maturity
C C C a_0 a_1
Previous Coupon Data
Trade Date
Start Date
Next Cupon Date
Maturity Date
d_2

■図 A6-2　債券先渡取引のイメージ

$$(P+a_0)\left(1+\frac{d_1}{360or365}r_{repo}\right)=FV+C\left(1+\frac{d_2}{360or365}r\right)+a_1$$

となる。ここで、クーポンの再運用レートに関しては、双方の取り決めとなるが、厳密に考えれば、その期間に対応する先渡金利を適用すべきである。しかし現実では、レポ・レートを適用するか、再運用を無視するかのいずれかである。例えば、日本銀行の現先オペでは、再運用レートを考慮しない取り決めである。

実際の現物債券先渡取引の大部分はレポ形式であり、満期が 3 カ月を超える取引はそう多くない。したがって、6 カ月ごとにクーポンが支払われる標準的な日本国債の場合、先渡満期前にクーポン支払いが発生しても、せいぜい 1 回である。ただし、OTC 取引であるから、理論的にはその債券の満期までレポ取引が可能である。したがって、債券先渡価格の一般公式は、

$$(P+a_0)\left(1+\frac{d_1}{360or365}r_{repo}\right)=FV+\sum_{i=1}^{n}C_i(1+r_it_i)+a_1$$

となる。当然のことながら、クーポンの再運用に関する利回り計算にも複数方式がある点に、注意が必要である。

先渡価格と先物価格の関係を解説する。本論で重点的に取り上げた外国為替

やユーロ資金貸借取引と、債券取引の大きな違いは、具体的な証券の存在である。外国為替やユーロ資金貸借取引では、まずディーラーによる口頭の合意がなされ、その後にバック・オフィスが、相互で締結された基本契約（Master Agreement）に基づいて、コンファーメーションを交換する。ここでは、特定可能な具体的な証券は存在しない。つまり、抽象的な貨幣のみが移転されるのである。ところが債券の場合は、具体的な証券が存在し銘柄を特定できる。とはいえ、具体的な証券といっても、すべての債券に物理的な証書が存在するわけではなく、大半は決済および証券保管システム上での電子的な存在である。ところが、先物取引所に上場する場合は、対象商品を標準化する必要がある。なぜなら、個別銘柄をそのまま上場したのでは、銘柄が多すぎて債券の需要が分散してしまい、取引集中機能という取引所のメリットが活かせないからである。そこで先物取引では、標準物という「架空の証券」を定義して、それを取引する。例えば、東京証券取引所に上場されている日本長期国債先物の場合、残存 10 年でクーポン 6% の架空の証券が売買の対象となっている。

取引集中機能を確保するために導入された標準物であるが、実際に存在する債券で、標準物のスペックに一致する債券は存在しないといってよい。したがって、現物債券と債券先物の間のアービトラージやヘッジを実行するには、当該現物債券が標準化された債券先物の何枚分に相当するのかを計算する必要がある。ここで登場するのが変換係数（Conversion Factor）という概念である。ここで、先物価格 F と、当該現物債券の先渡価格 FV との関係を変換係数 cf を導入して等号で結びつけてみる。

$$FV = F \cdot cf$$

簡単にいえば、変換係数とは上場された架空債券価格を 1 とした場合の交換比率である。例えば、残存が 10 年で、クーポンが 8% の現物債券があったと仮定すれば、その債券のキャッシュ・フローを、標準物の内部収益率 6% で割り引いてやると、

$$\sum_{i=1}^{20}\frac{\frac{0.08}{2}}{\left(1+\frac{0.06}{2}\right)^{i}}+\frac{1}{\left(1+\frac{0.06}{2}\right)^{20}}\cong 1.148775$$

となる。したがって、この現物債券を受け渡す場合は、先物価格に変換係数1.148775を掛けた価格が清算金額となるのである。ところが、変換係数で調整したとしても、先物と現物債券間での銘柄格差が完全に解消されるわけではない。ここで、債券先物取引では、受け渡し銘柄の選択権を先物の売り手側がもっているので、受け渡し可能な銘柄が多数存在する。それらの価値に格差があるとするならば、合理的な売り手は、受け渡し可能な銘柄の中でもっとも割安な銘柄を買い手に引き渡すに違いない。

そこで、銘柄格差を比較検証する。ここで、現実に先物の売り手が買い手から受け取る金額は、成約した先物価格 F にほかならない。一方、受け渡し用の現物債券の、取引時点での調達コストは、当該債券価格 P に変換係数 cf を乗じたものであるから、先物の売り手はこの差額がもっとも大きい銘柄を受け渡そうとするであろう。すなわち、

$$F \cdot cf - P \rightarrow Max$$

である。ここでディーラー間取引では、上の式の逆つまり、

$$P - F \cdot cf$$

をグロス・ベーシス（Gross Basis）と呼ぶ。グロス・ベーシスは外国為替市場における直先スプレッドである。つまり、グロス・ベーシスという観点から眺めると、受け渡し可能銘柄の中で、グロス・ベーシスが最小である銘柄がもっとも割安であるといえる。これを最安受渡銘柄（CTD：Cheapest to Deliver）と呼ぶ。

$$P - F \cdot cf \rightarrow Min \rightarrow P = Cheapest$$

ただし、グロス・ベーシスでは、キャリー・コストが無視されているので、

これを考慮したより正確なベーシス概念が定義されることもある。これをネット・ベーシス（Net Basis/Basis over Carry）と呼ぶ。先渡期間中にクーポン支払い日が存在しないもっとも単純な例では、満期までのキャリー・コストは、

$$(P + a_0)\left(1 + \frac{d}{360 or 365} r_{repo}\right)$$

である。先物の買い手からの入金金額は、

$$F \cdot cf + a_1$$

となる。そして、ネット・ベーシスは、

$$NetBasis = (P + a_0)\left(1 + \frac{d}{360 or 365} r_{repo}\right) - (F \cdot cf + a_1)$$

となる。

実のところ、債券先物と現物の割高・割安を分析する手法はもう１つ存在する。それはインプライド・レポ・レート（Implied Repo Rate）を利用する方法である。そもそもネット・ベーシスが存在するという事実は、理論先渡価格と現実の市場に歪みが存在していることを意味する。これは、外国為替先渡価格とユーロ資金貸借金利との関係と、まったく同じである。このことから、現実に成立している先物価格を与件としてレポ・レートを逆算し、実際のレポ・レートとの乖離を見ることも可能である。そこで、再びレポの一般公式に登場してもらうと、

$$(P + a_0)\left(1 + \frac{d_1}{360 or 365} r_{repo}\right) = FV + \sum_{i=1}^{n} C_i (1 + r_i t_i) + a_1$$

である。この式をレポ・レートについて解けば、

$$r_{IRR}=\left[\frac{FV+\sum_{i=1}^{n}C_i(1+r_it_i)+a_1}{P+a_0}-1\right]\frac{360or365}{d_1}$$

となる。

理論先渡価格 FV は、先物価格 F と対象となる債券の変換係数 cf を乗じたものであるから、

$$r_{IRR}=\left[\frac{F\cdot cf+\sum_{i=1}^{n}C_i(1+r_it_i)+a_1}{P+a_0}-1\right]\frac{360or365}{d_1}$$

となる。

ここでネット・ベーシスと比較してみると、ネット・ベーシスが「価格の差」を利用する分析であるのに対して、インプライド・レポ・レートが「価格収益の率」に着目していることが理解できよう。いずれの手法を採用しても、銘柄の割高・割安にはほぼ同じような結論を叩き出すのだが、対象銘柄のクーポン水準などの影響で割高・割安の順位付けが異なるケースもある。

先渡価格と先物の相違点はこれだけではない。まず先物には変動証拠金が必要となるので、債券先物の買い手は不利となる。これに関しては第 8 章で解説したとおりである。債券先物における売り手のメリットは、ほかにもある。受け渡し銘柄の選択権（Delivery Option）を握っていることである。この事実は、リバース・キャッシュ＆キャリーを実行しようとして、先物を購入したアービトラージャーにとって無視しえない不確定要因となる。なぜなら、先物の受け渡し日に、空売りした銘柄と同じ銘柄が、売り手から受け渡される保障がないからである。このように、債券先物では売り手側にいくつかのメリットが存在するので、調整が必要となる。

補足説明 7

デリバティブ損失事件の本質

デリバティブ取引が絡んだ損失事件は、創成期である 1980 年代にすでに発生している。歴史をさかのぼれば、1630 年代にオランダで発生したチューリップの球根の先物相場崩壊が有名である。ここでは、1980 年代以降の金融事件をいくつかピックアップして、その原因あるいは本質を解明してみる。

結論からいえば、デリバティブ取引が絡んだ損失事件の多くは、金融市場における急激な価格変化によって引き起こされた単純な損失事故や、市場の現実を無視したデリバティブ理論の適用である。

もともとデリバティブ取引は、不確実な将来の価格を回避（ヘッジ）するための金融取引である。価格変化による損失を回避するための金融取引が、市場の価格変化によって金融事故を引き起こすとはいったいどういうことなのか。結局、デリバティブが絡んだ損失事件も、ほかの金融損失事件と同様、相場の読み違えに起因しているのである。

A7-1）デリバティブ理論の現実適用の失敗

■株価下落

2018 年、ダウ工業 30 種平均株価は、史上初の出来事が 2 つあった。まず 2 月 5 日に 1,000 ドルを超える下落、そして 12 月 27 日には 1,000 ドルを超える上昇を経験した。ただし、これは変動幅であって、変動率ではないので、過去最大とセンセーショナルに報道されても、変動率からいえば、1987 年 10 月 19 日のいわゆるブラック・マンデーには遠く及ばない変動である。ブラック・マンデーの下げ幅は 508 ドルだったが、暴落直前の株価水準は 2,500 ドルから 2,700 ドル程度であるから、下落率では実に 22% 以上だった（図 **A7-1**）。

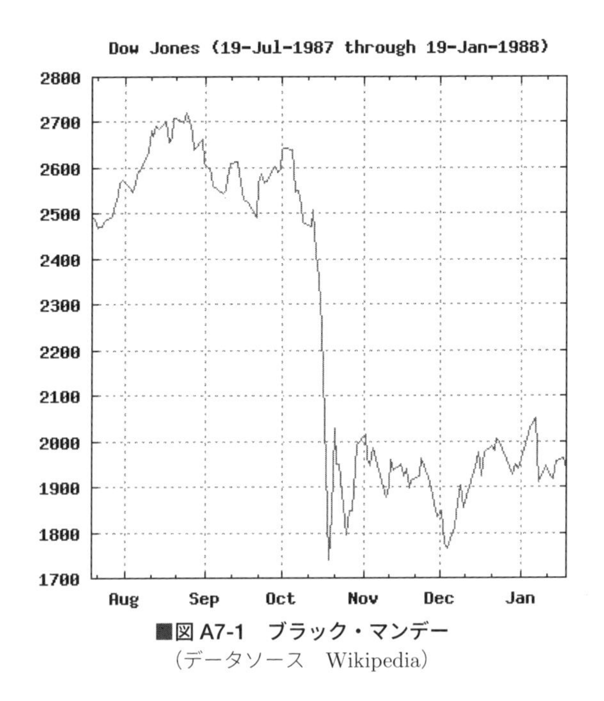

■図 A7-1　ブラック・マンデー
（データソース　Wikipedia）

この暴落は、直前までの数年間、持続的に上昇を続けた株式市場の調整と考えるには、あまりにも大きな下落率だった。世界大恐慌の引き金となった1929年10月24日の暗黒の木曜日の下落でさえ、12%程度だったからだ。今日、この急落の大きな原因は、ポートフォリオ・インシュアランスという投資手法であったとされる。ポートフォリオ・インシュアランスとはその字義どおり、自己の保有資産（ポートフォリオ）に保険を掛けるということである。この手法は、1980年代には、オプション理論が実際に現実で機能するのかという、実験的側面をもっていたとも考えられる。

保有資産を、オプションを利用して価格下落時の損失をヘッジするには、プット・オプションを購入する。いわゆるプロテクティブ・プットという戦略であり、オプション理論の恒等関係である、プット・コール・パリティーを利用した、教科書的でスタティック（静的）なヘッジ戦略である。

しかしながら、十分な流動性をもったオプション市場は、外国為替市場のようなきわめて一部の市場にしか存在しない。オプション理論に基づけば、対象資産をデルタ分だけ売買することによって、疑似的にオプションを複製することが可能である。この複製手法は、デルタの数値が変化するごとに、保有資産をダイナミックに売買するのでデルタ・ヘッジと呼ばれる。

株価下落時の損失を回避するには、理論上は、株価をデルタ分だけ売却すればよい。しかし、市場参加者の多くが、同じ手法を採用している場合は、売りが売りを呼び、株価下落スパイラルに陥ることになる。例えていえば、大海から狭い入り江に紛れ込んだ鯨がジャンプしたような事態である。さらに、対象資産の変動で、デルタが「連続的」に変化するのに対応して、ヘッジも「連続的」に実行されることが、オプション理論の考え方である。しかし、連続的な売買は現実には不可能であり、また市場の流動性にも限界があるという教訓が市場参加者の胸に刻まれた。狭い入り江と巨大な鯨という事態は、しばしばデリバティブの巨額損失の原因となる。最近では、2012 年 5 月に明らかになった、JP モルガン・チェース銀行ロンドンの CDS 取引に絡んだ損失である。ここで狭い入り江は、CDS 市場であり、巨大な鯨が JP モルガン・チェース銀行（の運用担当イクシル氏）である。取引の詳細は明らかではないが、最終的には約 60 億ポンドの損失であったといわれている。

■永久変動利付債

永久変動利付債（Perpetual Floating Rate Note）を取り上げてみよう。永久債の歴史は古い。現在でも、英国にはコンソール公債と呼ばれる永久債が存在する。1980 年代のユーロ・ボンド市場は、デリバティブ理論の実験の場でもあった。ユーロ・ボンド市場では、通貨スワップやオプションを内包したさまざまな仕組債が発行された。これらの仕組債は、単純な固定利付債のクーポンではなく、基本的には LIBOR に連動した変動利付債（Floating Rate Note）であった。その中で、永久変動利付債市場は、瞬く間に拡大し、崩壊したという意味で、金融事件といえるだろう。

永久変動利付債の構造は単純である、利払い更新日ごとに LIBOR プラス・スプレッドが支払われるのである。ここで日系金融機関を中心にして、永久変動利付債を発行して資金調達し、永久変動利付債で運用すれば、永久に一定の利鞘が享受できることに目をつけた。例えば、LIBOR+1/8 で調達し、LIBOR+1/4 で運用すれば、永久に 12.5 bp（1/8）の利鞘を獲得できるからである。しかし、LIBOR スプレッドが異なるということは、デリバティブ理論の基本原理から考えると、永久変動利付債の発行体の信用力が異なることを意味しているわけであるから、結局は信用リスクと引きかえに利鞘を獲得していることにほかならない。また銀行発行の永久債は、当時自己資本の一部だったので、その永久債をほかの金融機関が保有することは、自己資本の持ち合いというシステミック・リスクをはらんでいることになる。この事実に気づいたイングランド銀行は、監督下にある金融機関が、ほかの金融機関の長期債券を保有している場合は、それを自己資本とみなさないと決定したのである。このイングランド銀行の決定を受けて、1986 年から 1987 年にかけて永久変動利付債市場は、あえなく崩壊した。永久変動利付債の保有者の大半は、日系金融機関だったといわれている。

A7-2）不可能な三位一体政策

近年、資本主義システムやグローバル経済への懐疑が台頭し、自国第一主義を掲げる政治家や、彼らの政策に共感する国民も増えているように思われる。自国第一主義の徹底の先に待っているのは、経済のブロック化である。しかしながら、今日の国際経済は、すでに複雑な相互依存関係で成り立っているので、完全なブロック経済を夢想するのは、非現実的であることは明白である。グローバル化した経済では、国内で完結できる金融政策は存在しないといっても過言ではない。

ところで、しばしば指摘されるように、グローバル化した開放経済を前提とした一国の金融政策は、解決不可能な経済理論的問題点をはらんでいる。開放経済では、国家間の資金移動が自由でなければ企業の経済活動は大きな制約を受ける。同時に 2 か国間の為替レートが大きく変動してしまえば、企業の経営戦略や予算を狂わせてしまう。一方、各国の政府は、自国の経済を持続的に安定・成長させるために、財政政策だけではなく金融政策を駆使しなければならない。この場合、各国の国内経済事情は異なるので、できるだけ他国から独立した金融政策が必要となる。

ところが、「自由な資金移動」「為替レートの安定」「独立した金融政策」という3つの目的をすべて達成することはできない。すなわち、3つの目的のどれかを犠牲にしなければならない。これを「国際金融のトリレンマ」あるいは「不可能な三位一体（Impossible Trinity）」と呼ぶ。理論的帰結として、国家政策担当者が、3つの目的がすべて満たされるような国民迎合的な経済政策を採用すれば、それは理論的には実行が不可能なので、いずれはほころびを露呈することになる。

経済政策の三位一体が破綻した象徴的な出来事が、1992年9月に起こった英国のポンド危機である。当時ヨーロッパには、共通通貨ユーロの準備段階として、欧州通貨メカニズム（ERM）という制度が存在していた。誤解を恐れずにいえば、これはヨーロッパ最強通貨マルクを基準にした固定相場制である。すなわち欧州通貨メカニズムに参加することは、3つの目的の1つ「為替レートの安定」を実現したことにほかならない。ところが、英国のサッチャー政権は、欧州通貨メカニズムに参加した上に、「自由な資金移動」と「独立した金融政策」も変えなかった。

クオンタム・ファンドのジョージ・ソロス（J. Soros）は、この矛盾に着目して1992年9月に外国為替市場で、大量のポンドを売却した。ここに介入したのが、英国中央銀行（イングランド銀行）だった。このヘッジ・ファンド対英国中央銀行の戦いの結果、英国中央銀行はポンド相場を支え切れず、9月17日には欧州通貨メカニズムから脱退することになった（**図A7-2**）。

英国中央銀行の介入額は、日本円に換算して3兆円程度であったといわれているので、ジョージ・ソロスの率いるクオンタム・ファンドは、ポンドの売却に際して、通貨関連のデリバティブ取引を利用したであろうことは想像に難くない。しかしながら、事件の発端は、ここでもデリバティブ取引ではなく、矛盾した経済政策だった。皮肉なことに、当初ブラック・ウェンズデイと呼ばれた1992年9月16日は、その後の英国経済回復の起点となったので、ホワイト・ウェンズデイとも呼ばれている。その後に発生したアジア諸国の通貨危機も、その原因は「国際金融のトリレンマ」すなわち、不可能な経済政策を実

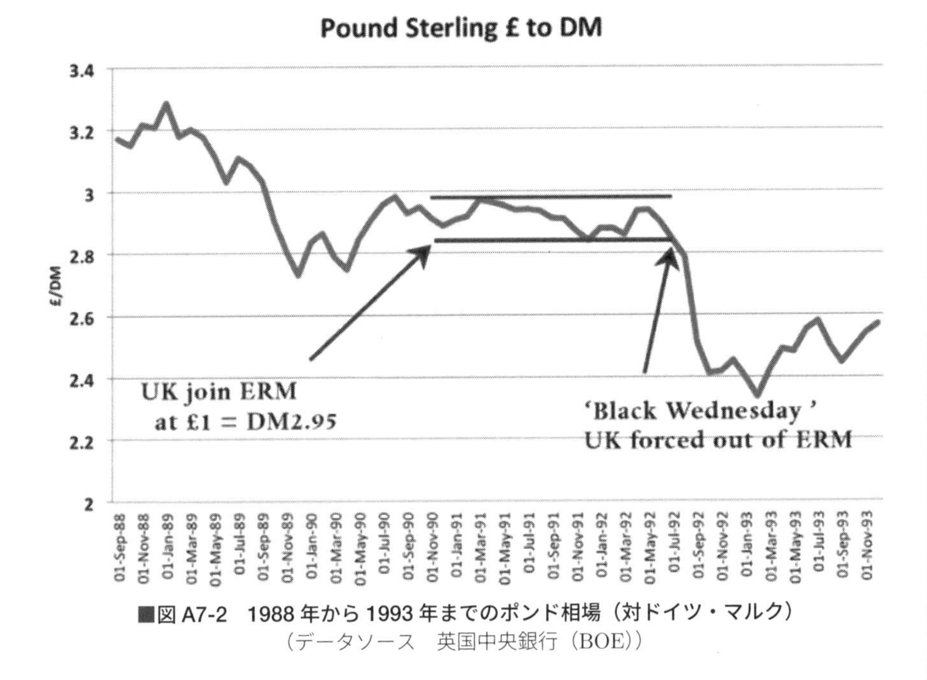

■図 A7-2　1988 年から 1993 年までのポンド相場（対ドイツ・マルク）
（データソース　英国中央銀行（BOE））

施した代償だったと考えられる。

A7-3）常軌を逸したデリバティブ取引

1990 年代は金利関連のデリバティブ理論が急速に発展し、それに伴った複雑なデリバティブ商品が登場した。ここでは複雑なデリバティブ取引が起こした 2 つの事故を紹介・解説する。これら 2 つの事故は、ともに 1993 年から連邦準備制度理事会が段階的実施した利上げ政策が影響した。つまり、原因は金利予想の読み違えである。ただし、単純なデリバティブ事故とは違って、債券に複雑な仕組みが内包された取引なので、デリバティブ取引を理解する上で重要だと思われる。

図 A7-3 のグラフは、1992 年から 1996 年の米国短期政策金利（Fed funds target rate、政策金利）と長期金利（10Y TSY yield、10 年満期の財務証券利回り）である。このグラフを念頭においた上で、これから紹介する 2 つの金融事故を考えてみよう。

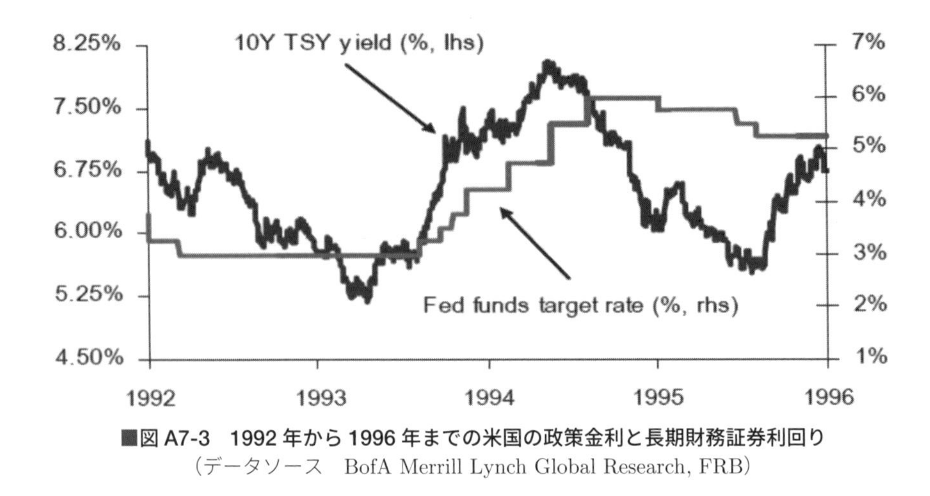

■図 A7-3　1992 年から 1996 年までの米国の政策金利と長期財務証券利回り
（データソース　BofA Merrill Lynch Global Research, FRB）

オレンジ郡破綻事件は、たった一人の会計担当官（我が国の市における収入役）が郡の財政を破綻させたという意味では、きわめて興味深い事件である。またこの事件は、デリバティブ取引の投資家側であるオレンジ郡の会計担当者が、積極的にデリバティブを投機商品として利用した形跡がある。アメリカ合衆国の郡の会計担当者は、形式的には我が国の市町村における収入役に相当するが、実質的には投資運用会社のファンド・マネジャーの役割を担っていると考えていいだろう。したがって、自己の運用成績が投機的な取引の動機となった可能性も否定できない。

オレンジ郡の会計担当者シトロンは、ドル金利のさらなる低下を期待し、リバース・フローターによる資金運用をした。いまいちど第 5 章に立ち返って、リバース・フローターのキャッシュ・フロー構造をチェックしてみよう（**図 A7-4**）。

これは、単純な固定利付債と同じ想定元本の金利スワップの固定金利のレシーブ（受け）が合成された仕組債だから、クーポン水準は普通の固定利付債の 2 倍となり、その見返りとして短期金利（例えば LIBOR）を支払う契約である。

したがって、金利が低下すれば、普通の固定利付債の 2 倍クーポンを享受（ただし変動金利は支払い）できることは第 10 章で説明したとおりである。

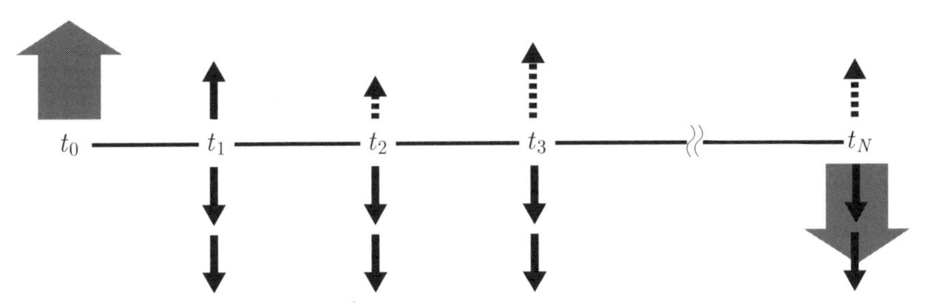

■図 A7-4　もっとも単純なリバース・フローターのキャッシュ・フロー

すなわち、このポジションの元本が1億ドルの場合は、実質的には2億ドルの固定利付債を運用している場合と同じ経済効果をもたらす。

それでは実際のクーポンを見てみよう。インバースとリバースは同じ意味である。

[インバース・フローティング・ノートの実例]

発行条件：

- 額面　　　　100万ドル
- 満期　　　　2年
- クーポン　　12.77%－2×LOBOR(6M)
- 金利更改　　半年
- 最低クーポン　0%

（日生基礎研調査月報1995年9月、乾孝治「デリバティとの共存」より）

このケースでは変動金利（LIBOR）の2倍となっているから、元本100万ドルで300万ドルの固定利付債を運用していることになる。

シトロンの任された公的運用額は、70億ドル程度だったといわれている。シトロンは、レポ取引を利用して200億ドルを超える短期資金調達をした。簡単にいえば、短期的な借金を投資したのである。レポ取引は、一見、保有する債券（多くはその国の国債）を担保にして資金を借り入れる、「安全な」取引のように見える。しかし、この資金を短期的な相場に賭けるデリバティブ取引の証拠金に利用すれば、借入資金の数倍の想定元本のデリバティブ・ポジションを保有することができる。

オレンジ郡破綻の加速要因となった、レポ取引とデリバティブ取引という組み合わせは、その後も活用された。この場合、主役は伝統的な商業銀行ではなく、今日ではシャドウバンクとして一括・総称される商業銀行以外の金融機関である。2007 年以降の金融危機の主因も、ヘッジ・ファンドや投資銀行といったシャドウバンキングであると指摘され、OTC デリバティブ取引と同様に取引規制が強化されている。例えば、アメリカ合衆国では、国際金融危機後に OTC デリバティブ市場改革だけでなく、レポ市場改革を実施した。アメリカ合衆国は、これまでの巨額損失を引き起こした原因の 1 つが、レポ取引を利用したレバレッジ投資であることを問題視していた。そこで、これまで野放図であった、トライパーティー・レポ（第 3 者レポ、Tri-Party Repos）による日中与信額の制限を、与信元であるクリアリング・バンクに要求した。この影響で、2007 年には 5 兆ドル程度の規模であった財務証券レポ市場は、数年後には約 3 兆ドルに縮小した。今日ではトライパーティー・レポのクリアリング・サービスは、JP モルガン・チェース銀行とバンク・オブ・ニューヨーク・メロン銀行の 2 行だけが行っている。

オレンジ郡の破綻と同時期に、訴訟事件にまでなった事件が、バンカース・トラスト銀行がギブソン・グリーティング社や P&G（プロクター＆ギャンブル）社に販売した、奇妙な（エキゾティック）クーポン構造の仕組債だ。この事件の影響で、当時最先端の金融技術を誇っていたバンカース・トラスト銀行は信用を失い、結果としてドイツ銀行に吸収された。

ここでは、P&G 社がバンカース・トラスト銀行と契約したスワップの取引の実例を検証しよう。実データの入手が困難であったので、D. Smith "Aggressive Corporate Finace"（The Journal of Derivatives, July 1997）に依拠して解説する。**図 A7-5** が、P&G 社とバンカース・トラスト銀行が締結した金利スワップの一例である。

この金利スワップは P&G 社が 5 年間にわたって、半年ごとに固定金利 5.3% を受け取り、変動金利を支払う取引である。標準的な金利スワップでは、変動金利は LIBOR ±スプレッドだが、この取引ではスプレッドの計算が

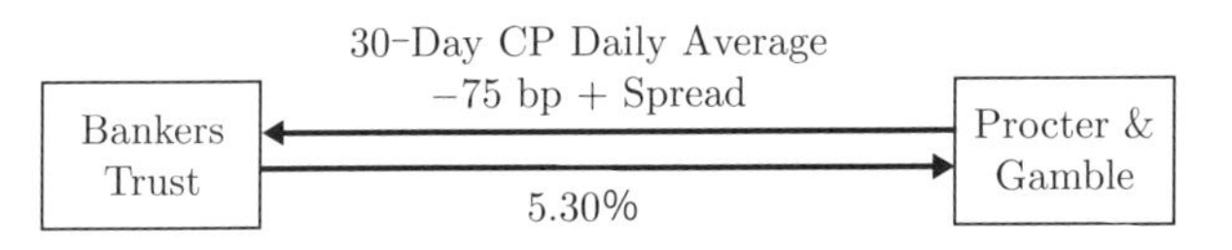

■図 A7-5　P&G 社とバンカース・トラスト銀行の金利スワップ契約

複雑になっている。30 日物 CP レートというのは優良な一般企業が発行できる短期証券だから、その平均値からマイナス 75 bp というレートは、固定金利 5.3% と比べるときわめて有利な金利に見える。問題はスプレッドである。スプレッドの計算式は次のとおりである。

変動金利側のスプレッド計算式

$$Spread = \max\left(0, \frac{98.5 \times \dfrac{5\text{-}year\,CMT}{0.0578} - (30\text{-}year\ TSY\ Price)}{100}\right)$$

5 年 CMT は、金利が見直される時点で指標となる 5 年物米国財務証券の「利回り」、30 年 TSY は、満期 2023 年の 30 年物米国財務証券の「価格」である。「利回り」と「価格」を意図的に混在させて、投資家の理解を難しくしているクーポン構造であるといってもよい。

次は、1993 年 11 月 2 日時点でのスプレッドである。

1993 年 11 月 2 日のスプレッド

$$\frac{98.5 \times \dfrac{0.0502}{0.0578} - 102.57811}{100} \cong -0.1703$$

スプレッド計算式はゼロ以下は無視されるので、この時点での変動金利は通常の CP レートのさらにマイナス 75 bp という、きわめて P&G 社に有利なものである。

次に、6 カ月後の 1994 年 5 月 4 日時点でのスプレッドを見てみよう。

1994年5月4日のスプレッド

$$Spread = \max\left(0, \frac{98.5 \times \frac{0.0671}{0.0578} - 86.84375}{100}\right)$$
$$\cong +0.2750$$

6カ月後のスプレッドは、27.5%（2,750 bp）という破壊的な金利になっている。つまり、P&G社は5.3%の固定金利を受け取る代わりに、20%以上の変動金利を支払うことになったのである。

スプレッド式を見てみると、5年金利と30年金利の差でスプレッドが決定されていることがわかる。ここで、1994年5月6日の5年物財務証券の利回りは6.76%、30年物のそれは7.38%である。したがって、単純な金利差は62 bpでしかない。ところが、このスプレッド式は、価格差を100で割っている。つまり、金利差に見せかけた、満期の異なる債券の価格差のスプレッドだったのである。

一般事業法人であるP&G社が果たして、この計算式の意味をしっかり理解した上で取引したのか、はたまたバンカース・トラスト銀行の説明不足であったのか、これが訴訟にまで発展したデリバティブ事件である。

（画像および数値例はD. Smith "Aggressive Corporate Finace"（The Journal of Derivatives, July 1997）より転載）

A7-4）アービトラージという名のスペキュレーション

私たちはしばしば「名は体を表す」という。しかしながら、「ヘッジ・ファンド」という名前は、それとは正反対であるかもしれない。第1章で解説したように、厳密な意味でのヘッジとは、保有資産と正反対のデリバティブ取引によって、将来の損失を回避する行為である。

初歩的な解説では、ヘッジ・ファンドは相場が上昇しても、下落しても収益が上がる戦略をとっているとされる。19世紀まで科学者たちが夢想した永久機関と同様、それは不可能である。

ヘッジ・ファンドの投資戦略は、多用である。例えば、ソロスのクオンタム・ファンドはマクロ経済の矛盾を突く（グローバル・マクロと呼ばれる）。それに対して、価格変動の類似した 2 つの金融商品の一方を買い（ロング・ポジション）、もう一方を売る（ショート・ポジション）というスプレッド戦略をとる手法を、アービトラージ型と呼ぶことがある。この投資戦略が、利益を生み出すには、2 つの金融商品のスプレッドが、期待どおりに拡大したり、縮小したりする場合である。結局、スプレッド戦略は、言葉の正しい意味で、アービトラージではなく、スプレッドの拡大・縮小に賭けるスペキュレーション（speculation、投機）であるといえる。

再び、第 11 章で掲示した、LTCM が破綻時の、10 年物米国財務証券利回りと 10 年物の米ドル金利スワップの時系列を再掲する（図 **A7-6**）。1998 年 7 月までは両者は 50 bp から 60 bp 程度で安定的に推移していたスプレッドが、1998 年 8 月以降突然拡大している。

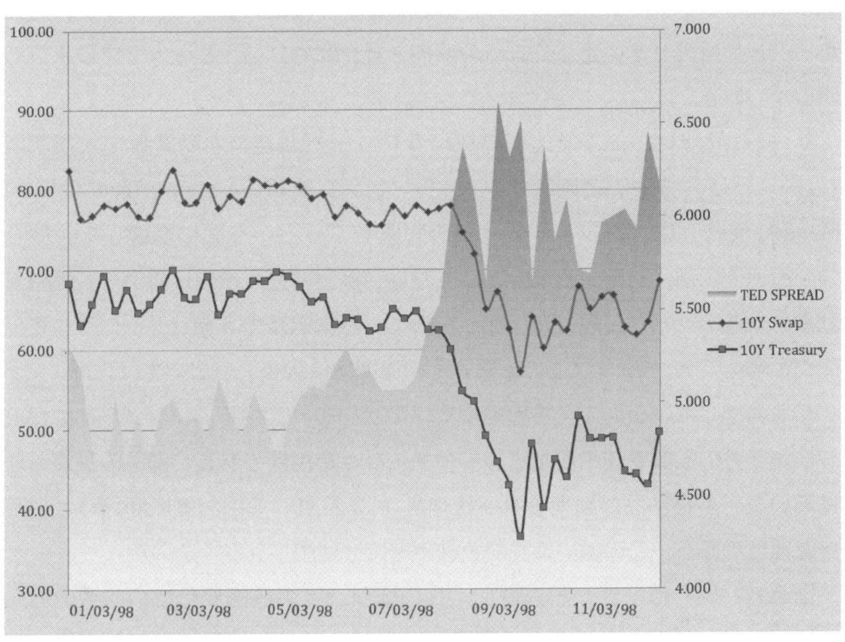

■図 A7-6　1998 年 8 月のロシア財政危機の際の TED スプレッドの拡大（再掲）

まず教科書的な、米国財務証券と金利スワップのスプレッド取引の解説をしてみよう。金利上昇を期待（あるいは懸念）する顧客の金利スワップのペイ（固定金利の払い）ポジションのカウンターパーティーとして、取引先の金融機関は、金利スワップのレシーブ（固定金利の受け）のポジションをとる。しかし、ヘッジをしなければ、金利上昇によって、金融機関は損失を被ってしまう。そこで金融機関は、金利上昇のリスクを回避するために、金利スワップのレシーブ・ポジションの 1 次的なヘッジとして、同じような金利変化をする財務証券を利用する（図 A7-6）。この場合は、財務証券の現物売買市場の空売りで対処する。この空売りを可能にする市場が、財務証券レポ市場である。

1998 年 8 月 17 日、ロシア中央銀行は対外債務の 90 日間の支払い停止を宣言した。これを受けて大量の資金がロシアから流出し、ルーブルは暴落した。いわゆるロシア財政危機の始まりである。もしヘッジ・ファンドが、信用力のもっとも高い米国財務証券のショート・ポジション（売り）とロシア国債のロング・ポジション（買い）というスプレッド戦略をとっていた場合、通貨ルーブルの暴落とあいまって、その損失は計り知れないことは火を見るよりも明らかである。

マートンとショールズという 1997 年のノーベル経済学受賞者 2 人が所属し、ドリーム・チームと呼ばれたヘッジ・ファンド LTCM（Long Term Capital Managament）は、ロシア財政危機の影響でアッという間に崩壊した。彼らは、市場変動が（対数）正規分布に従わない事実は重々承知していた。価格変動率の対数の分布が正規分布に従うならば、標準偏差の 3 倍（3 シグマ）をリスクと考えても、99% 以上の確率でその範囲内に入る。LTCM は、ファットテイルを考慮して、6 シグマを想定していたといわれている。6 シグマとは、モトローラ社の品質管理の理念として有名になった用語である。部品の品質管理において、不良部品が製造される確率を 100 万回に 3 回程度に抑えるという企業理念である。この謳い文句が金融市場には通用しなかったのだ。

図 A7-7（a）は、ドル円為替レートの取引ごとの価格変化率の対数の分布と正規分布を比較したグラフである。（b）は y 軸を対数軸にして価格変動幅を見やすくしたグラフである。x 軸は標準偏差である。このグラフのデータ数

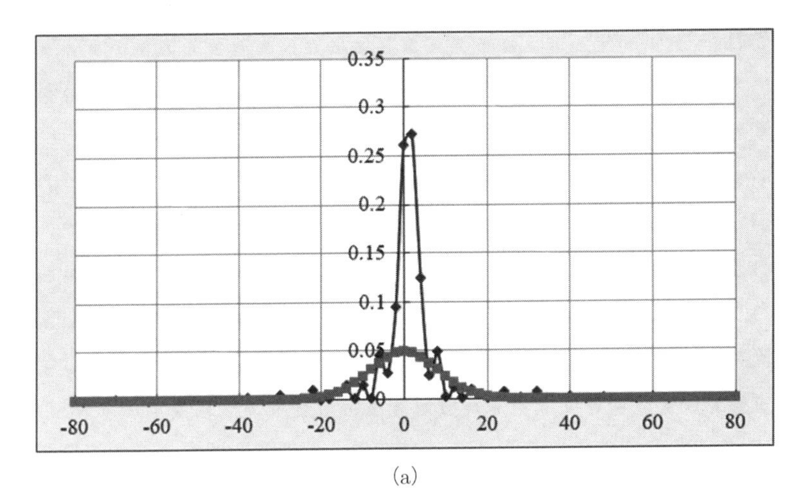

(a)

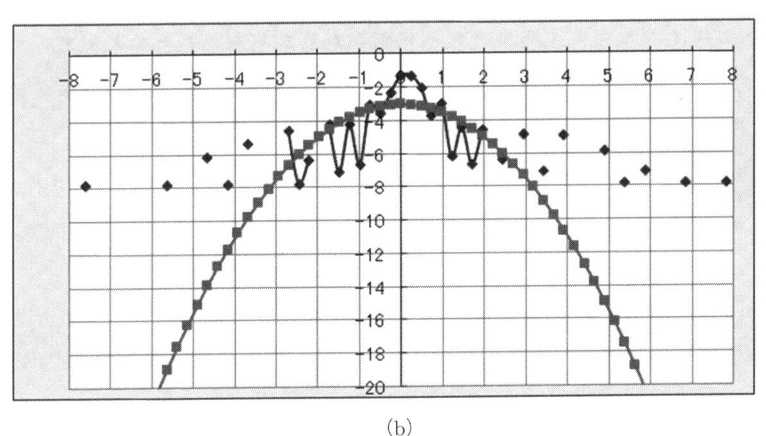

(b)

■図 A7-7　対数の分布と正規分布

は、わずか 2,500 程にすぎない。

そのような少数のデータでも、6 シグマ以上の価格変動が数回発生していることを確認できる。しかも、このデータは平時の市場における数時間の価格変動である。

A7-5）繰り返されるデリバティブ巨額損失事故

2000 年以降に発生したデリバティブ巨額損失事故も、その原因の多くは、それまでの事故と同じだといえる。ただし、これまで間接的・2次的とみなされ、本格的なモデル化がされてこなかったリスクが、世界経済を揺るがすことになった。それは、カウンターパーティーの信用リスク（CCR：Counterparty Credit Risk）に関する、見積もりの甘さであった。最近のOTCデリバティブ市場の規制強化は、CVA（Credit Valuation Adjustment）に代表される評価調整全般（XVA）の精緻化や、CCP（Central CounterParty）によるカウンターパーティー信用リスクの削減が目的である。そのような規制強化の流れにあっても、昔から変わらないデリバティブ巨額損失事故はたびたび発生している。まさに歴史は繰り返すといってよい。過去10年を振り返ってみても、例えば、2012年4月に発覚した、JPモルガン・チェース銀行ロンドン支店のCDSによる損失は、信用力の高い企業もCDSのショート、低い企業のCDSのロングというスプレッド取引が原因であったといわれている。LTCMがとった戦略に類似していることはいうまでもない。「ロンドンの鯨」として有名な損失事故である。取引の詳細が明らかでないので、具体的な分析はできないが、マスメディアで報道されるような、高度で複雑なデリバティブ取引による損失ではなく、相場の読み間違えや、流動性を無視した、単純なデリバティブ取引による巨額損失であったのではないかと推測できる。

我が国の投資家に関する、デリバティブ事故の場合は、相対的に低い円金利投資を避けて外国通貨に投資したケースが多い。これはプラザ合意（1985年9月22日）以降、何度も繰り返された。基本的には外国為替相場の読み間違えである。最近では、リーマン・ショックの影響による円高で、多くの投資家が損失を被ったことは記憶に新しい。報道で明らかになった事例では、一般事業ではサイゼリア、学校法人では駒沢大学や慶應義塾大学が有名であるが、潜在的には多数の投資家が損失を被っているのが事実である。2018年、話題になった、元日産会長のゴーン氏の資産運用会社の損失も同様である。

図A7-8は、横浜市がWeb上で公開している、2011年3月時点で外郭団体が保有している仕組債券の一部である。購入時期が2001年度から2010年度までであるから、当時流行の外国為替連動型の仕組債が大半なことがわかる。

■外部団体仕組債保有状況

※格付は原則、スタンダード・アンド・プアーズ（S&P）

団体名	発行体等	格付		購入年月日	期間	貸借対照表価額（千円）
		取得時	H24.3			
公益財団法人横浜市国際交流協会	ノルウェー輸出金融公社	AA+	BB+	H14.11.14	20年	100,000
	ノルウェー輸出金融公社	AA+	BB+	H15.8.27	20年	100,000
	フィンランド地方金融公社	AAA	AAA	H20.1.22	30年	100,000
					小計	300,000
公益財団法人横浜観光コンベンション・ビューロー	横浜市（平成19年度第15回事業公債）	AA−	AA−	H20.5.28	20年	100,000
	デンマーク地方金融公社	AAA	AAA	H15.3.20	30年	77,278 額面【100,000】
	フィンランド地方金融公社	AAA	AAA	H20.9.16	30年	200,000
	国際金融公社	AAA	／	H20.10.22	30年	95,698 額面【100,000】
	ドイツ復興金融公庫	AAA	／	H22.10.14	25年	97,621 額面【100,000】
					小計	570,597
株式会社横浜インポートマート	三菱東京UFJ銀行為替ターン（継続判定特約付）自由金利型定期預金	A	A+	H18.3.30	20年	500,000
	JPモルガン・インターナショナル・デリバティブズ	AA	A+	H19.7.25	30年	200,000
	大和証券エスエムビーシー（株）	A	※BBB	H20.3.12	30年	200,000
					小計	900,000
財団法人木原記念横浜生命科学振興財団	ノルウェー輸出金融公社	AA+	BB+	H18.8.24	30年	64,740 額面【100,000】
	スウェーデン地方金融公社	AAA	AAA	H18.8.24	30年	72,860 額面【100,000】
					小計	137,600
社会福祉法人 横浜市社会福祉協議会	ノルウェー地方金融公社	AAA	AAA	H16.9.14	30年	500,000
	スウェーデン地方金融公社	AAA	AAA	H17.1.11	30年	100,000
	横浜市（平成19年度第15回事業公債）	AA−	AA−	H20.5.28	20年	500,000
	国際復興開発銀行	AAA	／	H20.7.17	30年	100,000
					小計	1,200,000
公益財団法人横浜市緑の協会	アビー・ナショナル・トレジャリー・サービス・ピーエルシー	Aa2	A1	H13.12.20	30年	150,000
	国際金融公社	AAA	AAA	H14.2.4	30年	100,000
	国際金融公社	AAA	AAA	H14.5.8	30年	300,000
	ニューサウスウェールズ州財務公社	AAA	／	H21.6.12	30年	83,060 額面【100,000】
					小計	633,060

■図 A7-8　横浜市が公表している外郭団体の仕組債保有状況

（データソース　横浜市）

補足説明

2012年以降は円安・株高に転じたため、CDS連動（クレジット・リンク）債や株価連動債の需要が増大した。ここ数年は、マイナス金利政策の影響によって、地方金融機関をはじめとする資金運用難に悩む投資家は、再び外貨建て運用を増やしている。投資開始時点での外国為替水準にもよるが、再び100円/ドル以上の円高になれば、保有外貨建て債券の損失が大きな問題となるであろう。

補足説明 8

金融情報技術の発展とデリバティブ市場

デリバティブの理論的フレームワークである数理ファイナンス理論は、1970 年代後半に確立された。数理ファイナンスの実務適用が、いわゆる金融工学（FT：Financial Technology）である。しかしながら、デリバティブ理論の全面的な実務適用には、情報技術（IT：Information Technology）の発展を待たなければならなかった。

1980 年代後半に始まるデリバティブ市場の急拡大は、まさに情報技術の発展と表裏一体であった。1990 年以降、マイクロソフト社（Microsoft）の OS（Operating System）である Windows の利用が、ディーリング・ルームでも支配的となり、それまで専用端末でしか入手できなかった金融情報ベンダーの価格情報が、スプレッドシートにリンクできるようになった。

1990 年代後半には、「ニュー・エコノミー」の名のもとに、Web 技術を利用した金融技術革新が始まるかに見えたが、エンロンやワールドコムの不正会計事件によって、いわゆるインターネット・バブル（ドットコム・バブル）は崩壊した。これら一連の不正会計事件は、企業の内部統制のさらなる徹底を促し、米国では 2002 年 7 月の「上場企業会計改革および投資家保護法」（Public Company Accounting Reform and Investor Protection Act of 2002）、いわゆるサーベンス・オックスリー法（The Sarbanes-Oxley Act）が成立した。内部統制を徹底すると、デリバティブ取引の実務家の生命維持装置ともいえる、スプレッドシートのエンド・ユーザー・コンピューティングの属人化リスクも問題となる。

2007 年夏のパリバ・ショックに始まる（サブプライム問題に端を発する）国際金融危機以降は、フィンテック（FinTech）と呼ばれる分野が注目を浴びている。フィンテックは、いまだにその定義も、それがカバーする領域も整理されているとはいいがたいが、1980 年代の金融技術（FT）優位とは異なり、情報技術（IT）が発展の起爆剤になっているのは間違いない。そこには金融業界だけでなく、いわゆるデジタル・トランスフォーメーション（DX：Digital Transformation）という産業全体にかかわる、後戻り不可能な情報技術発展の流れが存在するように思われる。

A8-1）金融技術優位の1980年代

金融工学の理論的基礎である数理ファイナンス（Mathematical Finance）の分野では、1970年代後半にハリソン（M. Harrison）、クレプス（D. Kreps）、プリスカ（S. Pliska）らによって、裁定メカニズムに関する、数学的条件が厳密に定義された。誤解を恐れずにいえば、デリバティブの理論的基礎は、この時点で確定され、1つのパラダイムが成立したのである。しかしながら、実務における適用には、計算技術の進化を待つよりほかに手がなかった。国際金融市場の1980年代は、情報技術が金融技術（FT：Financial Technology）を後追いするかたちで経過したのである。

例えば、1980年代のオプション・プレミアムや金利スワップの計算には、ヒューレットパッカード社のHP-12と呼ばれる計算機が利用された（図**A8-1**）。HP-12は、ユーザーがプログラミング可能な高性能な電卓で、オプション・ディーラーは、HP-12にブラック・ショールズ・モデルをインプットして取引をした。

■図A8-1　HP-12
（画像提供　ヒューレットパッカード社）

最初のスプレッドシートは、煩雑な確定申告計算用に 1979 年に開発されたビジカルク（Visicalc）だといわれている。やや遅れて発売されたロータス 123（Lotus 1-2-3）は、IBM 社とのタイアップ戦略で、アップル社依存のビジカルクを凌駕した。

スプレッドシート計算では、数値を入力したセルだけでなく、数式を入力したセルも参照できる。この機能によって、複雑な数式の分解と統合が可能になり、デリバティブ・プライシング業務の効率は飛躍的に向上した。

FX Option Pricing

	Today	2016/11/8	2016/11/8	USD Cash	JPY Cash	FX Market	JPY Cash	Absulute Level
	T+1						FX Implied	
	Spot	2016/11/10	2016/11/10			104.85		
	T+3			2.53500%	0.03500%	-0.73		104.84
	1W	7	2016/11/17	2.57438%	0.03625%	-5.15	0.04951%	104.80
	2W	14	2016/11/24	2.60063%	0.03750%	-10.50	0.02292%	104.75
	3W	21	2016/12/1	2.67532%	0.03813%	-16.22	0.01922%	104.69
1	1M	30	2016/12/10	2.75000%	0.03875%	-26.12	-0.24626%	104.59
2	2M	61	2017/1/10	2.84688%	0.04500%	-49.50	0.04726%	104.36
3	3M	92	2017/2/10	2.95875%	0.05125%	-77.23	0.05489%	104.08
4	4M	120	2017/3/10	3.02813%	0.05438%	-106.35	-0.04550%	103.79
5	5M	151	2017/4/10	3.11688%	0.06125%	-134.55	0.01745%	103.50
6	6M	181	2017/5/10	3.20000%	0.06375%	-165.30	0.01390%	103.20
7	7M	212	2017/6/10	3.27000%	0.07000%	-198.00	0.00151%	102.87

Term	1W	1M	2M
FX Spot	104.85	104.85	104.85
Delta Neutral Strike	104.808	104.622	104.424
t	0.019178	0.082192	0.167123
d	7	30	61
JPY Cash Rates	0.0495%	-0.2463%	0.0473%
Day Count Basis	360	360	360
r d	0.050%	-0.250%	0.048%
USD Cash Rates	2.5744%	2.7500%	2.8469%
Day Count Basis	360	360	360
r f	2.609%	2.785%	2.879%
v	9.75%	8.85%	8.90%
Ln(S/K)	0.0%	0.2%	0.4%
(r-r+(v^2)/2)*t	-0.040%	-0.217%	-0.407%
v*t^0.5	1%	3%	4%
d1	0.000	0.000	0.000
d2	-0.014	-0.025	-0.036

■図 A8-2　スプレッドシートを利用した外国為替オプション・プライシング

また、電卓と違って、スプレッドシート上に多数の計算結果を同時に表示することでき、複数の金融取引を同時に執行するトレーディング業務には不可欠な計算ツールとなった。

スプレッドシートの登場は、1980年代におけるデリバティブ業務に大きな役割を果たしたが、依然として計算技術の未発達による、理論と実装のギャップが存在した。例えば、ヨーロピアン・オプションのプライシングにおいて、現在でも頻繁に利用されているブラック・ショールズ・マートン・モデルは、解析モデル（Analytical Model）と呼ばれ、微分方程式の解法を利用して解くことができる。いったん解析解が導出されてしまえば、モデルの意味を理解できなくても解を導くことができる。

しかしながら、解析解の存在するデリバティブ取引は、ほんの一部でしかないことは、本書で見て来たとおりである。計算技術の発達した今日では、モンテ・カルロ・シミュレーションや有限差分法といった数値計算法（Numerical Method）が簡単に利用できるが、1980年代では、コストと計算時間のどちらをとっても、到底デリバティブ業務に適用できる段階ではなかった。このような実務適用上の制約の中で、本来解析的には解けないモデルの近似的な公式を導いて、電卓やスプレッドシートに入力可能にする努力も行われた。その代表例が、1987年のバローネアデシーとワーレイのアメリカン・オプションの解析近似（The Barone-Adesi Whaley Approximation）である。

A8-2）1990年代におけるトレーディング・ルームの革新

情報技術（IT：Information Technology）の世界では、1980年代後半から、大型コンピューターのダウンサイジングが進行し、その後釜（あとがま）として登場したのが、小型コンピューター（PC）をクライアントとサーバーとに使い分ける方式であった。

マイクロソフト社のオペレーティング・システム（OS）Windowsが、この方式に生命を吹き込んだ。これまで、金融情報ベンダーやインター・ディーラー・ブローカーが、独自に開発した専用端末（図 **A8-3**）を経由してしかモニターできなかった価格情報が、クライアントPC 1台で同時閲覧できるようになったのである。金融情報配信（いわゆる金融情報ベンダー）の分野で、クライアント・サーバー方式のサービスの先陣をきったのはロイター社であった。

しかし、インパクトはそれだけではなかった。Windows上で稼働する数々の業務アプリケーション・ソフトと価格情報のリンクが可能になったのである（**図 A8-4**）。これによって、ディーラーは、リアルタイム価格情報をスプレッドシートに自動的に取り込めるようになり、デリバティブ・プライシング業務は飛躍的に効率化した。

■図 A8-3　1980 年代の専用端末
（画像提供　QUICK 社）

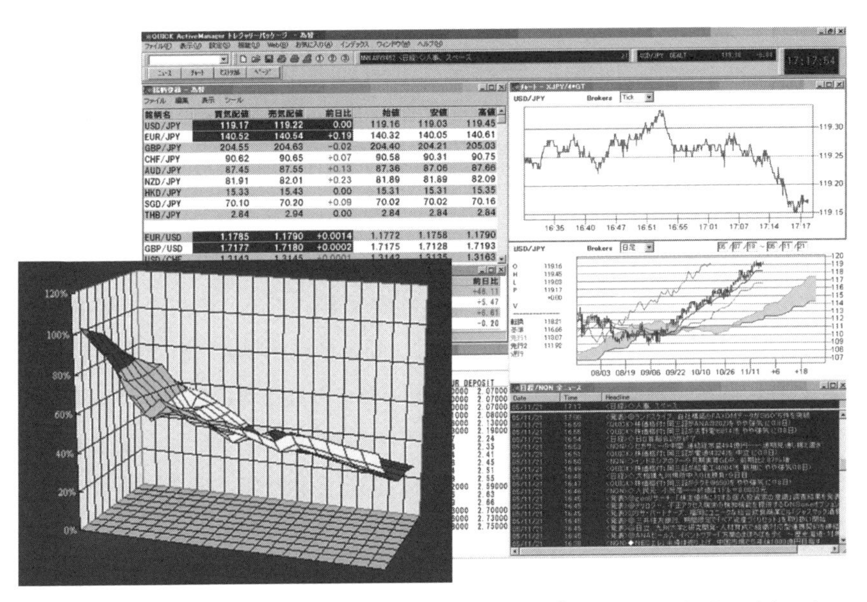

■図 A8-4　Windows 上に展開された金融情報閲覧用アプリケーションと Excel シート
（画像提供　QUICK 社）

図 A8-5 は、我が国の代表的な金融情報ベンダーであるQUICK社のデジタル・データがリンクされているExcelシートである。コード名は金融情報ベンダー各社によって違いがあるが、基本的には同じである。ここでQCDの列の「MJPY#IRS.5Y/MTTJ」の意味を解説しよう。この金融商品コードはQUICK社の金融商品コード（QUOTEと呼ばれる）である。MJPYというのは通貨円の金融市場の商品（外国為替はXJPY）であることを意味している。IRS.5Yは、期間5年の金利スワップ（IRS：Interest Rate Swap）、MTTJはデータの配信元であるインター・ディーラー・ブローカーである。このExcelシートではMTTJであるからメイタン・トラディション（東京）のレートがリンクされている、これをTFRJに変えると東短ICAPのレートに変更される。

	INSTRUMENT	SWAP	PRODUCT CODE	MJPY#IRS
	CURRENCY	JPY	CONTRUBUTOR	MTTJ
		QGI	BID	OFFER
F11:H30		QCD	CBP	CAP
MJPY#IRS	Y	MJPY#IRS.Y/MTTJ	0.1425	0.1825
MJPY#IRS	18	MJPY#IRS.18/MTTJ	0.2325	0.2725
MJPY#IRS	2Y	MJPY#IRS.2Y/MTTJ	0.3300	0.3700
MJPY#IRS	3Y	MJPY#IRS.3Y/MTTJ	0.5225	0.5625
MJPY#IRS	4Y	MJPY#IRS.4Y/MTTJ	0.7050	0.7450
MJPY#IRS	5Y	MJPY#IRS.5Y/MTTJ	0.8775	0.9175
MJPY#IRS	6Y	MJPY#IRS.6Y/MTTJ	1.0500	1.0900
MJPY#IRS	7Y	MJPY#IRS.7Y/MTTJ	1.2075	1.2475
MJPY#IRS	8Y	MJPY#IRS.8Y/MTTJ	1.3450	1.3850
MJPY#IRS	9Y	MJPY#IRS.9Y/MTTJ	1.4625	1.5025

Totan Capital	TFRJ
Meitan Tradition	MTTJ
Tullet&Prebon	TLTL
I Cap Hong Kong	GISH
I Cap London	GISL

■図 A8-5　金利スワップの実勢レートがリンクされた Excel シート

最初のデジタル・データ化は、クライアント・サーバー方式を採用したロイター社のRIC（Reuters Instrument Code、ロイター銘柄コード）であることはいうまでもない。QUICK社の「MJPY#IRS.5Y/…」に対応するRICは「JPYSB6L5Y=…」である。「SB6L」とは、固定金利が半年ごとで365日ベース（SBはセミ・ボンド・ベースの略であるが、うるう年の扱いなど、実務的には各国の金利計算慣習によって異なるので注意が必要である）、変動金利は6カ月LIBORである金利スワップである。固定金利が年1回のマネー・マーケット・ベース（1年を360日とみなす）で、変動金利が3カ月LIBORの5年のUSドル金利スワップの場合は、「USDAM3L5Y=…」となる。ロイター社のRICは、期間だけでなく金利構造まで分類されている点で、QUICK社より一日の長があるといえる。

次に、ロイター社のクライアント・サーバー・システムをさらに敷衍（ふえん）してみよう。QUICK 社やブルムバーグ社のデータ配信システムとは異なり、ロイター社では顧客側にデータ・サーバーを設置する。まず、データ・サーバーの受けたデータを、RMDS（Reuters Market Data System）と呼ばれるデータ制御システムが処理する。MDH（Market Data Hub）を通過したデータは、P2PS（Peer To Peer System）および RTIC（Reuters TIC）で処理される。データの管理は DACS（Data Access Control System）が担う。このようにして、クライアントの PC へデータが配信される。

あまり知られていないが、RMDS では、ロイター社のデータ以外も処理可能である。例えば、QUICK 社のデジタル・データとロイター社の RIC の対称表があれば、QUICK 社から受信したデータを、変換（フィード・ハンドリング）して、新規に QUICK 社の RIC を生成できる。例えば、QUICK 社の円 5 年スワップの QUOTE「MJPY#IRS.5Y/…」は、コード変換して「JPYSB6L5Y=QUICK」という RIC にすることが可能である。このように変換すれば、ロイター専用データ閲覧モニター（アイコン、EICON）で QUICK 社の金融情報を閲覧・分析可能である。**図 A8-6** は RMDS の全容である。

Excel シートにリアルタイムでリンクされたデジタル・データがどのように利用されているか、解説しよう。**図 A8-7** は、90 日定期預金先物（いわゆる金先）レートがリンクされている Excel シートである。本書で解説したように、90 日定期預金先物を 4 限月合成すれば 1 年物の金利スワップの参考レートが合成される（ストリップ・イールド）。

したがって、リアルタイムで先物レートを Excel リンクすれば、先物価格が変動するたびに理論金利スワップ・レート（ストリップ・イールド）も変化する。

最後に、実務家にとって煩わしい期日管理について見てみよう。理論的な計算では 1 年を 1、半年を 0.5 とすればよい。しかしながら、実務においては決済日の管理が決定的に重要である。基本的には資金決済日が休日になった場合は、次の営業日に先送りされる。しかし、先送りされた営業日が翌月の場合

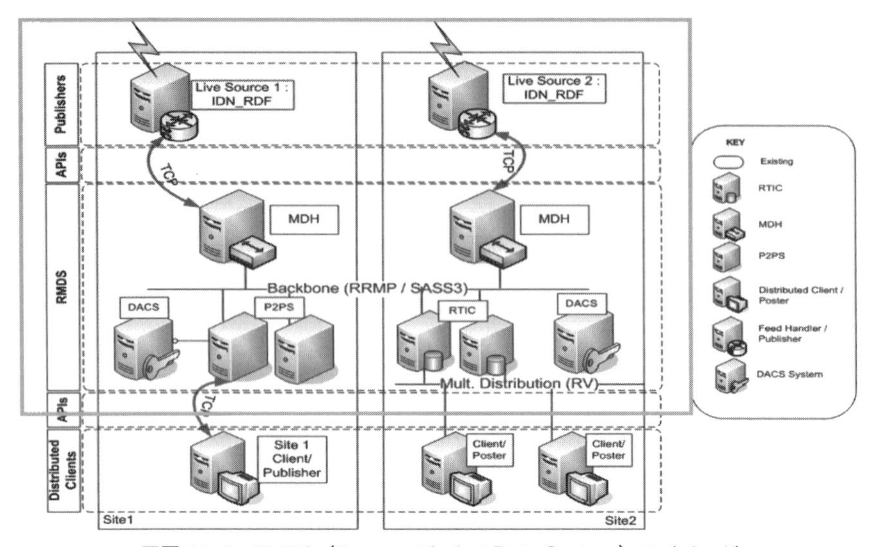

■図 A8-6　RMDS（Reuters Market Data System）のイメージ
（画像提供　REUTERS）

=-LN(J10)/((F10-C6)/360)

Money Market Swaps from Futures

Today	18-Jan-13	
Cash Market		
Spot	23-Jan-13	
st Future	20-Mar-13	0.169%
3M	23-Apr-13	0.169%

Futures Market							
Month	Maturity Date	Futures Price	Yield	ield gradie	DF	Zero Yield	ield gradie
Stub	20-Mar-13	99.8314	0.1686%	0.000%	0.999738	0.1685%	0.0000%
Mar-13	19-Jun-13	99.8650	0.1350%	0.000%	0.999312	0.1685%	-0.0001%
Jun-13	18-Sep-13	99.9050	0.0950%	0.000%	0.998971	0.1557%	-0.0002%
Sep-13	18-Dec-13	99.9000	0.1000%	0.000%	0.998731	0.1389%	-0.0001%
Dec-13	19-Mar-14	99.8975	0.1025%	0.000%	0.998479	0.1305%	-0.0001%
Mar-14	18-Jun-14	99.8950	0.1050%	0.000%	0.998220	0.1255%	0.0000%
Jun-14	17-Sep-14	99.9000	0.1000%	0.000%	0.997955	0.1224%	0.0000%
Sep-14	17-Dec-14	99.9000	0.1000%	0.000%	0.997703	0.1195%	0.0000%
Dec-14	18-Mar-15	99.9000	0.1000%		0.997451	0.1172%	

■図 A8-7　リアルタイム先物市場価格をリンクして金利スワップ・レートを計算する Excel シート

は、休日の直前の営業日が決済日となる。これをモディファイド・フォローイング（Modefied Following）という。また外国為替取引では、2 カ国の休日を考慮しなければならないし、LIBOR がかかわる取引は、円の取引であっても、ロンドンの休日を考慮しなければならない。なぜなら、LIBOR が発表されないからである。**図 A8-8** はインター・ディーラー・ブローカーが取引の満期日

Tradition Asia - Value Dates (Tokyo & New York)

```
06:24 12APR19                TRADITION ASIA          JP13104          MTVAL1
<<Value date Calendar>>
                TOKYO & NEW YORK HOLIDAYS EXCLUDED
                     DAYS SerialNO.  RIC
   TODAY:2019/4/12          [ 43567]
     O/N:              [  3]                              !!PLEASE  NOTE:
 TOMORROW:2019/4/15         [ 43570]  <TKVALTOM=TRDT>     Meitan will not take
     T/N:              [  1]                              any responsibility
    SPOT:2019/4/16          [ 43571]  <TKVALSPOT=TRDT>    for the contents of
     S/N:2019/4/17     [  1] [ 43572]  <TKVALSN=TRDT>     this page!!
     1WK:2019/4/23     [  7] [ 43578]  <TKVAL1WK=TRDT>
     2WK:2019/5/7      [ 21] [ 43592]  <TKVAL2WK=TRDT>    TO USE RIC IN EXCEL:
     3WK:2019/5/7      [ 21] [ 43592]  <TKVAL3WK=TRDT>    INFO         FIELD NAME
      1M:2019/5/16     [ 30] [ 43601]  <TKVAL1M=TRDT>
      2M:2019/6/17     [ 62] [ 43633]  <TKVAL2M=TRDT>     DATE         GEN TEXT16
      3M:2019/7/16     [ 91] [ 43662]  <TKVAL3M=TRDT>     DAYS         GEN VAL2
      4M:2019/8/16     [122] [ 43693]  <TKVAL4M=TRDT>     SERIAL       GEN VAL1
      5M:2019/9/17     [154] [ 43725]  <TKVAL5M=TRDT>
      6M:2019/10/16    [183] [ 43754]  <TKVAL6M=TRDT>
      7M:2019/11/18    [216] [ 43787]  <TKVAL7M=TRDT>
      8M:2019/12/16    [244] [ 43815]  <TKVAL8M=TRDT>
      9M:2020/1/16     [275] [ 43846]  <TKVAL9M=TRDT>
     10M:2020/2/18     [308] [ 43879]  <TKVAL10M=TRDT>
     11M:2020/3/16     [335] [ 43906]  <TKVAL11M=TRDT>
     1YR:2020/4/16     [366] [ 43937]  <TKVAL1YR=TRDT>
```

■図 A8-8　資金決済日を Excel 用にシリアルで表示したブローカー画面
（データソース　Meitan Tradition/REUTERS）

付けを、Excel 用にシリアルで表示している画面である。このページを Excel リンクすれば、資金取引の決済（応当）日が自動的にアップデートされる。

A8-3）フィンテックとデリバティブ 3.0

1990 年代も後半になると、Web 技術を業務システムに本格的に適用する流れが起こった。いわば、第 1 次デジタル・トランスフォーメーションである。しかしながら、今日から眺めた場合は、当時は、先端の Web 技術を業務システムへ適用するには、多くの分野にとっては時期尚早であった感がある。業務システムは、依然としてレガシー・システムと揶揄される、メインフレームを根幹とした情報処理プラットフォームが支配的だったからである。とはいえ、すでに見てきたように、先端的なデリバティブ業務を支える、金融情報システムの分野では、いちはやくメインフレームからクライアント・サーバー方式への移行が進行していた。

ただ、デリバティブ業務に関していえば、クライアント・サーバー方式には 2 つの問題があった。1 つはエンド・ユーザーが、独自の判断で利用している業務アプリケーション相互のデータ連携である。銀行業務でいえば、市場システムから、勘定系と呼ばれるレガシーな基幹業務システムのデータ連携がその典型例である。2000年ころには、いわゆる企業アプリケーション統合（EAI：Enterprize Application Integration）の必要性も叫ばれた。もう1つは、クライアントを利用するエンド・ユーザー・コンピューティングのリスクである。とりわけ複雑な数式による計算が要求される、デリバティブ・トレーディングの現場では、エンド・ユーザーが各自で作成したExcelシートが利用されているケースが多い。つまり業務の属人化という経営上のリスクである。

1990年代後半に巻き起こったWeb技術革命は、「ニュー・エコノミー」の到来といわれた。しかしながら、2001年12月に300億ドル以上の負債を抱えて破綻したエンロン社、そして翌2002年7月のワールドコム社の倒産により、いわゆるインターネット・バブルは崩壊した。エンロン社が破綻した3カ月前の2001年の9月には、アメリカ合衆国で同時多発テロが発生したことも忘れてはならない。

デリバティブ取引に関していえば、インターネット・バブル崩壊と、エンロン社は切っても切り離せない問題である。エネルギー取引会社であったエンロン社は、早い時期からデリバティブ取引のレバレッジ効果に注目していた。1999年になると、電力デリバティブやウェザー・デリバティブなどの取引を、Web技術を積極的に活用したサービス・オンラインで展開した（エンロン・オンライン）。ただ、エンロン社のデリバティブ・ビジネスは、リスクのきわめて高い自己売買が中心であり、最終的には、その損失の処理をめぐって監査法人アーサー・アンダーセン社（2002年に解散）を巻き込んだ、前代未聞の会計不正事件となった。この会計不正事件がきっかけとなり、2002年7月の「上場企業会計改革および投資家保護法」（Public Company Accounting Reform and Investor Protection Act of 2002）、いわゆるサーベンス・オックスリー法（The Sarbanes-Oxley Act）が成立した。

最後にフィンテックについて考えてみよう。この用語は、国際金融危機以降に、急速に人口に膾炙（かいしゃ）されるようになった。フィンテックを、ファイナンス（finance）と技術（technology）の結合を意味するとしたら、それはミスリードである。デリバティブ市場をはじめとする国際金融市場は、昔から情報技術と表裏一体であることは、すでに見てきたとおりである。フィンテックでの技術とは金融技術ではなく、情報技術を意味する。もっとも、両者を明確に区別することは、もはや困難かもしれない。

1980 年代のデリバティブ市場の創成期を振り返ってみれば理解できるように、当時は金融技術が、情報技術に対して圧倒的に優位であった。デリバティブ取引も、ある意味ではフィンテックである。すなわち、今日におけるフィンテックの流行は、金融技術ではなく、情報技術が新しい発展段階を迎えたことに伴う、金融業界および金融システム業界の「期待」が顕在化した現象である。

それは、メインフレームからクライアント・サーバー方式に移行した金融情報基盤が、さらにクラウド方式に移行しつつある、1 つの兆候でもある。ただし、クラウド方式の長所と短所は、まだ理論的可能性の指摘に留まっており、実務運用した場合は、さまざまな問題点あるいは事故が発生するであろうことは、想像に難くない。

とはいえ、デリバティブ取引や市場価格分析という分野では、フィンテック技術は、ビッグデータ分析や人工知能の発達により、多いに期待できる可能性があると考えられる。というのも、多くの産業の中で、すでにデジタル化されたデータが豊富な分野といえば、金融市場データだからである。金融情報基盤という視点に立てば、デリバティブ市場は、1980 年代の創成期をデリバティブ 1.0、クライアント・サーバー方式に支えられた 1990 年代以降のデリバティブ 2.0 を経て、デリバティブ 3.0 の段階に突入しているといえる。

参考文献

デリバティブ取引やレポ取引に関する、実務に直接適用可能なデリバティブ・プライシングの解説書は、特殊な分野でもあり、日本語文献は想像以上に少ない。おそらく、大半はセミナーやシステム・マニュアルという形でしか文書化されていないと推測される。

同時にデリバティブ理論を理解するには、哲学・科学に関する長い学説史の知識も重要である。最近、生起した金融事件などの「結果」を後付け解説することは、金融専門家には簡単な業務である。なぜなら、事件はすでに起こってしまっているからだ。

金融市場の専門家に求められることは、事件の解説ではなく、むしろ、過去にも同じような事件が繰り返し発生していたにもかかわらず、なぜまた発生してしまうのかを解説することである。最新の理論とともに、歴史を学ぶこともきわめて重要である。

[1] ジョン ハル『ファイナンシャルエンジニアリング（第 9 版）—デリバティブ取引とリスク管理の総体系』金融財政事情研究会、2016/6

[2] 杉本 浩一、福島 良治、若林 公子『スワップ取引のすべて（第 5 版）』きんざい、2016/5

[3] みずほ証券マーケット研究会『証券化商品入門—金融マンのためのこれ 1 冊でわかる』東洋経済新報社、2008/2

[4] 村上 秀記『金融実務講座　マルチンゲールアプローチ入門：デリバティブ価格理論の基礎とその実際』近代科学社、2015/7

[5] S. E. シュリーヴ『ファイナンスのための確率解析 II』丸善出版、

2012/2
[6]　櫻井 豊『数理ファイナンスの歴史』きんざい、2016/3
[7]　J. グレゴリー『xVA チャレンジ』きんざい、2017/12
[8]　S. プリスカ『数理ファイナンス入門ー離散時間モデル』共立出版、2001/3
[9]　レポ・トレーディング・リサーチ『最新　レポ取引のすべて』日本実業出版社、2001/12
[10]　M. スティガム『レポ－リバース市場』東洋経済新報社、1990/3
[11]　D. ダフィー『資産価格の理論』創文社、1998/9（D. Duffie “Dynamic Asset Pricing Theory” Princeton University Press, 1996）
[12]　S. ネフティ『ファイナンスへの数学』朝倉書店、2001/7（S. Neftci “An Introduction to the Mathematics of Finance ” Academic Press, 2000）
[13]　高橋琢磨『現代債券投資分析』日本経済新聞社、1988/8
[14]　岩田暁一『先物とオプションの理論』東洋経済新報社、1989/4
[15]　P. フサロ『エネルギー・デリバティブの世界』東洋経済新報社、2001/4（P. Fusaro “Energy Risk Management - Hedging Strategies and Instruments for the International Energy Market” MacGraw-Hill, 1998）
[16]　K. R. ポパー『科学的発見の論理（上下）』恒星社厚生閣、1971（K. R. Popper “The Logic of Scientific Discovery” Hutchinson, 1959）
[17]　K. R. ポパー『果てしなき探求』岩波書店、1978/9（K. R. Popper “Unended Quest - An Intellectual Autobiography” Routledge, 1974）
[18]　W. V. O. クワイン『論理学的観点から』岩波書店、1972（W. V. O. Quine “From a Logical Point of View” Harvard University Press, 1961）
[19]　西脇与作『科学の哲学』慶応義塾大学出版会、2004/5
[20]　V. I. アーノルド『古典力学の数学的方法』岩波書店、1980/5（V. Arnord “Mathematical Method of Classical Dynamics” 1974）
[21]　S. マックレーン『数学ーその形式と機能』森北出版、1992/5（S. M.

Lane “Mathematics, Form and Function” Springer, 1986)

[22] “Selected Papers on Noise and Stochastic Processes” Edited by N. WAX, Dover, 1954

[23] Burghardt Belton Lane Luce MacVey “Eurodollar Futures and Options : Controlling Money Market Risk” Probus, 1991

[24] S. Figlewski, W. Silber, M. Subramanyan “Financial Options: From Theory to Practice” Irwin, 1990

[25] J. Campbell, A. Lo, A. MacKinlay “The Econometrics of Financial Markets” Princeton University Press, 1997

[26] F. Fabozzi, G. Fong “Advanced Fixed Income Portfolio Management” Probus 1994

[27] E. Banks “Complex Derivatives” Probus, 1994

[28] F. Black, M. Sholes “The Pricing of Options and Corporate Liabilities” Journal of Political Economy, 1973

[29] O. Vasicek “An Equilibrium Characterization of the Term Structure” Journal of Finance, 1977

[30] J. Cox, J. Ingersol, S. Ross “A Theory of the Term Structure of Interest Rates” Econometrica, 1985

[31] T. Ho, S. Lee “Term Structure Movements and Pricing Interest Rate Contingent Claims” Journal of Finance, 1986

[32] F. Black, E. Derman, W. Toy “A One-factor Model of Interest Rates and its Applications to Treasury Bond Options” Financial Analysts Journal, 1990

[33] J. Hull, A White “Pricing Interest Rate Derivative Securities” Review of Financial Studies, 1990

[34] F. Black, P Karasinski “Bond and Option Pricing when short Rate are lognormal” Financial Analysts Journal, 1991

[35] D. Heath, R. Jarrow, A. Morton “Bond Pricing and the Term Structure of Interest Rates: A New Methodology of Contingent

Claims Valuation" Econometrica, 1992

[36] A. Brace, D. Gatarek, M. Musiela "The Market Model of Interest Rate Dynamics" Mathematical Finance, 1997

[37] T. Ho "A Closed Form Binomial Interest Rate Model" T Ho Tomas Ho Company, 2000

[38] J. Cox, J. Ingersol, S. Ross "The Relationship between forward prices and futures prices" Journal of Finance, 1981

[39] G. Burghardt, B. Hoskins "A Question of Bias" Risk 1995G. Kirikos, D. Novak. "Convexity Conundrums." Risk 10, 1997

[40] R. Merton "On the Pricing of Corporate Debt : The Risk Structure of Interest Rates" Journal of Finance, 1974

[41] M. Crouhy, D. Galai, R. Mark "Credit Risk Revisited" Risk, 1998

[42] E. Girard, H. Rahman "Currency Option Pricing: A Synthesis" 1999

[43] D. Duffie "Special Repo Rtaes" Journal of Finance, 1996

[44] P Moulton "Relative Repo Specialness in U. S Treasuries" Journal of Fixed Income, 2004

[45] M. Harrison, D. Kreps "Martingale and Arbitrage in Multiperiod Securities" Journal of Economic Theory, 1979

[46] M. Harrison, S. Pliska "Martingale and Stochastic Integrals in the Theory of Continuous Trading" Stochastic Process and Their Application, 1981

[47] F. Bossens, G, Rayeet, N. Skantzos, G. Deelstra "Vanna-Volga methods applied to FX derivatives" 2010

索　引

[か]

[さ]

[た]

〈著者略歴〉

藤 崎 達 哉（ふじさき　たつや）

リサーチサアンドプライシングテクノロジー（RP テック）株式会社 取締役
慶應義塾大学卒業。専攻は科学哲学／社会科学方法論。
1987 年から OTC デリバティブ市場で仲介並びにプライシング・ツール開発業務に従事。
1998 年からロイター・ジャパンで国際金融部門の市場情報マーケティングを担当。
大手コンサルティングファーム勤務等を経て、2005 年、QUICK グローバル・インフォメーション社設立に参加、マーケティング部長を務める。
その後、2012 年からリサーチアンドプライシングテクノロジー（RP テック）社で金融市場情報ビジネスに関する戦略立案およびデリバティブ評価・教育業務に従事。

実践デリバティブ
—Excel でデータ分析—

2019 年 9 月 25 日　　第 1 版第 1 刷発行

著　　者　藤 崎 達 哉
発 行 者　村 上 和 夫
発 行 所　株式会社 オーム社
　　　　　郵便番号　101-8460
　　　　　東京都千代田区神田錦町 3-1
　　　　　電 話　03(3233)0641(代表)
　　　　　URL　https://www.ohmsha.co.jp/

組版　チューリング　　印刷・製本　三美印刷
ISBN978-4-274-22394-5　Printed in Japan